U0175568

黑洞之旅

[德]海诺·法尔克　[德]约尔格·罗梅尔　著

闫文驰　译

L I G H T   I N   T H E   D A R K N E S S

上海科学技术文献出版社
Shanghai Scientific and Technological Literature Press

果麦文化 出品

目 录

第四部分　超越极限

附录

前言

　　2019年4月，科学家公布了第一张来自遥远星系中心巨大黑洞的照片。毫无悬念地，刚一问世它就吸引了无数人的关注和兴趣。产生这张图像的大致历程是这样的：首先，有一群科学家聚在一起组成团体，其中包括天文学家，以及射电 i 望远镜、无线电接收机和数据处理的专家。之后，他们说服手中掌握资金、射电望远镜、计算机设施资源的人以财力、物力支持这个项目。接着，他们做了一些观测，并且分析了数据，最终做出了这张图像。这本书的作者是该项目的主要推动者之一。他长年为此项目努力，日复一日，已有二十余年，并最终促成了项目的成功。

　　俗话说，参与合作的机构组织越多，项目就越复杂。在参与过多个国际项目后，经验告诉我这话说得相当到位。在项目中，不仅仅需要应付各式各样的官僚系统，还有不同的背景、语言和观点。此外，各方的目标也不尽相同。倘若项目领导人不加小心，处处都可能是陷阱！最终本项目发表的论文有348位作者，他们来自分布于四个大洲的八家天文台，并且分别负责观测、数

---

i　在天文学领域，无线电（英：radio）称为"射电"。射电和无线电的意思基本相同，只是更加强调其频段属于射频，即可以辐射到空间的电磁频率）——译者注

1

据处理等各项任务。管理这样大规模的项目，并协调于各位名副其实的"大佬"间，其本身就是一项了不起的成就！

在 20 世纪七八十年代从事 X 射线天文学研究的人，不得不接受"黑洞必须存在"的现实。好吧，但这些质量和恒星差不多的天体，和星系中心的大块头相比都是些小东西。可是，接受黑洞本身的存在，接受关于黑洞的物理学理论是正确的，可就没那么容易了。在我个人的研究生涯中，我已经和这种"怪物"天体共处了五十年，所以当 M87 星系中心黑洞的图像出现的时候，我其实并不太激动。但是，有如此多的科学家和其他专家能够通力合作，共同走到这一步，绘制出这张图像，我至为钦佩！

在很久以前，"黑洞"还不叫这个名字的时候，我们就已经为它深深着迷了。还记得 C. S. 刘易斯（C. S. Lewis）的《雄狮、女巫和衣橱》（*The Lion, the Witch and the Wardrobe*）吗？那个能把孩子们带到处于不同季节和不同时刻的异世界的魔法衣橱，现在我们可能会叫它时空桥吧。当吞噬物质的黑洞和吐出物质的白洞相连接时，时空桥就形成了。约翰·惠勒（John Wheeler）[i] 将这种连接不同时空的桥梁命名为"虫洞"（wormhole）。艾伦·加纳（Alan Garner）的小说《骨地》（*Boneland*）把故事背景设定在焦德雷班克（Jodrell Bank）[ii]，还纳入了一些时间和空间扭曲的元素。不过，小说中并没有明确提到"黑洞"。此外，还有许多其他书籍也有关于黑洞的性质的内容。

天文学家有时会思考一些最深刻的大问题。比如说，宇宙是如何形成的？还有，它为何会形成？宇宙在灭亡之后会变成什

---

i 约翰·阿奇博尔德·惠勒（John Archibald Wheeler），美国物理学家。——译者注
ii 焦德雷班克位于英国柴郡，世界上第一台巨型抛物面射电天文望远镜即坐落于此。——译者注

么？存在其他的宇宙吗？黑洞打着哈欠的大嘴提醒我们，宇宙并不是安乐乡，甚至时常构成对生存的威胁。不过很快，截稿期限和其他的世俗事务就把我们召回现实。我们还有许多事要做，而那些大问题不会在我们思维的焦点停留太久。

宇宙仿佛拒绝被明确地描述或完整地理解。诸如它从何而来、为何而始这样的问题，还没有科学的答案。我们人类中的一部分相信有上帝，甚至是造物主上帝，而另一部分则不相信。有的人是基督徒，有的人是其他宗教的信徒，而有的人不信仰任何宗教。但依我看，不论我们的认知、信仰体系以及神学理论如何，最终我们都会到达同样的境地，不得不回答说"我们不知道"或者"我们不理解"。我们所有人继续生存和工作着，因为我们不得不如此。我们希望活得更好，工作得更好。只不过，有些人比另一些人更擅长与不确定性、不完整性和混乱性相处。

法尔克在本书的最后章节叙述了他本人对那些大问题的见解。他为此付出的努力，让我钦佩。但可以说，这对他本人的意义可能比对读者更大！信仰体系是可以"调节"的。人类能够将信仰与自己的个性与个人需求匹配，并且也确实总是这样做。

这本极具可读性的书是以抒情的风格写成的。毫无疑问，作者深爱着这个奇妙的宇宙。

乔丝琳·贝尔·伯奈尔 [i]

---

i 乔丝琳·贝尔·伯奈尔（Jocelyn Bell Burnell），英国天体物理学家。1967 年，当她还是博士生时，与她的导师安东尼·休伊什一起利用射电望远镜发现了第一颗脉冲星。这一发现获得了 1974 年诺贝尔物理学奖的认可，尽管她是发现脉冲星的第一人，但她并不是该奖项的获得者之一。2018 年，她因此获得了基础物理学特别突破奖 (Special Breakthrough Prize in Fundamental Physics)。——编者注

序语：我们真的看到它们了

　　突然间，欧盟委员会布鲁塞尔总部的大型新闻发布厅里一片漆黑，而我们期盼已久的那一刻终于到来。我们为这一刻殚精竭虑，辛苦了多少年！此刻，2019年4月10日星期三下午三点零六分二十秒。再过四十秒，世界各地的人们都将有史以来第一次为一张巨型黑洞的照片而惊叹。这个黑洞距离地球5500万光年，位于梅西叶87号星系（简称M87）。长久以来，黑洞深不可望的黑暗似乎将永远隐藏在我们的视线之外，但今天，这黑暗世界的真相将大白于天下。

　　新闻发布会开始了，但多数人对于即将发生的事情还没有半点概念。这一张小小的黑洞图像，背后凝聚的是无数人的贡献：千年来人类探索知识极限的旅程、关于时间和空间的革命性理论、最新的现代技术手段、年轻一代射电天文学家的心血，还有我自己作为科学家的全部人生。此刻，天文学家和其他领域的科学家，以及记者和政治人物们都目不转睛，盯着我们在布鲁塞尔现场和其他国家主要城市即将同时公布的内容。后来我才知道，那时全世界有几百万观众在屏幕前，而之后的短短几小时内，有近40亿人看到了我们的图片。

　　大厅的前排坐的是一些杰出的同事和年轻的学生，其中很多是我自己的学生。这些年来，我们深入合作，每个人都竭尽全力，完成的工作超过了我们自己能够想象的极限。其中许多人深入地球上最为偏僻的角落，有时甚至要冒生命危险。一切都是为了同一个目标。今天展示的便是我们工作的结晶，我们的成果将成为世界瞩目的中心，而大多数成员都坐在暗处。在此一刻，我希望感谢所有这些同事们，假如缺少他们中任何一个人的帮助和支持，这项科学突破都不可能成为现实。

时间流逝。我感觉自己好像在隧道里，仿佛风从赛车手身边刮过一般，各种印象飞也似的从我身边掠过。在场的记者紧张而警惕，我也开始紧张起来。每一双眼睛都满怀期待，每个人都在盯着我。我的心跳在加速。

在我之前发言的是欧盟研究专员卡洛斯·莫埃达斯（Carlos Moedas）。我们嘱咐过他"不要说得太久"。结果，莫埃达斯的讲话挑起了听众的好奇心，却结束得太早了。我得临时编些话填补空白时间，还得掩饰自己有多么紧张。

图片将在全世界同时揭晓。欧洲中部时间下午三点零七分，这张前所未有的图片将准时出现在这间大厅巨大的显示屏上。与此同时，我们在美国华盛顿、日本东京、智利圣地亚哥、中国上海和中国台北的同事们也将在他们那里展示同一张黑洞图像，加以评论，并且回答记者的问题。各大洲的计算机服务器已设定好程序，准时将科学论文和新闻稿发往世界的每一个角落。时间无声地流过。我们事先已经协调和计划好了一切。一切都将以最高的精度完成，最微小的偏差都将破坏同步，这与我们收集观测数据时的情形没什么两样。可现在，我却临阵怯场了。

我开始了简短的自我介绍。身后的视频越来越快、越来越深入地放大显示一个大型星系的中心。但一张嘴我就闹了个笑话，把光年和千米搞混了。可是现在，没时间去无地自容了，我必须继续。

屏幕上跳动的数字显示下午三点零七分整。在宇宙空间无尽的黑暗中，从梅西叶87星系的中心，一个闪着光的红色环圈出现了。它的轮廓依稀可见，停留在屏幕上，略显模糊。环圈闪着光，深深吸引着每一个观众并使他们沉思。这幅人们认为不可能被记录的图像，通过无线电波穿越了50000亿亿千米的旅程，终于找到了我们。

超大质量黑洞（supermassive black hole）ⁱ是宇宙空间中的墓场。它们是由衰老、燃烧殆尽的死恒星组成的。但宇宙空间也为这些黑洞提供养料，用巨大的气体云，以及行星和恒星哺育它们。凭借其巨大的质量，它们将周围的空间扭曲到极致，并似乎可以停止时间的流动。任何离黑洞近到一定程度的东西都无法逃脱黑洞的魔爪，即使是光线也不例外。

但是，既然没有任何来自黑洞内部的光能够射向我们，人怎么可能看到黑洞呢？我们如何知道，将65亿个太阳那么多的质量压缩为一个小点，并最终形成的超大质量天体，就是这个黑洞呢？不管怎么说，那条发光的圆环围绕的是一个至黑至暗的中心，没有任何光和信息能够从中逃离。

"这是世界上第一张黑洞照片。"当黑洞终于在屏幕上闪耀登场时ⁱⁱ，我说。房间内掌声自发响起。过去几年，所有的压力都累

---

i 超大质量黑洞是质量在数十万到数十亿倍太阳质量之间的黑洞。超过100亿倍太阳质量的黑洞则称为特大质量黑洞（ultramassive black hole）。——译者注

ii 在布鲁塞尔举行的欧盟新闻发布会现场直播：https://youtu.be/Dr20f19czeE。欧洲南方天文台（ESO）新闻稿：https://www.eso.org/public/germany/news/eso1907。黑洞的放大视频：https://www.eso.org/public/germany/videos/eso1907c。美国国家自然科学基金会（NSF）新闻发布会：https://www.youtube.com/watch?v=lnJi0Jy692w。

积在我的肩头，现在我自由了，不必再保守秘密了。一个宇宙级的神秘造物终于拥有了普通人能够看到的形态和颜色 [i]。

第二天，报纸上会说，我们改写了科学的历史。他们还会说，我们给人类带来了一段共享喜悦与惊奇的时光。那些超大质量黑洞并不是疯狂的科幻小说家们编造的幻想。它们确确实实是存在的！

倘若不是全世界各地的参与者克服重重困难和彼此间的分歧，年复一年地为同一个愿景努力，这张图片是绝无可能成为现实的。我们中的每一个人都视黑洞为物理学最大的奥秘之一，对它穷追不舍。这张图片是我们触碰求知极限的见证。虽然听起来有些不可思议，但人类的测量和研究能力止步于黑洞的边缘。能否在有朝一日超越这个界限，这是个大问题。

物理学和天文学开启了新的篇章，但发现的源头是几代之前的科学家。二十年前，捕捉一张黑洞的照片这样的想法还无异于痴人说梦。那时候还年轻的我立志捕猎黑洞，跌跌撞撞地踏上了奇异旅程。直到如今，我依然为黑洞深深着迷。

年轻时的我对于这项事业的激动人心之处一无所知，也不晓得它会如何决定并改变我的人生轨迹。我后知后觉地明白过来——它最终变成了追逐时间与空间尽头的探险，又变成了进入千百万人心灵的旅行。世界帮助我们捕捉到了这幅图像。此时此刻，我们将它与世界分享，而世界全心全意欢迎它的热情甚至远超我的想象。

对于我个人来说，这一切都始于约五十年前，我还是个小男孩的时候，第一次看到了夜空。那时，我就做起了关于天空的

---

i 见照片插页，第 1 页图 1。

梦，做起了只有孩子才能做的梦。天文学是最古老也最迷人的科学分支之一，即使在今天，它仍能给我们带来引人注目的新见解。从天文学的起源到当下，科学家在好奇心和必要性的驱使下，不断有新发现，从根本上改变我们对世界的看法。从古至今，我们不断用我们的头脑，用数学和物理学，用更加精密的望远镜来探索宇宙。而现在，我们装备了最先进的技术，踏上了远征的旅程，前往地球每一个角落，甚至到太空研究的未知世界。在深不可测的外太空，在无穷无尽的宇宙中，在神圣而秩序井然的万事万物中，知识与神话、信仰与迷信总是如此紧密地交织在一起，以至于今天，没有一个人可以望着夜空而不自问，在这黑暗的广阔天地中，还有什么在等待着我们？

关于本书

　　这本书是一封邀请读者与我一起进行私人旅行、一起游历宇宙的信函。在第一部分，旅行的起点是地球。我们会飞越标记每日、四季和周年变化的太阳和月球，经过太阳系的行星，并学习天文学的历史。这些知识塑造了人类对世界的认知，影响至今。

　　在本书的第二部分，我们的旅行目的地是现代天文学。在这里，空间和时间是相对的；恒星经历着诞生、死亡，有的时候还会演化为黑洞。最后，我们离开银河系，继续前行，直至看到大得难以想象的宇宙，在那里处处是星系和巨型黑洞。星系提供了大爆炸的信息，告诉我们空间与时间的开始，黑洞则代表时间的结束。

　　拍摄史上首张黑洞照片无疑是重大的科学成果。几百名科研人员历经数年合作才将其完成。在第三部分，我将根据个人经历，讲述图像背后的冒险故事。在这里，读者可以看到微小如芥菜种子的构思如何慢慢成长为大规模的实验项目，并体验我们在考察全球各地的射电望远镜时惊心动魄的旅程，以及在工作与等待图像面世时的激动心情。

　　最后，在第四部分，我们斗胆介绍几个科学界依然没有公论的大问题。黑洞是一切的终点吗？在时间与空间的开始之前是什么，在其结束之处又会是什么样？知道了这些问题的答案又如何，对我们这些生活在这微不足道又精彩异常的地球上的区区人类有什么意义？自然科学在现代大获成功，这是否意味着我们很快就能认识、测量并预测所有的事情了？是否还有一些空间留给不确定性，留给希望、疑惑和上帝？

第一部分
穿越时空的旅行

简单谈谈太阳系和天文学的早期历史

人类、地球与月球

倒计时

我们这就从地球出发，一起踏上激动人心的时空旅行。一枚火箭矗立在一片绿水青山之间，这般美景令人心生敬畏。懵懂的飞鸟在这工程杰作的周围拍着翅膀。对于发射场，这一刻是孕育暴风雨的宁静，是黎明前的黑暗。大自然对于几秒钟后即将出现的地狱般狰狞的景象还浑然不觉。

疲惫不堪却激动万分的工作人员和观众聚集在观景台上。从这里看去，整个场面、其中的每个人或东西看起来都娇小可爱，好像在玩偶屋里一样。一个观众掏出了他的手机，开始在某个布满汉字和闪烁的商标的网站上直播起来。而我，坐在地球的另一个角落，在爱尔兰绿色乡村的舒适民宿里，正满怀感激和希望，看着他的在线直播。我目不转睛，等待着事情的发展后续。

突然，一个来自屏幕之外的声音撕破了寂静。这个声音气势磅礴而难以理解，带着金属的质感，几乎能使人汗毛倒竖。它开始了单调机械的倒计时。虽然并不懂得它的语言，我也与它一起倒计时。伴随着轰隆作响的撞击声，火箭底部的红黄色光芒照亮了黑暗。推进装置的点火发出了震耳欲聋的噪声。我在田园牧歌般的爱尔兰，通过我的笔记本电脑外放，依然能感受到地面在震动。火箭的支架脱落，它挣脱了束缚，雄赳赳地上升。在消失在视野中并射向太空之前，它留下了一道耀眼的痕迹，就像一颗方向相反的彗星。

我感觉自己好像回到了当年观看"发现号"航天飞机升空时的场景。那是在卡纳维拉尔角，1997年2月11号的清晨，我们一家人累极了，却兴奋不已。发射的前一天，我四岁大的女儿从远处看到了高耸的火箭。她脸上自豪的神情至今犹在我眼前。而在她眼睛的光芒中，我看到了我自己眼里的光。

二十年后的2018年5月20日，我只是在观看一段来自中国的断断续续的网络直播，但我也很清楚如果身在现场会有怎样的心情。对我来说，这次发射的意义格外重要。这枚火箭的目的地非常特殊，是月球的背面。火箭上搭载着我们在荷兰奈梅亨的团队设计的试验项目。这就像我的一部分也在火箭上一样。我又一次激动得像个孩子。

我的心与火箭一起飞翔，飞向月球和更远的地方。我已无数次梦想，飞向外太空，那里是我渴望的方向。

在太空

天堂般的宁静。极致的静寂将是你进入外层空间时注意到的第一件事。关闭引擎，外面万籁俱寂。哈勃空间望远镜漂在距离地球表面550千米的高度上。这个高度几乎是珠穆朗玛峰的70倍。哈勃滑行穿过的大气和地球表面的大气相比无比稀薄，只有后者的五百万分之一[i]。空气的振动在这里无法传播，人的耳朵接收不到任何声波。没有任何沙沙声，没有只言片语，甚至地球上最激烈的爆炸声也传不到这里来。

作为天文学家，我用过绕地球飞行的空间望远镜，听宇航员讲述过他们在外层空间的故事，也看过他们带回来的影像。

如果我们身处太空里，我们的脑袋可能感觉自己正安安静静地漂浮在太空，身体轻如无物，而实际上我们绕地球运动的速度达 27000 千米每小时，足以把脖子扭断。此时，强大的离心力可以把我甩出轨道，但同样强大的地球引力与之平衡，两者的合力为零，我留在了自己的轨道上。这就是所有做轨道运动的天体背后的秘密。失重并不意味着不受引力的作用。正相反，当我们在轨道上时，引力依然牢牢地抓着我们。

我们感觉到自己仿佛没有了重量，是因为引力和离心力二者完全相等，互相抵消。其实，我们一直在做着自由落体运动。但是因为我们像圆规一样，绕着地球画出了无比巨大的圆轨迹，我们一次又一次地错过了地球。如果我们放慢速度，轨道就会变得更小，同一时间飞过的角度更大。直到在某一时刻，自由落体戛然而止，我们砸向地面，在地球上形成一个撞击坑。当然，这是任何人都不愿意看到的！

我们的宇宙飞船受到的空气摩擦极为微小，因此，即使我们

---

i　在近地轨道上，大气的密度是 5×10^9 g/cm^3，与之相比，普通的空气密度是 1.204 kg/m^3 或 1.204×10^3 g/cm^3。参见论文：Kh. I. Khalil and S. W. Samwel, "Effect of Air Drag Force on Low Earth Orbit Satellites During Maximum and Minimum Solar Activity," *Space Research Journal* 9 (2016): 1-9, https://scialert.net/fulltext/?doi=srj.2016.1.9。

绕着地球飞行许多年，飞船的航向也几乎不会发生分毫偏差[i]，甚至不需要再给火箭点一次火。

在外层空间，我们可以领略独一无二的地球风光。我们像上帝一样俯瞰这颗蓝色的珍珠，黑色天鹅绒般的宇宙为它映衬。大陆、云朵和海洋释放出丰富而狂野的色彩。在夜晚，闪电的火光、城市的辉光，还有闪烁的极光交相呼应，照亮世界大舞台，汇成壮丽的景观。边境与国界线消隐无踪。从纵览万物的角度遥望，地球是所有人类共同的家园。将地球与冷酷无情的太空分割的那条线清晰而锐利。只有此刻，站在此处，我们才能够真正理解，保护我们不受地外空间侵扰、使生命得以存在的大气层是多么的薄。天气和气候都发生在这薄薄一层大气里。霎时间，这颗不可一世的星球显得多么脆弱和不堪一击！感谢现代科技，我们才能在太空中观赏到此等景致，生发出此等思考。但也正是因为我们不计后果地在地球上利用现代科技，我们也在毁灭自己在这颗独一无二的蓝色行星上赖以生存的根基。

每当看到这些美丽的地球景色，我也总会感受到孤独与空虚，感受到全世界都在感受的痛苦与折磨。"神将北极铺在空中，将大地悬在虚空。"几千年前，悲痛欲绝的约伯如此喊道[ii]。天空的虚无像一块黑色的画布一样铺开，我们的地球孤零零地待在中间！《圣经》作者这种自上而下的视角并非来自神授或任何人，

---

i 参见文章：Ethan Siegel, "The Hubble Space Telescope Is Falling," Starts with a Bang, *Forbes*, October 18, 2017, https://www.forbes.com/sites/startswithabang/2017/10/18/the-hubble-space-telescope-is-falling/#71ac8b1b7f04；以及：Mike Wall, "How Will the Hubble Space Telescope Die?" Space.com, April 24, 2015, https://www.space.com/29206-how-will-hubble-space-telescope-die.html.

ii 《圣经·约伯记》26:7。

然而在想象中，他已经感知到地球是一个整体。今天，成群的卫星携带着相机和传感器，永久地在地球上空服役，以令人叹为观止的精细程度拍摄云彩、大陆和海洋。人类的视野因为现代技术提供的新图像一次次被刷新。

在约伯的眼里，地球是悬挂在虚空之中的，而他的悲痛只能求告于上帝。约伯体验到的毫无意义的苦难专属于人类。直到如今，这个星球依然是苦难与美二者的复杂结合。在外层空间是看不到任何一个个体人类的。苦难只能从近处把握；远远看去，地球上的一切都显得崇高不凡，哪怕是飓风、洪水或森林大火，只要站在高处俯瞰，也会显出病态的魅力。地面上几十亿人类遭受着个体的苦难，但太空中的人与之隔绝。在地球以外，地球上的种种问题都显得不可理喻。这种"全知全能"的视角，岂不总是忽略了人类本身吗？

令人分外惊奇的是，这种清醒到不近人情的思考方式，甚至对内心坚硬如铁的宇宙旅行者也产生了深远的影响。自1961年的宇航员第一人尤里·加加林之后，已经有超过550人进入过太空。他们中几乎所有人都表示，地球崇高的脆弱震撼人心。凝视整个地球的体验近乎狂喜。这一经历不仅给他们留下了深刻的印象，还大大改变了他们自身。作家弗兰克·怀特（Frank White）专门研究过这种现象，并且从心理学的角度仔细分析过其中的细节。他给这种现象起了个名字叫"总观效应"（Overview effect）。地球的形象在我们内心会激发出什么样的感受，又会怎样地改变我们？我们可以利用这种效应吗？自从这种效应被付诸文字以来，心理医生就开始研究它了。地球是独特的；在我们所知道的宇宙中没有任何东西能和它相提并论。在宇航员的印象中也如是。在地球上空像天使一样翩翩飞行也好，从最上方俯视万物也好，并不会使人变得冷血无情。所以，我们是不会因此忽视人类的个体的。不妨让这些来自空间、关于太空的新图像成为我们新的灵感。

时间是相对的

一进入绕地轨道，我们对时间和空间的看法就会发生变化。我们获得的不仅仅是一个观看地球家园的新视角，还有感知日、月、年的新方式。《旧约·诗篇》中的名句有言，"在你看来，千年如已过的昨日"[i]。时间是相对的。时间观念诞生之初，人们已经这样猜测了。但我们在外层空间中所经历的，还要比任何其他地方强烈得多。

第一次编写自己用于哈勃空间望远镜的观测程序时，我必须将代码的指令序列分割为每 95 分钟一块，因为这台望远镜每 95 分钟绕地球一周。每 95 分钟，太阳升起又落下。对于"哈勃"来说，一天就是 95 分钟。在国际空间站（ISS）里的宇航员也同样经历每隔 95 分钟一次的日出。而至于我，我在案头准备自己的观测计划时，也在脑海里遨游寰宇，和他们一起体会同样的事情。

但时间的相对性的含义要比每天的长度差异广得多。或许有些出人意料，但时钟在太空和在地球上的走时速度是不一样的。在高度为距地面 20000 千米的轨道上，时钟每天比在地面上快 39 微秒。因此，七十年后，地球上的表会比太空表慢整整 1 秒钟。这个数字看起来相当小，不过以今天的测量技术，这样小的偏差

---

i 《圣经·诗篇》90:4。

已经很容易发现了。而就是这样的一个毫不起眼的差异，揭示了阿尔伯特·爱因斯坦的广义相对论中的一个重要的概念：时间确实是相对的。广义相对论不仅仅描述太阳系，也描述了黑洞和整个宇宙的时空结构。

发现这件事的路程极为漫长。宽泛地说，要从做出最基本的发现开始。比如说，要知道我们所处的太阳系的结构，知道掌管太阳系运行的规则，并且要将对前两者的认识延展到对整个宇宙的结构和法则的认识。从眼前而论，要想做出发现，需要先认识到光既是波又是粒子的仿佛自相矛盾般的二重属性，以及认识到光是自然而然地与爱因斯坦著名的相对论绑定的。

问题的关键在于，必须要非常精确地理解"光"的非同寻常的性质。光的作用远远超过人们的认识。它不仅使我们能够看到东西，从而探索地球、月球和恒星。事实上，光、时间、空间和引力全都非常紧密地互相联系着。

现在，需要先花点时间回顾一下现代物理学的历史。在万有引力理论的提出者艾萨克·牛顿看来，光仅仅是由微粒组成的。其后，到了19世纪，在迈克尔·法拉第高瞻远瞩的先驱性工作的基础上，苏格兰物理学家詹姆斯·克拉克·麦克斯韦提出，光和一切形式的辐射都是电磁波。根据麦克斯韦的理论，不论是无线网络、手机或者汽车所需要的无线电信号、夜视镜里检索到的热辐射，还是使隐藏在皮肉之下的骨骼显形的X光，以及我们的肉眼所看到的可见光，这一切都是电场和磁场的振荡产生的。这些波的不同点仅仅在于振荡的频率，以及它们产生和被我们测量的方式。但就其本质而言，无线电波、红外线、X射线、可见光，所有这些振动都代表"光"，属于同一种现象。

手机用到的频段中的电磁波，每秒钟可以振动10亿次，其波长范围约 20 厘米。可见光波每秒振动次数达 10^{21}，其波长只有头发丝直径的百分之一。因为同样颜色（频率）的光波总是以同样的速率振动，光可以非常完美地为时钟设定节奏，并且能够充当标准度量，保持授时的稳定。当今世界最精确的时钟叫作光学钟（optical clock）[i]，在校准后，它的误差甚至可以小于 10^{-19} 秒[ii]。目前的宇宙年龄大约是 140 亿年。即使经过整个宇宙年龄那么长的时间，光钟的误差也不超过半秒！这种无与伦比的精确度是人们过去想都不敢想的。

但究竟是什么东西在振动？在过去很长一段时间里，人们以为在空间中充满了一种叫作"以太"的物质。当然，他们所说的不是化学溶剂乙醚[iii]，而是一种假想中的介质。在这种介质里，不论是光还是无线电波，所有电磁波都可以像声波在空气中传播一样移动和扩散。

麦克斯韦方程组中，最使物理学家既惊讶又困惑的一点是，不论观察者自身的运动速度如何，也不论光是什么颜色，光在真空中总是以同样的恒定速度运动。这一点直到今天还能让许多人感到不解。X 射线、无线电波、激光，看起来迥然不同的波跑得全都一样快。同时，根据麦克斯韦方程组，光的速度也不依赖于发射者或接受者的速度。17 世纪末，奥勒·罗默（Ole Rømer）和克里斯蒂安·惠更斯（Christiaan Huygens）测量了木星卫星的

---

i 光学钟是一种利用光学波段频率作为参考的原子钟。——译者注

ii 参见论文：S. M. Brewer, J. · S. Chen, A. M. Hankin, E. R. Clements, C. W. Chou, D. J. Wineland, D. B. Hume, and D. R. Leibrandt, "^{27}Al$^+$ Quantum-Logic Clock with a Systematic Uncertainty below 10^{-18}," *Physical Review Letters* 123 (2019): 033201, https://ui.adsabs.harvard.edu/abs/2019PhRvL.123c3201B。

iii 在英语中，"以太"和化学溶剂"乙醚"的拼写都是 ether。——译者注

运动，并且将它们用作时钟[i]。那时他们已经发现，光的速度是有限的。但是，在神秘的以太中以极高速度飞行，或者和以太相比静止不动，这两种情形下，光速也是相同的吗？

打个比方，如果我在暴风中带着冲浪板出海，划水穿过海浪，海浪会以高速向我袭来。我们相撞的速度就像它们撞上岸边的速度一样高。但如果我改变方向，借助风和海浪的力量快速行进，我的速度就和冲浪板下的浪花一样。相对于我的冲浪板，浪速很低，但相对于岸边，浪速依然很高。

声波的传播也是这样的道理。如果我顺着风骑车，比起没有风的情况，后面汽车按喇叭的声音到达我这里的速度要快一些，我听到警告的时间也会更早一些。如果我是在逆风骑行，后面的喇叭声到达我的时间就会晚一些，因为声音也是在逆风而行。如果我骑自行车的速度和风相比能达到超音速，那么我永远也听不到喇叭声。而如果我的踏速更快，超过了我这里的声波速度，那我甚至还可以打破音障。这时，由于我发出的所有声音同时到达听到它的人的耳朵，我还能制造出巨大的噪声。遗憾的是，和喷气式飞机飞行员不同，至今还没有一位自行车手制造出音爆。

无线电波一定是以同样的方式传播的。至少，一百多年前的人是这样认为的。他们还认为，就像空气填充着大气层一样，以太充满整个空间。地球就像前面的例子里讲的冲浪板或者自行车一样，在以10万千米每小时的速度绕太阳公转时，也在以太中艰难跋涉。如果沿着地球绕太阳运动的方向测量光的速度，那么

---

i 罗默和惠更斯用木卫一围绕木星的轨道作为时钟，并且确定，当地球在围绕太阳的轨道上运行，与木星的距离比几个月前更远时，这个时钟的速度慢了一些。来自木星的光比预期的晚几分钟到达，"木卫一钟"走时落后了。

这个"光速"和在垂直方向或反方向测量得到的值一定是不同的。换言之,测量得到的光的速度一定取决于地球在以太中是顺风还是逆风冲浪。

这正是 19 世纪行将结束时,美国物理学家阿尔伯特·A.迈克耳孙(Albert A. Michelson)[i] 和爱德华·W.莫雷(Edward W. Morley)打算证明的效应。他们为此设计了一个实验,测量了两根相互垂直的管道中的相对光速,却无法证明二者有任何显著差异。因此,没有明确的证据表明以太存在。以太只是一种幻觉。

失败可以带来突破性的进展,而这次失败将成为奠定物理学和天文学历史并决定其走向的少数几个关键实验之一。以太理论意想不到的崩盘使得整幢物理学大厦摇摇欲坠。但正因如此,人们才有机会抛弃旧的思维模式,寻求新的理论。在所有新出现的想法中,最为出众的是年轻的阿尔伯特·爱因斯坦[ii] 提出的全新观念。他决定从根源开始重新思考一切,将物理学放在新的理论基础之上。在别的物理学家还在原地打转的时候,爱因斯坦已经一头扎入了一个时间和空间都不再绝对的新时代。一个大胆的理论浮出水面了。爱因斯坦提出了相对论,并让此前盛行了几个世纪的物理学世界观彻底出局。

---

i 迈克耳孙出生于普鲁士。两岁时他与父母一起移民到了美国。介绍参见:https://www.nobelprize.org/prizes/physics/1907/michelson/biographical。

ii 实际上,我们并不清楚迈克耳孙 - 莫雷实验究竟对爱因斯坦造成了几分影响。电磁现象本身的近相对论性可能更重要。参见文章:Jeroen van Dongen, "On the Role of the Michelson·Morley Experiment: Einstein in Chicago," *Archive for History of Exact Sciences* 63 (2009): 655–63, https://ui.adsabs.harvard.edu/abs/2009arXiv0908.1545V。

一个小男孩的月球梦

　　我们已经绕地球飞了很多圈了，现在可以开始让太空舱进入飞行计划的下一阶段，驶向月球了。奔月是人类古老的梦想。1969 年 7 月 20 日，尼尔·阿姆斯特朗在月球的表面踏下了他的脚印。这可能是人类历史上最著名的一小步。人类的梦想终于成了现实。几年之后的我依然能够感受到那一刻的意义。

　　1971 年的一个炎热的夏日，北莱茵－威斯特法伦州贝吉舍斯兰地区的田园小镇施特龙巴赫，绿意盎然的连绵群山和森林装点着地平线。在一个由家庭住宅组成的街区，一群孩子在路上快乐地玩耍。桶和铲子，带推杆的三轮车和几个球，就够让他们开心很久了。大人们坐在前院的草坪椅上，悠然自得地看着。

　　但是有一个脸庞圆鼓鼓的小小男孩并不在那群玩耍的孩子中。他独自待在暗黑的房间里，目不转睛地盯着一台大型显像管电视机上闪烁、模糊的黑白图像。阿波罗 15 号"猎鹰号"登月舱刚刚登陆月球，并将图像传回到地球。头几次蔚为壮观、极为成功的太空任务让法尔克家族为登月好好兴奋了一阵，不过这种情绪很快就烟消云散了。

　　唯独这个孩子仿佛被屏幕粘住了。他还没有五岁大，还不知道太空的尺度，或者美国国家航空航天局（NASA）的宇航员到底要走多远才能到月球。他甚至无法想象这样的技术大手笔需要多少能耗，或者这项科学成就到底有多厉害。然而，在内心深处，他感受到，这项大胆的任务是如此引人入胜，如此伟大。这个小男孩沉浸于这场冒险的每一秒钟，每一秒钟都在激发他的想象力。人已经可以在月球上行走，在月球表面上跳上跳下甚至驾驶车辆飞驰了（阿波罗 15 号的宇航员确实做到了这一点），下一步会是什么呢？在这无限大的天空中，人类还会发现什么呢？

那个小男孩自然就是我。我们那几天待在姑婆格尔达的房子里。对那时的我来说，指挥官大卫·斯科特（David Scott）麾下的宇航员们，就和漫画书里的超级英雄一样。他和队员詹姆斯·欧文（James Irwin）驾驶"猎鹰号"，在月球最大山脉之一的亚平宁山（Montes Apenninus）附近着陆。另一名队员阿尔弗雷德·沃登（Alfred Worden）在指挥舱里绕月运行。斯科特在踏上月面时，说了一句极富人性的话："我算是意识到了，关于我们的本性有一条基本真理：人必须探索！""是的，"我想，"我必须探索！"而今天，所有人都应该赞同这一点。

和许多孩子一样，我也想当一名宇航员。后来我几乎是直觉式地明白过来，我并不是当宇航员的那块料。没错，我很全面：我是个体育健将，能够与他人合作，我擅长理论和实验工作，对技术了如指掌。我的抗压能力也很强。但是同时，我的手很容易颤抖。在压力很大的时候，我总是错误不断。许多年后，在一次关于太空旅行的会议上，我有机会与德国宇航员乌尔里希·瓦尔特（Ulrich Walter）和恩斯特·梅塞施米德（Ernst Messerschmid）谈论这个问题。他们非常了解自己的长处却并不高傲自大。他们中的一个说："成为宇航员，需要经历无尽漫长的挑选过程。你的每个参数都必须合格。"我做不到完全合格。但即便如此，在我心中，接近月球的梦想从未泯灭。

根据月球在其绕地轨道上不同的位置，航天飞机需要航行356000千米到407000千米不等才能抵达月球。多数汽车开不了那么多里程就已经报废了。不过，走过这样的距离，光只需要

1.3 秒。光秒是天文学中的一个重要的度量单位 [i]，而即使是最优良的汽车也很少能行驶超过 1 光秒的距离。从天文学的视角来看，这是一件发人深省的事。

光速是宇宙中唯一真正恒定的度量标准。因此，以它为单位表示太空中的尺度合理至极。"光年"一词虽然有个"年"字，但它其实是一个长度单位而不是时间单位。说起宇宙中的距离，动辄就是好几十亿光年。太空中的距离有多么巨大，由此可见一斑。对于天文学家而言，月球既不是我们在宇宙世界中的前院，也不是后花园。它最多不过是我们开始宇宙旅行时必须要迈过的门槛罢了。

距离 1 光秒远，也就意味着我们在地球上所见的月球的一切总是发生在一秒之前。眺望太空的时候，我们所看到的都属于过去。对于月球来讲是一秒，而对于我们所研究的星系，我们实际上是在观看几百万到几十亿年前发生的事情。

所以说，光抵达我们这里的时候总是带着"延迟"的。如果发光源在地球上，那么延迟只有一点点。但如果是来自深空的光，那么时间差就很大了。因此，我们永远都不可能知道宇宙中的此时此刻发生了什么，哪怕是近在咫尺的地方也不行。

有趣的是，关于测量和体验来自月球的光的延迟，有一个非常实用的方法。我的一位荷兰同事在某台射电望远镜的控制室里举行了婚礼。他还用无线电波向月球发射了"我愿意"。这条信号在月球的表面反射，并且在 2.6 秒后返回到控制室。电光火石之间，新娘来不及逃跑，婚姻具有了效力。这可能是世界上第一

---

i　光秒是天文学中的长度单位，1 光秒大约为 30 万千米。类似的可以定义光分、光时、光年等长度单位，分别对应光在真空中走 1 分钟、1 小时或 1 年通过的距离。——译者注

个"月球回波"婚礼[i]。

此外，为了纯粹的科学或者技术上的目的，虽然和婚礼相比无足轻重，我们也定期向月球发射激光束。阿波罗任务留在月球上的镜子将这些光束反射回地球。阴谋论者说 NASA 登月是个骗局，但那些镜子确实自当年到现在，一直起着反射信号的作用。利用光的回波的延迟，我们可以以极高的精度测量地月距离和月球的运动速度，从而检验广义相对论的预言。

我们还能观察到，每一年月球离我们都要远 4 厘米，同时地球的自转也变得慢了一些。引力将地球和月球束缚在一起，而潮汐力使二者各自减缓了对方的自转速度。理论上讲，我们衰老的速度因此也慢了一些。不过，如果以月份和日期表示年龄，我们却要死得早一些。45 亿年前，一天只有六个小时[ii]。对于我这种工作狂来说，这种事真是太可怕了。

月球的自转已经几乎完全停止了。每绕地球运行一周，月球也正好自转一圈，因此，月球总是以同一面对着我们。这也是我们总是能看到月亮那张和善的笑脸的原因。直到第一次探月任务，我们才看到了月球的背面。不过，虽然很多人用诗意的语言将月球的背面描绘为黑暗的世界，实情却并非如此。每个月中的两个星期，那里阳光灿烂。不过确实，月球的背面是一个神秘的、未经探索的世界。

---

i 婚礼视频："Andre and Marit's Moon bounce wedding," YouTube, February 15, 2014, https://www.youtube.com/watch?v=RH3z8TwGwrY。

ii 参见文章：Adam Hadhazy, "Fact or Fiction: The Days (and Nights) Are Getting Longer," *Scientific American*, June 14, 2010, https://www.scientificamerican.com/article /earth-rotation-summer-solstice。

我从未放弃自己的月球梦。从某种意义上讲，我的梦想通过领导荷兰 LOFAR 射电望远镜阵项目成真了[i]。LOFAR 这一缩写代表的是"低频阵"。它是一个在低频率波段工作的无线电天线网络。通过一台超级计算机的协调，所有这些天线联结为一体，汇总数据，组成一台虚拟望远镜。这个射电望远镜阵列的目标是探索接近大爆炸的宇宙极早时期，以及发现宇宙中所有活跃的黑洞。

　　今天，LOFAR 网络的三万只天线遍布欧洲，它已经是一台横跨整个大洲的望远镜了。但是，不受妨碍地接收宇宙射电信号的最佳场所并不在欧洲，而是在月球的背面。这是因为，对于天文学家来说，最大的信号干扰源来自地球，来自地面无线电通讯，以及位于大气最高一层的电离层导致的空间射电波的畸变。在地球上，我们永远也无法看到月球的背面。从另一角度说，这也就意味着在月球的背面不会有任何地球的杂散辐射。我想说，"月球是地球上最适合进行射电天文学研究的地方"。这只是半开玩笑，但在月球背面建设天线，这在很长一段时间以来都像一个不可能实现的美梦。

　　不管是太空旅行还是科学研究，充足的耐心都是必需的。如果足够耐心，意料之外的惊喜总会降临。我就有过这样一次经历。2015 年 10 月，荷兰国王威廉·亚历山大对中国进行国事访问。在这次访问中，中国与荷兰达成了一项合作进行太空旅行的协议。作为协议的一部分，中国方面将把我们为 LOFAR 计划研制的月球天线带入太空。这是荷兰的仪器第一次加入中国的探月

---

i　参见论文：M. P. van Haarlem, and 200 contributors, "LOFAR: The Low Frequency Array," *Astronomy and Astrophysics* 556 (2013): A2。

任务。2018 年 5 月，中国国家航天局（CNSA）在西昌卫星发射中心发射了一枚火箭，我们的天线就搭载在那枚火箭上。而我在爱尔兰度假时通过网络直播观看的火箭发射视频也是这一次。那段时间是我科研生涯中最艰辛的日子，我正全力以赴地处理拍摄黑洞图像的事情。因为这些事情，我必须把儿时的梦想托付给同事们。

我们的 LOFAR 观测站安装在中国通信卫星"鹊桥号"上。这颗卫星停在月球后方 40000 至 80000 千米处。"鹊桥号"的主要功能是将无线电信号从月球的背面传回地球。在 2019 年秋天，我们延长了天线，从此开始聆听宇宙信号。最近一段时间，我们一直在寻找一种极其微弱的射电噪声。根据现今的理论，这种噪声一定起源于宇宙黑暗时期[i]，也就是几十亿年前，第一颗恒星诞生之前的时期。这种噪声里包含了大爆炸的射电回声，因此可以借此了解关于空间和时间的开始的信息。我们可能需要很多年的时间来完成极其困难的数据分析，而且很有可能，只有未来的空间任务才能有所发现。

但甚至在到达月球之前，这颗卫星已经让我看到了特别的景象。前往轨道位置的途中，"鹊桥号"上的小型机载相机成功拍摄了一张独特的快照。照片拍到的是月球，还有月球后面几乎同样大小的地球。而我们还未展开的天线蜷缩在照片的一角。

看着这一切时，我仿佛又变成了那台老旧的黑白电视机前的小男孩。在我面前的是月球神秘的背面，在它后面微小而模糊的是我们自己的蓝色星球。我现在就坐在这颗星球上面。我

---

i 宇宙黑暗时期是光子和重子物质退耦到第一代恒星 / 星系出现之间的阶段。——译者注

从来没有亲自到过月球，但在这一刻，我感觉到那里也是我的"家"。从那天起，每次我抬头看月亮，我都想，我的一小部分现在也在上面。

2

太阳系和不断发展的宇宙模型

离地球最近的恒星：太阳

自月球出发，下一站是太阳。从地球飞到太阳，要走过 1.5 亿千米。通过这样的距离，光需要 8 分钟。也就是说，我们与太阳的距离是 8 光分。我们所看到的太阳，实际上是它 8 分钟之前的样子。

从各种意义上讲，太阳都是我们的生命之源。除了地球本身之外，太阳是对生命最重要的天体。它影响着天气。它与人类文化息息相关。它用白昼和黑夜管辖着我们每天的日常活动。只有在没有太阳的时候，我们才开始意识到太阳有多么不可或缺。难怪，史前和古代时期，日食总是在人群和社会中激起很大的情绪。在现代，日食也仍然能使人激动。

那是 1999 年的夏天，我站在我们当地小学的校长面前，几乎是求着她让我带女儿一起去旅行。第二天，也就是 8 月 11 号的上午，一场日全食会使德国和法国的部分地区陷入黑暗。这件事媒体已经宣传了好多天了。特制的防护眼镜全部售罄，整个德国都在等待着这次重量级的掩食现象。对于女儿和我，这次机会百年难遇。我们周边的下一次与之相似的日食将在 2081 年才发生，到那时我已经不在了。

　　但是德国义务教育古板的规则可不在乎这样感性的细节。教育法允许学校因为太阳太毒辣放一天假，可没说能在太阳发生日食时停课。富有同情心的校长抓了抓耳朵，告诉我，根据学校的规定，她不能让孩子们离开学校，哪怕是为了百年一遇的宇宙事件，哪怕是天文学家的孩子也不行。"不过，"她意味深长地补充道，"如果家长因为职业原因要临时变更居住地，出勤的要求并不适用。那么你可以带着雅娜一起去。"我对她提供的信息表示感谢，并在一天之间给自己家搬了个地方。至少在纸面上看是这样的。

　　我满怀好奇与兴奋，和六岁的女儿一起跳上了汽车。有时候，成为科学家意味着，在探索宇宙奥秘的路上，不惜走到天涯海角也要满足好奇心。现在，我们的小小探险开始了。

　　在德国，本次日食的月球本影区只是一个狭窄的条带区域，在正午时分短暂地扫过西南部分地区。我打算去的就是这样的地区。因为，只有这样我们才能体验日全食最富魅力的一面：光天化日之下，不祥的阴影忽然将世界淹没在黑暗中。不论是谁，经历过这样的时刻，就永远都不会忘记阳光对我们的生活以及所有生命是多么重要。只是有一个问题，一个所有天文学家都很熟悉的问题：天气不好。德国全境多云。

　　我们从我的家乡弗雷兴（Frechen）[i] 出发向西行驶，一路上边开边找合适的观测地点。我拼了命地猛开一气，追寻着四处零零星星透过云层的阳光。最后，我们开进了法国，在一个叫作梅斯（Metz）的小城外的田野停了下来。还有几分钟日食就要开

---

i　弗雷兴是德国北莱茵 - 威斯特法伦州的一个市镇，在科隆附近。——译者注

始了。就在这一刻，天空豁然开朗，太阳的光辉普照大地。月亮的圆盘缓慢而又庄严地在太阳前面挪动，最后将太阳完全遮盖。看来，即使是对于一位小小科学家，生活中有时也必须要有点运气。我们正是在正确的时间来到了正确的地点。这段经历是独一无二的，也是美好的。在最真实的意义上，这是难得的共同经历黑暗中的光明的时刻。

日食背后是太阳系中的一件最不寻常的宇宙巧合。比地球小得多的月球，只是因为距离恰到好处，才能够遮挡太阳巨大的圆盘。如果它比现在更近一些，那么它所遮挡的就不仅仅是日面；而如果月球比现在离得更远，那么日食的时候依然能看到太阳明亮刺眼的边缘。正是因为月球不多不少地遮挡了太阳炽热的圆盘，我们才能看到一个非常特殊的现象：日冕。日冕由上百万摄氏度的高温气体组成。太阳耀斑有时像火山喷发岩浆一样将热等离子体射入日冕，使日冕时而搅动，时而被甩向高空。

在日食的一小段时间，我们可以看到，太阳不是一颗沉静的恒星，而是像女巫厨房里的魔法坩埚一样，咕嘟嘟地冒着泡翻动。但是，在太阳表面大大小小的爆发之间，还发生着一桩同样神奇的事情。有一些微小的幽灵般的粒子在那里诞生并射向太空。这些粒子来自原子的残骸。原子由中心的原子核和围绕原子核的一或多个电子壳层组成，而原子核又可以分解为质子和中子。其中，质子质量较重，带正电荷。中子是中性的，质量和质子差不多。而电子带负电荷，比质子轻得多。当太阳的高温击碎一些原子时，它们的残骸以无与伦比的高速在太阳系中飞行。

这些能量极高的高速粒子有一个略有些误导性的名字，叫作宇宙线（cosmic ray）。我个人认为，叫宇宙粒子实际上更准确些。它们在穿过地球大气层时制造了壮美的极光。在拉普兰或阿拉斯加的夜空上，极光熠熠生辉，跳着空灵的舞蹈。然而，在美学欣赏之外，人类也相当重视由更强烈的太阳风暴导致的粒子洪流。这类风暴可以破坏卫星中敏感的电子元件，改变地球的磁场，还能阻碍无线电波的传输。特别严重的时候，它们甚至会导致电网的电压过高，使整个城市的电力供应中断。幸运的是，这些风暴很少发生，而且由于现在定期的外太空天气报告，我们可以及时采取预防措施。

只有在日食的时候，我们才可以用裸眼看到宇宙粒子的故乡。那里的样貌给我留下了深刻的印象。从我自己的研究工作中，我知道，我和女儿在太阳边缘看到的粒子物理现象也发生在黑洞的边缘。当然，在后者的情形下这种现象要激烈得多。磁场和强烈的湍流相互作用，使得微小的带电粒子像乒乓球一样来来回回，并吸收更多的能量。这种机制所加速的电子在磁场内改变方向并放出辐射，使太阳在无线电波段非常明亮。非常靠近黑洞视界面的区域也因为同样的原因发亮。从太阳产生并穿过湍动的银河系磁场或者空间磁场的宇宙粒子能量很高，但从恒星的爆炸产生或来自黑洞周围的宇宙粒子能达到的能量级是前者远远不及的。

与地球大气层发生碰撞的宇宙粒子是可以测量的。我参与了阿根廷皮埃尔·俄歇天文台（Pierre Auger Observatory）开展的一个大规模的实验项目。他们使用分布在几千平方千米范围内的探测器专门做这件事。

如果不理解太阳和宇宙粒子的物理学机制，那么理解黑洞也就无从谈起。在整个宇宙中，万物都被同样的作用束缚，遵循的也是同样的法则。一束无穷无尽的物理学丝带贯穿整个宇宙，把黑洞的辐射、太阳的爆发还有地球的极光连在一起。这些事想想就觉得不可思议。

而在 1999 年 8 月 11 号看日食的时候，这条丝带仿佛就在我的眼前。对女儿来说，这是童年里的一次有趣的郊游，有几分冒险，带着几分好奇。她可是用铝箔纸给她认识的每个人都做了日食眼镜，还邀请他们一起看太阳呢。邻居们会怎么想？

在和孩子一起看太阳时，我拜服于宇宙的力量之下。食甚时分的太阳穿过薄云射出的红色光芒尤为摄人心魄。那条翻腾的光环有种强大的、几乎是催眠性的作用。后来，在为预告黑洞射电图像的论文配图选择配色时，我的灵感就从它而来。

我有幸知道导致日食的天体物理原理，但石器时代的人不知道，并且害怕日食。到了现代，日食依然能够吓到一些人。古时候的一些人甚至坚信日食是来自神明的信息，因而陷入恐惧。早在四千年前，已经存在关于日食的文献记载。那时候，中国的宫廷天文学家就试图通过自己对天空的观察预测日食。但他们的预测常常并不正确。一条古代传说提到，有两个学者因为未能预测日食的确切时间并在日食真正发生的时候喝醉而被皇帝处死了[i]。当然，这个传说很有可能完全是假的。不管怎么样，今天的天文学家已经可以准确地预测日食，也可以保证安全无虞。其实，我们在研究未知的问题时依然会犯很多错误。不过，我们再也不用担心因此丧命了！

太阳只是一颗普通的恒星。它的特殊之处仅仅在于，它是我们所在的行星系统的中心天体。因此，它比其他所有恒星都要

---

i 故事来自论文：P. K. Wang and G. L. Siscoe, "Ancient Chinese Observations of Physical Phenomena Attending Solar Eclipses," *Solar Physics* 66 (1980): 187–93, https://doi.org/10.1007/BF00150528; 以及 https://eclipse.gsfc.nasa.gov/SEhistory/SEhistory.html#-2136。

近得多，也亮得多。月球和行星靠反射太阳光发亮。如果没有太阳，我们甚至不能在天上看到它们的踪影。太阳系中百分之九十九的质量都属于太阳本身。这颗极为巨大的恒星的引力维持着整个太阳系。同时，我们关于恒星和引力的知识也有赖于对太阳系的探索。

太阳是一个硕大无朋又热得吓人的气体球，在它的内部燃烧着核反应。核反应的燃料是氢，也就是组成太阳的最主要的元素。氢是一种很轻的元素，它在太阳温度极高的核心区燃烧并聚变形成氦。太阳中心的温度高得难以想象，达 2000 万摄氏度。太阳表面的温度也很可观，有 6000 摄氏度。这种热能是地球上所有能量的来源，但如果没有引力制造太阳核心的高压，这些能量都会不复存在。万物生长靠太阳：植物的光合作用需要阳光，动物需要植物，因此也需要阳光。我们也都需要阳光。不论是食肉、食素还是全素，没有阳光就没有食物。

燃烧木柴的时候，我们是在消耗来自太阳的能量。石油、燃气和煤矿都是自地球形成以来的生物学过程留下的残余。也就是说，它们都是储存的太阳能量。然而，我们已经在很短的时间里破坏了几百万年积攒下的物质和能源储备，给气候制造了严重的负担。就算不是气候科学家，也很容易意识到，再这样下去是不会有好果子吃的。

没有太阳也不会有任何电能。且不说太阳能发电技术，水电站能够运行，也是因为太阳一刻不停地使水蒸发，从而能有雨水填充湖泊与河流。即使是风力涡轮机的运作也是因为太阳加热了大气层，并使不同区域的温度具有差异，因而产生了风。唯独潮汐发电站是从月球获取能量的。核电站的能量来自黑洞和中子星诞生时产生的元素。然而，是因为太阳引力的作用，这些元素当初才会到达我们身边。最终，大爆炸是宇宙中原初的能量源，也是太阳、月球、恒星和所有元素的能量的终极源泉。

太阳加快了我们成长为具有抽象思维能力的两足兽的速度。太阳发出的宇宙粒子打在地球表面，增加了生命体的细胞发生基因突变的概率。这些细胞之后继续演化，一步步进化为小型哺乳动物，最后演化为人。所有这一切都是因为有了太阳才得以发生的。在某种意义上，我们是宇宙造就的突变型。更高的突变率也带来了癌细胞，以及随之而来的死亡和衰败。人类的存在来之不易，是以深重的苦难为代价换来的。但是，要是没有这些潜藏着危险性的基因变化，我们现在应该还是单细胞生物。

和那些更为狂野的恒星相比，太阳的脾气相当温和，也显得相当平凡。太阳的体积不算大，质量不太高，也不是很活跃[i]。46亿岁的它正值壮年。相比于其总质量，太阳核心区域的核聚变反应速率算是低的。论及单位体积内产生的能量，它比人体内物质代谢还要低得多。人的身体是一台精心设计的机器，永远在全负荷运转。如果所有人类都挤在一起，我们也可以形成一颗小小的恒星[ii]。

但是，太阳因为它巨大的尺寸而稳操胜券。地球人口需要增加大约1000万亿倍，才能产生和太阳一样多的能量。

太阳是真的在燃烧自我。通过将氢聚变为氦，它使物质转化为能量，其质量因而每秒减少40亿千克。考虑到太阳只用到它

---

i 参见论文：Yuta Notsu, et al., "Do Kepler Superflare Stars Really Include Slowly Rotating Sun-like Stars?: Results Using APO 3.5 m Telescope Spectroscopic Observations and Gaia · DR2 Data," *The Astrophysical Journal* 876 (2019): 58, https://ui.adsabs.harvard.edu/abs/2019ApJ···876···58N。

ii 来自推文：Mark McCaughrean, @markmccaughrean, January 5, 2020, https://twitter.com/markmccaughrean/status/1213827446514036736。

自身质量极小的部分，就放出了大量能量，它的能量产生效率是高得惊人的。没有任何人类建造的机器能用如此少的燃料就产生出如此多的能量。如果人体能像太阳一样高效又节能，那么每个人一生中只需要不到半克重的食物。在外太空，只有黑洞才能以比恒星更高的效率将质量转化为能量。

尽管如此，有一个悲伤的消息也不得不提：太阳的油箱终有一天会用空，也不会有加油的机会。太阳之火终有一日会熄灭，如果人类那时还存在的话，也将与地球上的生命一起灭亡。但是我们离那一天还有很久。按照目前的估计，太阳还有五六十亿年的寿命。这么长的时间，足够让我们再多买几块太阳能板了！

天上的神祇：行星轨道之谜

一旦离开太阳，将视线转向绕着太阳转的行星，讨论距离时用的单位会很快从光分变成光时。理解引力和建立现代的世界观都来自对行星的认识。人类建造的飞船已经能够抵达太阳系最远的行星，甚至还飞到了更远一些的地方。在太阳系以外的一切我们只能通过望远镜观测了解。

最靠近太阳的行星是水星，它和太阳的距离只有6000万千米。而最远的行星海王星的轨道远在45亿千米之外，这个距离相当于4光时。每过165个地球年，海王星才能绕太阳一周。几千年来，我们的祖先观察着行星，为它们规则又不规则的运动感到惊奇。恒星在苍穹上有其固定的位置，我们在其下活动，而行星似乎在群星间游荡。因此，行星得名"planet"，意即"游荡者"。

在地球的天空中，太阳、月亮和所有行星都在同一个带状区域移动，仿佛在一条无形的赛车道上行驶。我们给这条无形的带子起名为"黄道"，其英文名称"ecliptic"源于希腊语中表示"消失或不再出现；黑暗"的词语。这个词与食（eclipse）的词源是同一个。日食也发生在黄道上。

黄道之所以存在，是因为所有行星都在同一个平面内绕太阳运动。这样一来，它们就构成了一个看不见的具有天文学尺度的圆盘。地球的轨道本身也是这个圆盘的一部分。由于我们也身在其中，这张圆盘对我们来说只是天空中的一条狭长的带子，就像从侧面看到的老式黑胶唱片。离太阳的距离比地球近的行星，绕着太阳飞行的速度也比地球快。原因在于，离太阳越近，感受到的太阳引力就越强。因此，这些行星必须跑得更快，以使其离心力抵消太阳引力。离太阳比地球远的行星移动得比地球更慢，因为那里的引力更弱。如果它们的速度变快，就会冲出绕太阳的轨道。

从地球的角度看，行星在固定不变的星空背景上画出了奇妙的路线。它们就像田径场上的短跑运动员，地球也是参赛者之一。外道的运动员必须跑更远的距离，而且速度也要慢得多。而水星和金星是内道的顶级短跑运动员。它们的速度特别快，而且总是在太阳附近。这就是为什么水星和金星只能在早上和晚上看到，被视为"晨星"和"昏星"。其中，金星是我们最常看到的。巨行星是在外道缓缓前行的周末慢跑人士，我们的地球每过一段时间都要超过它们一次。从我们的角度看，它们仿佛在向后移动，直到地球超过它们，到达太阳系田径场的另一端。到了这个时候，我们又仿佛在向它移动。在那一端看，它们似乎突然改变了运动的方向。

人类花了几千年的时间才发现行星绕太阳转。几千年来，水星、金星、火星、木星和土星这五颗肉眼可见的行星的轨迹一直是个谜。毫无疑问，它们对不同的宗教以及世界观都产生了影响。

很久以前，人们并不懂得这些宇宙现象背后的原理，天文学的用途也大为不同。几乎所有宗教的信徒都崇敬星辰和其他天体。他们这样做是很自然的。恒星赐予了日常生活的秩序，维持着年的循环。太阳主宰着一天，其升起和落下的时间点还标志着一年的进程以及季节。月相的变化决定了一个月的长度。因为未知的原因，它和女性的生理周期大致相仿。太阳和月亮仿佛掌管了生育力，还有人类的幸运与不幸。那么，人们赞美这些神圣的力量也就不足为奇了。

天文学的起源

最早的关于天文探索的考古学证据可追溯到几万年前[i]。观天者在理解了白天、黑夜和一年中的时间的交替顺序后，就制作了日历。最初被用作时间标记的是月亮的周期，后来这种计时方法结合了太阳的轨迹变化。著名的内布拉（Nebra）星象盘是欧洲

---

i 对许多石器时代的文物［拉斯科洞穴、多尔多涅的鹰骨上的雕刻、巨石阵、那奥斯（Knowth）的月球图］的认识仍然是模糊的和有争议的。见论文：Karenleigh A. Overmann, "The Role of Materiality in Numerical Cognition," *Quaternary International* 405 (2016): 42-51, https://doi.org/10.1016/j.quaint.2015.05.026；P. J. Stooke, "Neolithic Lunar Maps at Knowth and Baltinglass, Ireland," *Journal for the History of Astronomy* 25, no. 1 (1994): 39 - 55, https://doi.org/10.1177/002182869402500103。有种观点认为，只有在可核实的书面资料出现时，人类才开始研究天空。然而，这种假设与人类强烈的好奇心是相悖的。

早期在这方面活动的见证。这枚三千七百多岁的青铜圆盘是所有具象表示天空的文物中历史最古老的[i]。

人类利用这些聪明的认识指导农业生产和海上航行。在那个时候，航海还是一件颇具危险性和不确定性的事业。现代人使用航海卫星导航，但卫星的坐标最终还是依赖于天文学观测。不过，观测的对象早已不是恒星了。遥远的黑洞是新的宇宙地标，我们利用从它们发出的无线电信号定位[ii]。

在公元前 3000 年的美索不达米亚，在一座后来被称为巴比伦的城市里，受过教育的祭司们定期记录月亮和行星的位置。他们按照月亮制定日历，决定节庆的时期，也决定收获和收税的日子。一个行政月有 30 天，一年有 360 天，缺少的日子用闰日来填补。和使用十进制的我们不同，他们的数字系统是基于 60 这个数的。很可能是因为巴比伦人的缘故，我们把一天分为二十四小时，把一圈分为 360 度。

随着楔形文字的发展，任意观测时间得到的天文信息都可以拿来比较了。其后，在公元前 1000 年左右的时候，极其有组织的观测计划出现在世界上，数学的发展也取得了重大进步。在底格里斯河和幼发拉底河之间，整队整队的学者专门负责测量和计算天空中发生的事情，成千上万的楔形文字泥版上写满了天文数

---

i 参见文章：Jörg Römer, "Als den Menschen das Mondfieber packte," *Der Spiegel*, July 16, 2019, https://www.spiegel.de/wissenschaft/mensch/mond · in · der · achaeologie · zeitmesser · der · steinzeit · a · 1274766.html。

ii 国际天球参考系（ICRS）是一个将甚长基线干涉测量法（VLBI）对类星体的观测结果汇总而成的坐标系统。地球在该系统中的空间方位是根据国际地球自转服务（IERS）给出的地球方位参数确定的。例如，该参考系可以用来转换地球在国际地球参考系（ITRS）中的坐标和卫星坐标：https://www.iers.org/IERS/EN/Science/ICRS/ICRS.html。

据。倏忽之间，天文记录已经不局限于单个人的狭隘回忆，而可以综合几代人的时间内发生的事件进行分析。这是仔细记录、存档和分析数据的工作方法的开始，虽然这些工作主要服务于宗教目的，但我们仍可以将其描述为科学。

对于美索不达米亚的居民，宇宙是有其秩序的，但也受制于诸神的意志。神的计划可以通过预兆来解读。譬如说，行星的外观就是这样的预兆[i]。观察天象的人自从具有了预测行星的轨道的能力，就运用这种知识解读未来。统治者们占算星象，以决定行事的最佳时机。

完全可以想象，行星运动的可预测性和新的算术法一定使人们深受震撼。这种新的知识甚至可能使人们认为，连命运本身也可以是预定的。从此时滥觞的巴比伦占星术影响了许多其他文明。"东方三博士"作为来自东方的占星术士的代表出现在《圣经》里，永久地载入史册[ii]。几千年之后，人们才认识到，占星术

---

i 参见约翰·斯蒂尔的《中东天文简史》。John Steele, *A Brief Introduction to Astronomy in the Middle East* (London: Saqi, 2008). 研究古代中东的学者们已经找到了一些关于"替身"国王的证据。在美索不达米亚，当发生日食或月食的时候，恶兆所对应的国王会选择一位傀儡代替他充当国王。这名傀儡通常是囚犯或者智力有问题的人。在这段时间里，真正的国王作为普通的农民生活。只有在过了一百天之后，祭司们才会放他回去。

ii 《圣经·马太福音》2:1—13。他们也被称为"三王"，但《圣经》文本中没有任何地方明确说他们是国王，或者他们是三个人。通过故事内容和历史背景推测，《圣经》中的这几位人物很可能是受过占星学训练的专家。更多的细节参看我本人的 WordPress 博文（Heino Falcke, "The Star of Bethlehem: A Mystery (Almost) Resolved?" October 28, 2014, https://hfalcke.wordpress.com/2014/10/28/the-star-of-bethlehem-a-mystery-almost-resolved）以及其中引用的文献，特别是 George H. van Kooten and Peter Barthel, eds., *The Star of Bethlehem and the Magi: Interdisciplinary Perspectives from Experts on the Ancient Near East, the Greco·Roman World, and Modern Astronomy* (The Hague: Brill Academic Publishers, 2015)。

的根基假设是错误的。天体的运行可以预测，并不意味着人类生活就可以预测，二者根本毫无干系。

在古代埃及，尼罗河的洪水从上游带来了肥沃的淤泥，因此决定了时间的节奏。诸天和大地在古埃及神话中都有其位置。赐予生命并保持万物的活力的神名为"拉"。太阳是拉神的化身，每天都在重生，并从东方的水面上升起。他穿过天空，在傍晚时分降落在西方，死亡，并在第二天早上重生。这是一个永恒的循环。

天堂和大地在地平线相接。一个活在那个时代的人，仰望天空、环视四周，一定会对自己生活在宇宙的正中央深信不疑。那时普遍的观念是地球是平的，这也与以人类为中心的世界观一致。埃及人相信，在宇宙中存在天上世界和地下世界。神灵无处不在，并确保整个世界的宏大结构始终稳定和平衡。大地之神盖布统治着地下；天空女神努特统治着上空，她是所有恒星的母亲。在大地和天空之间是舒神的领域，他是空气和光明之神。舒神支撑着天空，并确保没有任何东西从天上落到地下。

古巴比伦人想象，大地是一个漂浮在海洋上的圆盘，四周海水环绕。诸神住在高天之上，决定着星辰的走向。苍穹像钟罩一样覆盖着大地。这种世界模型影响了整个古代，与当时的科学水平相符。

古希腊人也相信有天上世界和地下世界。希腊人比任何前人都更热爱观察天体。他们沉浸于数学，尤其推崇几何学，并将巴比伦人对星空的观察与埃及人的几何学相结合。早在公元前 6 世纪，像毕达哥拉斯这样的希腊思想家就已经认识到地球必须是圆的。柏拉图（生于公元前 428/427 年）在他的著作中也提到了地球是球体。

　　古代自然科学所取得的许多成就中，有一项至今仍给我们留下深刻印象，那就是公元前 200 年左右，昔兰尼的埃拉托斯特尼（Eratosthenes of Cyrene）对地球周长的测量。他让人分别在两个相距甚远的埃及城市测量了正午时分影子的角度。在一个城市，太阳正好在天顶，因此没有投下阴影。但在第二个城市，太阳确实投下了阴影。在那座城市，地球的表面相对于太阳光似乎倾斜了 7 度。埃拉托斯特尼仔细测量了两座城市之间的距离，现在又知道了影子的角度，他就利用这些测量结果相对准确地计算出了地球的大小。这在当时是一个惊人的成就。在欧洲，关于地球是个球体的知识一直流传，而且还是大学里教授的内容，直到中世纪和近代早期也如此[i]。有人说，克里斯托弗·哥伦布同时代的学识渊博的人还相信地球是平的，其实此事纯属编造。在被蔑称为"黑暗的中世纪"的时期发生的事，还有很多也是同样的子虚乌有[ii]。

　　不过，确实，对于当时不管是统治者还是平民百姓，想说服他们相信地球不是宇宙的中心都是不可能的。自从人类具有思想以来，宇宙就是众神和行星的家园。古巴比伦人甚至将一周分为七天，对应人类肉眼能看到的七大天体：太阳、月亮，还有五颗离我们最近的行星。古罗马人用他们自己的神的名字重新命名了这些行星。今天所使用的水星（墨丘利）、金星（维纳斯）、火星

---

i　Bede, *De Natura Rerum*; Johannes de Sacro Bosco (b. 1230 AD), *Tractatus de Sphaera*, 参见：http://www.bl.uk/manuscripts/Viewer.aspx?ref=harley_ms_3647_f024r。

ii　参见 John Freely, *Before Galileo: The Birth of Modern Science in Medieval Europe* (New York: Overlook Press, 2014)。

（马耳斯）、木星（朱庇特）、土星（萨图恩）的名字都对应着罗马万神殿中的一员。在欧洲语言中，一周七天的称呼多多少少是由这些神的名字衍生出来的[i]。

在很长的一段历史里，人类的宇宙观都是由古希腊思想家塑造的。这在很大程度上缘自亚里士多德（生于公元前384年）几乎压倒性的权威。从古代一直到基督教时代，亚里士多德被视为最重要的哲学家。他的影响力是如此之大，以至于任何与他相左的观点都显得非常荒谬。亚里士多德并不是天文学家，他的宇宙模型也相当简单。在他死后，古代晚期的重要天文学家如喜帕恰斯（生于公元前190年）和托勒密（生于公元前100年）扩展了他的模型。地球依然是宇宙的中心。所有的行星和恒星都在天球的不同层围绕着同一个中心旋转。托勒密在其13卷的作品《天文学大成》（*Almagest*）中总结了古代天文学的全部知识，并由此创造了托勒密体系的概念。确实，有个别研究者如萨摩斯的阿利斯塔克（Aristarchus of Samos，生于公元前310年）支持日心模型，认为是太阳而不是地球居于宇宙的中心，但地心模型最终占了上风。

新模型

或许在今天有些难以想象，这种宇宙观通行了一千五百多

---

i 参见文章：Sebastian Follmer, "Woher haben die Wochentage ihre Namen," *Online Focus*, September 11, 2018, https://praxistipps.focus.de/woher-haben-die-wochentage-ihre-namen-alle-details_96962。

年。不论是古代中国还是古印度[i]，抑或是古代伊斯兰－阿拉伯世界，所有称得上是天文学家的人物都像欧洲的基督教世界一样对其颇为赞许。直到尼古拉·哥白尼和约翰内斯·开普勒提出他们颠覆性的理论之前，情况大抵如此。哥白尼和开普勒本身都是神学家。他们完全是由于数学水平太高，才没能被古代哲学家的权威引入歧途。

几年前我因公出差，去北京参加第 28 届国际天文学联合会（IAU）大会。来自世界各地的几千位天文学家齐聚一堂，讨论天文学的最新科研成果。他们也要表决一些决议，比如天体的命名等等。在这次大会期间，一位当地的科学史学家做了一场关于中国天文学史的讲座。中国的天文学家观察天空的历史已有数千年之久。不仅如此，他们从很早以前就可以获得大量的财政支持。长时间的观测数据日积月累，最终集合成了一座规模大得惊人的数据宝库。直到今天，这些数据依然能派上用场。直到公元 11 世纪和 12 世纪，中国的天文学都比西方的天文学先进得多。然而，根据这位科学史学家的说法，当时的中国并没有产生一位具有哥白尼或开普勒那样的数学能力的科学家。中国古代天文学家入数据宝山却空手而回。

"这是为什么呢？"一位听众问道。"这可能与他们的世界观有关。"主讲人猜测说。那时的西方思想家们乐意为天堂寻找科学上的解释，而在中国，人们的注意力则集中在超自然存在本身

---

i 印度天文学家阿耶波多（Aryabhata，生于公元 476 年）持有地心说的观点，但认为地球是在旋转的。参见：Kim Plofker, *Mathematics in India*(Princeton: Princeton University Press, 2009)。关于印度天文学，可参考文章：N. Podbregar, "Jantar Mantar: Bauten für den Himmel," scinexx.de, September 15, 2017, https://www.scinexx.de/dossier/jantar-mantar-bauten-fuer-den-himmel。

上。对于他们来说世界是一个复杂的有机体，天界充满神灵精怪。一切自然与超自然力量都过于紧密地交织在一起。这与同时在西方盛行的独一、遥远、全能的上帝和创造者的概念大相径庭[i]。对于那时的中国天文学家来说，追问是什么使群星运动是没有意义的。而在世界的另一边，在西方，虽然迷信和异教信仰以及占星术从未完全消失过，但古代的多神信仰已经在一神论的犹太 – 基督教世界观的打压下日渐消亡。

犹太教也具有强烈的理性论证的特点。对《妥拉》（*Torah*，犹太教的宗教经典）的解释是通过激烈的辩论、细致入微的推理和具有逻辑性的证据链进行的。值得一提的是，与其他宗教相比，天文学对世界的解释在犹太教传统中并没有发挥特别的作用。犹太民族居于巴比伦、希腊和罗马之间，其传统也确实是在当时东方世界的宇宙知识背景下发展起来的。但是在《创世记》讲述的创世故事中，太阳、月亮和群星没有任何特殊的地位，而只是单纯的"光"。这个宏大的故事出现在《旧约》的开头，它介绍了我们今天的世界是如何一步步出现的。叙述以天为单位：一开始是光，然后是水和旱地成形，最后植物、动物和人出现。在创世之初时并没有光。天上的光是在创世过程中的某个阶段出现的，其重要性也被无情地削弱了。光并不神圣，相反，它们只是给我们提供时间，把白天和黑夜分开的工具罢了。《创世记》描述了一个高度理性的世界，魔法在此无容身之处。在《圣经》

---

i 参见论文：Joseph Needham, with the research assistance of Wang Ling, Science and Civilisation in China: Vol. 2, *History of Scientific Thought* (Cambridge: Cambridge University Press, 1956), cited in "The Chinese Cosmos: Basic Concepts," Asia for Educators, http://afe.easia.columbia.edu/cosmos/bgov/cosmos.htm。

的世界里，奇迹在很大程度上属于例外。

因此，根据犹太教－基督教的世界观，自然界没有任何超自然的东西。它没有自己的意志，而是由独一的上帝塑造而成。只有这位上帝是万物的创造者和起源，他昔在，今在，以后永在。在这个概念中，我们发现了现代自然科学的一个重要基础，即在自然界的背后，存在一套可靠的基本原理。只有在这种假设下，自然科学才有意义。

诚然，对于所谓宗教信仰和科学始终处于斗争之中的说法，任何人都绝不陌生。但这只是始于 19 世纪的世俗化时代广为流传的谬论[i]，今天的历史学家看待这个问题的观点要审慎得多[ii]。在很长一段时间里，科学并不自成一科，而只是神学的一部分。中世纪的修道院是维护知识和传播知识的据点；大学是在教会的祝福下建立的。许多重要的科学家都接受过神学教育，

---

i 例如：Peter Harrison, *The Territories of Science and Religion* (Chicago:University of Chicago Press, 2015)。原书作者所写摘要见：https://theologie-naturwissenschaften.de/en/dialogue-between-theology-and-science/editorials/conflict-myth。

ii 另一个在影视作品中也经常出现的类似谣传，就是希帕蒂亚（Hypatia）被基督教暴徒杀害、亚历山大图书馆被烧毁的故事。希帕蒂亚是一位勇敢睿智的女性，其重要性也毋庸多言。但希帕蒂亚事件并不能支持"科学与基督教之争"的论点。这起谋杀案更多是政治性的，而图书馆在她死时其实已经不存在了。除此以外，相关的事实证据也很少。参见：Charlotte Booth, *Hypatia: Mathematician, Philosopher, Myth* (Stroud, UK: Fonthill, 2016) 以及 Maria Dzielska, "Hypatia wird zum Opfer des Christentums stilisiert," *Der Spiegel*, April 25, 2010, https://www.spiegel.de/wissenshaft/mensch/interview-zum-film-agora-hypatia-wird-zum-opfer-des-christentums-stilisiert-a-690078.html；还有：Cynthia Haven, "The Library of Alexandria—Destroyed by an Angry Mob with Torches? Not Very Likely," The Book Haven (blog), March 2016, https://bookhaven.stanford.edu/2016/03/the-library-of-alexandria-destroyed-by-an-angry-mob-with-torches-not-very-likely。

而且非常虔诚，经常为教会服务。然而，教会声称自己对所有的科学问题都有最终解释权。这样一来，到了15世纪和16世纪时，越来越多的冲突不可避免。此时，文艺复兴和宗教改革早已站稳了脚跟，从根本上改变了人们对世界和人在世界中的角色的看法。甚至可以说，人的世界观此时已经发生了天翻地覆的变化。

1543年，一位来自波兰普鲁士[i]的教士尼古拉·哥白尼大胆地提出了一个新的宇宙模型。宇宙学革命即从此开始。当然，这个模型其实也不算新。在这个模型中，太阳回到了宇宙的中心，地球绕着自己的轴自转。同时，地球和所有其他行星一样围绕太阳运动。在数学上，这很有说服力和前瞻性，但令人恼火的是，在这种模型里，宇宙必须比以前假设的大得多，而且地球必须以很高的速度旋转。假如地球真的转得这么快，我们人难道完全一无所觉吗？

新模型过了很久之后才被广泛接受。与哥白尼同时代的学者，无论是为教会还是为世俗统治者服务，都有充分的理由怀疑它。当时有一位很有影响力的天文学家，丹麦的第谷·布拉赫（Tycho Brahe）并不相信有什么神秘的巨大力量使地球旋转，但他也知道，托勒密的宇宙模型不可能是正确的。作为一位优秀的观测者，布拉赫留下了至关重要的数据。德国数学家、神学家和天文学家约翰内斯·开普勒后来根据这些数据得出了著名的行星运动定律。开普勒发现，行星是以椭圆而非圆形的轨道围绕太阳运行的。而且，离太阳越近，行星的运行速度就越快。对于开普

---

i 今天"普鲁士"一词常被误用为德国的同义词，因而需要稍微解释一下：普鲁士本非德意志民族。哥白尼出生在西普鲁士的托伦，此地当时属于波兰。——译者注

勒来说，在宇宙中找到上帝的美与和谐是重要的目标。因此，行星运动的数学方程的优雅也是在神学上令人满意的发现，因为它们符合造物主的可靠性和一致性。造物主像建筑大师一样，工作具有条理。

布拉赫为后世奠定基础的测量数据，可能是天文学在望远镜发明前取得的最后一件成就了。17 世纪初，荷兰米德尔堡（Middelburg）的一位聪明的眼镜制造商 [i] 发明了望远镜。起初，望远镜只用在航海活动中，而帕多瓦的伽利略·伽利莱第一次将其指向了星空。当伽利略在 1609 年发现木星的头几颗卫星时，在意大利和整个欧洲都引发了激烈的辩论。对意大利人伽利略来说，这佐证了哥白尼模型的正确性。新发现的卫星是绕着木星转的。这清楚地表明，并非所有的天体都围绕地球运行。

这位年轻的科学家的胆子很快就大了起来。天主教会长期以来支持伽利略的研究，耶稣会内部起初也对伽利略的理论给出了正面的评价。但是，雄心勃勃的伽利略忽视了开普勒的工作，在其著作中坚持行星的圆形轨道。这样一来，伽利略的模型就与他那个时代可以找到的最好的观测数据有所出入了。伽利略虽然虔诚，但作风粗鲁，并且以言论质疑教皇的权威，从而败坏了教会首脑最初的好感。其后的一段时间，哥白尼的著作也位列禁书名单，不得不改动多处才能出版。在 1632 年，教会在罗马宗教裁判所前和他摊了牌。伽利略被判处终身软禁，但依然得到锡耶纳主教的财政支持。他的著作在意大利难以出版，于是在欧洲的其

---

i 一般公认是来自米德尔堡的汉斯·利伯希（Hans Lipperhey）发明了望远镜，但也有其他人声称自己才是望远镜的发明者。

他地方刊行。

伽利略长于言辞，很会与人沟通，并且懂得如何在专家圈子之外扩展自己科学研究成果的知名度。但在自我宣传的同时，他缺乏对其他科学家的工作应有的肯定。现今流传着许多关于伽利略的逸闻故事，其中一些与史实相距甚远。实际上，这些故事中有许多是现代人将自身投射在伽利略和其所处时代的产物[i]。

在开普勒和伽利略之后过了整整两百年，反对这种新模型的科学论据才终于消亡。但是，反思早已开始。

从今天的视角回顾，约翰内斯·开普勒的成果在我看来才是更具有开创性的。开普勒其人是伽利略的反面：一位优秀的数学家，身材矮小，体弱多病，终身被自我怀疑所困扰，多次受到命运的打击。他的母亲被莱昂贝格的地方长官（德：Vogt）指控为女巫[ii]；他没有什么女人缘，在妻子去世后，为寻找新伴侣的艰辛而呻吟。但是，开普勒三定律今天仍是天体力学的基础。通过他的定律，我们才能计算恒星的质量，证明暗物质的存在。当我需要在讲座中解释黑洞的时候，我首先提到的还是开普勒关于行星围绕太阳运动的定律。物质围绕黑洞运动的方式与行星绕太阳运动的方式几乎完全相同，只是速度快得多。

---

i 参见：Mario Livio, *Galileo and the Science Deniers* (New York, Simon & Schuster, 2020)。而相反的观点可见该书的这篇评论：Tony Christie, "How to Create Your Own Galileo," The Renaissance Mathmeticus (blog), May 27, 2020, https://thonyc.wordpress.com/2020/05/27/how-to-create-your-own-galileo。克里斯蒂（Christie）指出我们现在所知的伽利略的形象被大大诗化了，并毫不吝啬地对利维奥（Livio）的著作大加抨击。

ii 参见：Ulinka Rublack, *Der Astronom und die Hexe: Johannes Kepler und seine Zeit* (Stuttgart: Klett-Cotta, 2019)。

五十多年后，在开普勒的基础上，英国神学家、全能天才艾萨克·牛顿[i]不仅成功地创立了经典力学，而且还用他的万有引力定律解释了地球上的引力、月球的轨道和行星围绕太阳的运动。

在牛顿的模型中，引力是一种普遍的、长程的力。不管物体的构造或性质如何，只要具有质量，就会相互吸引。相距越远，力就越弱，但它永远不会完全消失。这种力对整个宇宙中的所有物体同样适用，不仅是行星以及地球上落向地面的苹果，也适用于一般的海洋潮汐或满月时的大潮。几乎整个太阳系都可以用牛顿的理论解释。但是，仅仅是"几乎"。

金星：爱之女神和宇宙的标尺

在探索天空的历史中，宇宙的尺寸以及地球与恒星间的距离是一个长期悬而未决的问题。如果地球围绕着太阳旋转，天上的恒星的位置岂不是应该移动吗？

如果在相隔极远的两个位置测量同一颗恒星，这颗恒星在天球上的视觉位置会发生变化。这种现象称为视差（parallax）。任何人都可以很容易地亲自验看这种效应。伸长手臂，竖起大拇指，先用一只眼睛看，然后用另一只眼睛。从两只眼睛略微不同的视角看拇指，会发现拇指仿佛在左右移动。拇指离身体越近，

---

i 牛顿是一位神学教授，作为《圣经》学者的成绩在其同侪中也堪称杰出。不过，他也秘密探索炼金术和异端思想。见：Robert Iliffe, "Newton's Religious Life and Work," The Newton Project, http://www.newtonproject.ox.ac.uk/view/contexts/CNTX00001。

表面上看起来的运动就越大。如果用双眼分别看一个离我们较远的物体，我们就拥有了空间感，从而可以估计距离。

人眼在小尺度观察到的现象同样也适用于地球绕太阳的路径。如果我在夏天和冬天各测量一次恒星的位置，此时地球在太阳的最左边和最右边，那么我应该发现被测量的恒星向右或向左移动。移动的程度取决于恒星离我们的距离。但在当时，人们没有看到恒星类似的移动。因此，要么开普勒和哥白尼的模型是不正确的，要么就是恒星离我们很远，以至于位置变化极为微小，很难被发现。要知道宇宙的大小，需要知道恒星和地球之间的距离，而要想测量后者，首先要了解地球与太阳的确切距离。确定日地距离成了一件头号难题。测量这个数值需要全世界的天文学家相互协作，当然，这也就意味着全球范围内的竞争。

天文学家最终选定了金星作为追逐的对象。金星以罗马神话中爱与美的女神维纳斯命名，但现实中，我们这颗邻居非常炎热，并不十分诱人。笼罩着金星的温室气体非常稠密，其巨大的压力会把人压垮。金星表面的大气压力与地球水下 900 多米深处的一样大，而温度和电炉里一样高。

但是，金星给现代天文学帮过大忙。通过金星，天文学家测量了太阳和地球之间的距离（天文单位，缩写为 AU），从而估算了太阳系的大小，甚至整个宇宙的范围。测量的关键在于，需要一次"金星凌日"，即金星正好在太阳的视圆面之前短暂经过的现象。它的原理和日食类似，只是金星的阴影要小得多。因此，只有受过训练的天文学家运用望远镜才能观测到它。

因为离地球很近，月球有时能够完全遮挡太阳的圆面。而金星却不可能做到这一点。在这颗行星经过金光闪闪的太阳的几小时里，人们能观察到的只有一个不起眼的小点。因此，在很长一段时间里，人类根本没有任何关于凌日现象的记录。

早在 17 世纪，约翰内斯·开普勒就已经预言，两颗位于地球和太阳之间的行星，金星和水星，会发生凌日现象。然而，他没能活到见证自己的预言成真的那一天。离开普勒最近的一次金星凌日在 1631 年，在那之前他已经去世了。

金星的阴影在太阳表面掠过的路径依赖于地球观测者所在的位置，以及观测时与太阳的距离。如果观测者在地球上向南方移动，金星的影子会向上移动，因为观看金星的角度变了。基于这个事实产生了一个巧妙的想法。只要在地球上的不同地点测量金星通过太阳表面的不同时间，就可以利用开普勒定律计算出地球和太阳之间的距离。这个方法只有一个缺陷：金星凌日是相当罕见的天象。这主要是由于金星和地球的轨道相互之间略有倾斜。即使在从地球上看到金星与太阳处于同一方向时，它也可以在太阳圆盘的上方或下方通过。金星凌日在 243 年中只出现 4 次，而且是成对出现的。离我们最近的一组发生在 2012 年和 2004 年，在这之前是 1882 年和 1874 年。

即便是万事俱备，科学家们也有可能让金星从眼皮底下溜走。为了从各个角度追踪金星的影迹，不同国籍的天文学家奔赴世界各地。在那个时代，这样的冒险旅行绝非儿戏。他们在某种意义上可以称得上是现代黑洞探险的先驱。然而，有些人还没出家门就几乎失败了。比如说，英国的杰里迈亚·霍罗克斯（Jeremiah Horrocks）几乎错过了 1639 年 12 月 4 日的金星凌日。起初，他在望远镜旁边等待，并把望远镜指向了太阳。但是由于为时尚早，霍罗克斯离开了观测岗位，估计是去参加教堂的礼拜了。当他回到家时，几乎已经太晚了。凌日早已开始，金星已经在太阳圆盘的前面了。霍罗克斯最终只能估计一个大概的凌日总时长。

下一组金星凌日是在 1761 和 1769 年。为此，科学家们纷纷踏上赴异邦探险的道路，争取届时好好观测一番。但事情并不是那么简单。最戏剧性的失败当属纪尧姆·勒让蒂（Guillaume Le Gentil）。勒让蒂打算在印度观测金星凌日，于是启航前往印度东南部的本地治里（Pondicherry）。但是，当他的船到达目的地时，英国人刚刚通过一场军事行动占领了该城。身为法国人的勒让蒂无法进入，只好在船上进行了测量，但显然，摇晃的木质驳船不是进行准确的天文测量的好地方。最终，他没有得到任何可用的数据。勒让蒂决定在原地等待八年后的下一次凌日现象。但是，就在这一重要时刻来临之际，乌云密布。天文学探索有时也要靠关键时刻天公作美，不是每个人都那么幸运。这个法国人在国外多年，终于能乘船回家了。这个时候，他却生了病，差点死于痢疾。回到法国后，他还发现，家人早已宣告他的死亡，并分割了他的财产。甚至连他在法兰西科学院的席位也被分给了别人。

不管怎么说，科学界最终还是算出了一个还不错的日地距离。当时确定的天文单位的数值与今天确定的天文单位值 149597870700 米仅有约 1.5% 的偏差。

直到 1839 年，恒星的距离才第一次被德国天文学家弗里德里希·贝塞尔（Friedrich Bessel）测量到。他利用视差法和天文单位的值，确定了地球与天鹅座 61（61 Cygni）的确切距离。贝塞尔在六个月的时间间隔内测量了这颗星的位置，发现它在天空中发生了约为 0.3 角秒的微小位移。这相当于 50 米外看到的一根头发丝的宽度。利用简单的三角学计算和天文单位的长度，他计算出了这颗星的距离。天鹅座 61 离我们有 100 万亿千米远，相当于 11.4 光年。贝塞尔惊奇地发现，他所测量的星光已经走过了十多年才到达地球。在这次测量后，最初对日心世界观的科学质疑才终于全部得到了圆满的答复。

因为天文学中几乎所有的距离都是直接或间接利用视差测量的，天文学家为这种方法测量的距离设计了一个新的长度单位"秒差距"（parsec）。这个词来自英文中"视差"（parallax）和"秒"（second）两个单词，代表的是一颗恒星显示出 1 角秒视差对应的距离。1 秒差距大约是 3.26 光年。因此，秒差距并不是《星球大战》电影里所说的时间的度量[i]，而是一个长度单位。

离太阳系最近的恒星是 4.2 光年之外的半人马座比邻星。这个距离也就是 1.3 秒差距。因此，在离太阳 1 秒差距以内的范围里，没有任何其他的恒星。今天，欧洲的空间探测器"盖亚"可以测量银河系中近 20 亿颗恒星的视差，其中最远的距离可达几千光年。利用全球射电望远镜网络，我们甚至可以测量银河系另一端的一些恒星或气体云的视差[ii]。而它们与我们的距离甚至超过 60000 光年。

今天，卫星已经能够巡弋在太阳系里而丝毫不出差错，天文学家也能够测量出宇宙的范围。但这一切仍然要归功于 17 世纪、18 世纪和 19 世纪的早期天文探险。这些早年的天文学家在探索太阳系时，仅仅用到了初代望远镜和一些大胆的想法。但他们没

---

i 在《星球大战 IV》中，汉·索罗自豪地宣称他仅用 12 个秒差距就完成了科舍尔航线。这听起来像是在说时间，不过一些粉丝表示他的原意就是说距离。参见：https://jedipedia.fandom.com/wiki/parsec。不管怎么说，不管何时听到这句话，天文学家们总会觉得坐立难安。

ii 参见论文：Alberto Sanna, Mark J. Reid, Thomas M. Dame, Karl M. Menten, and Andreas Brunthaler, "Mapping Spiral Structure on the Far Side of the Milky Way," *Science* 358 (2017): 227–30, https://ui.adsabs.harvard.edu/abs/2017Sci···358..227S。

有一个人是单打独斗的。天空属于所有人，有时也需要让整个世界一起来研究天空。天文学的基本性质中始终包括全球合作和竞争。远到《圣经》时代第一批东方占星家，再到研究太阳系和观测金星凌日的探险队，后来是探测引力波以及拍摄黑洞射电图像的团队，天文学家们一次又一次地为着同一个目标携手出发，互相帮助也相互较量，探索和测量同一片天空。

第二部分
宇宙的奥秘

穿越目前已知的宇宙，回顾现代天文学和射电天文学的历史：相对论革命、恒星诞生和黑洞、类星体的秘密、宇宙的膨胀和大爆炸理论的发现历程。

3
爱因斯坦最快乐的想法

光和时间

　　太阳是天空中最亮的光源，而太阳系的大小是天文学中衡量宇宙的基本标尺。在太阳系中，我们利用光来测量距离。到月球的距离以光秒为单位，到太阳是光分，到外行星是光时。但在日常生活中我们也不知不觉地用光来测量了所有的长度。直到 1966 年，长度单位是由"国际米原器"定义的。这是一根充作基准米尺的铂铱合金棒，目前保存在巴黎。国际米原器的长度定义为通过巴黎的子午线上从地球赤道到北极点的距离的一千万分之一。因此，不难理解，英国人坚定不移地拒绝采用公制系统[i]。然而，今天的"米"的长度是以光速来定义的，它完全对应于光在真空中在 1/299792458 秒内所走过的长度。为什么会选择这个奇怪的数呢？好吧，其实是为了和巴黎的国际米原器相等。但它的定义不再涉及民族自豪感了。无论谁使用米尺，都是以光为单位进行测量。

　　但是，因为光是由电磁振荡组成的，我们也用光来测量时间。这样看来，光确实是衡量事物的基本标准，即使从最深层的意义

---

i　英国早在 1965 年就已全面改用公制系统。——译者注

上讲也确实如此。爱因斯坦思考过这样的问题：如果不论我们自己的速度多快，光都一直以相同的速度行进。沿着这条思路，我们所有关于空间和时间的绝对和永恒不变性的观念都会被颠覆。

但是光的速度怎么就能永远相同呢？在一辆行驶中的跑车上爬行的蚂蚁比在沥青路面上行走的蚂蚁移动得更快，因为汽车和蚂蚁的速度相加。光不应该也是这样的吗？不，因为光不是蚂蚁，不是汽车。光是纯粹的能量，它没有惯性质量。加速物质只能通过力和能量。一个东西越轻，就越容易被加速。让蚂蚁加速比汽车加速更省力。而光是如此的"轻"，甚至不需要用最轻的推力碰它，它就已经自己飞走了。因此，光在真空中以它最大的速度行进。这个速度就是常说的光速，它几乎正好是每小时 10 亿千米。

没有任何东西能跑得比光还快，因为没有什么东西的惯性会比光更小。即使是引力的变化和由此产生的引力波也只以"区区光速"传播。因此，光速不仅是光的速度，也是因果关系的速度。当我们谈论"光"的时候，言外之意也包括其他的通过无质量波传递类似光的信息的过程。

但是，当我们相对于光运动时，肯定会有什么不同的事发生吧？爱因斯坦给出了肯定的答案。根据爱因斯坦的理论，时间和空间都会发生变化。那么，空间和时间是独立于其他事物存在的吗？我的回答是否定的。与能量和物质不同，空间和时间只是用来描述世界的抽象的量。空间和时间本身是无法触及的，它们只有通过测量才能成为物理现实[i]，而这总是需要利用光或类似的波

---

i 这可能更应该是一个哲学问题。一个完全空的空间的熵为零，并且不会有任何发展或变化，因此，在这样的空间里也没有时间可以测量。一个没有物质或真空能的完全空旷的空间将是最本真意义上的虚无，物理学对它无计可施。当然，它在数学上可能依然存在讨论的价值。

来完成。在太空中和地球上衡量实体的标准是光。光不仅被用来测量空间和时间，而且也定义了它们。

在《圣经》创世故事中，在第一天一开始就有了光，光出现于万物之先。同样地，在我们今天的科学的创世故事中，光也是在时间的开始出现的。宇宙的开始是光和物质的大爆炸，看起来像个火球。

但为什么光如此地基本？不管怎么说，宇宙不是一道光，而是由物质构成的呀！但如果再向深处挖掘，在最终极的意义上，一切都是光和能量。爱因斯坦著名的公式

$$E=mc^2$$

表示，能量（E）等于质量（m）乘以光速（c）的平方。质量同时也是能量，能量同时也是质量。从理论上来讲，这个公式还有另一个变体，即：

$$E=hv$$

其中希腊字母 v（读作"纽"）代表光的频率，h 为普朗克常数，通过这个常数，我们将光换算为能量。这是量子论中最简单的方程。德国物理学家马克斯·普朗克是量子理论的创始人，方程中的常数即以他命名。根据量子论，在最小的尺度上，例如在原子层面，以光的形式存在的能量只能以能量单位的倍数发射或吸收。这种能量单位即所谓的光量子。

光因此也就是能量。频率越高，能量就越大。物质和光都是能量，它们可以相互转换。

爱因斯坦的另一个发现让事情显得更复杂了。高能量的光有时表现得像是粒子。在这种情况下，我们把光叫作光子（photon）。光子是一种波包，光在其中继续振荡，而它们像小小的装着光的包裹一样在空间中呼啸而过。

因此，牛顿和麦克斯韦都是对的：光同时是粒子和波。究竟把它当作粒子还是波，取决于你所研究的问题。在这个领域，问题决定了答案！今天我们还知道，这种波粒二象性也适用于最小的物质粒子。非常非常小的物质有时也会表现得像波一样。

甚至连日常生活中的力也是由光传递的。将原子或分子绑在一起的是量子物理和电磁力，也就是产生光的能量场。根据量子理论，所有这些力都是源自虚光子的交换。不管是人与人之间的相互接触，还是用锤子敲打钉子，这些在最小的尺度上都是电磁力的传递。声波的产生来源于气体的压缩和压力波在空气中的传播。但在气体中，当空气分子相遇并相互碰撞时，它们还是要交换微小的虚光子。我们感受到的、测量到的、认知到的或改变的一切，最终都要通过光的某种特性完成。在最小的原子层面上，我们所有的感官都要依靠光的交换，不仅是视觉，还有触觉、嗅觉和味觉。这就是为什么没有任何信息能以比光速更快的速度到达我们这里。

总而言之，我们总是用光来测量。而同时，只有能够测量的东西才会对测量者存在。在这个意义上，如果没有光，宇宙根本就不存在。说什么空间、时间、物质和感知，没有光，它们大抵不过是一片虚无罢了[i]。

在整个 20 世纪物理学中，"测量"本身对于定义现实存在的

---

i 光在这里的内涵更为广泛，包括了所有形式的相互作用。这些相互作用大多以光速进行。如果假设一个物质在其中不发生任何相互作用的宇宙，那么空间在其中没有任何意义。这里就出现了一个问题，即我们应该把什么称为现实存在。即便时空中没有任何光或物质，爱因斯坦场方程也同样有解。当然，此时，空间和时间就沦为了一个用"虚无"来描述的纯粹的数学概念。

重要性是最为标志性的见解。即使在今天看来，这也是一场彻底的思维革命，是理解量子物理学和相对论的关键。

在量子力学中遵循的就是这样的原则：只有当我测量某物时，某物才成为现实。其余只是诠释罢了。而诠释，特别是量子物理学中的诠释，正如测量的真正含义一样，总是伴随着激烈的争论[i]。测量总是包括粒子之间相互交换能量和光的过程。这种思维导致了看待事物的全新方式。

在量子物理学中，一个粒子在被测量到之前可以以一定的概率出现在任何地方。在虚无的黑暗中，一切皆有可能，直到有人照亮它。测量意味着比如说照亮一个量子的过程。由于我们是在极小的亚原子尺度上工作，试图测量粒子总是意味着通过光量子来影响、改变和定义它们。测量不仅定义了现实，也改变了现实。

埃尔温·薛定谔（Erwin Schrödinger）用一条著名的悖论描述了这一点。他假想出了一只关在封闭的鞋盒里的猫。只要没有人掀开盖子看，这只猫就应该是既死又活的。薛定谔的思想实验当然有些误导性，因为鞋盒里的猫不是一个单一的、孤立的量子物体。猫身上的粒子不断地相互交换虚光子，也与地面或空气发生交换。因此，猫已经处在不断地被测量，或者正在测量它自己的过程中。因此，它的状态已经因此得以

---

i 例如，参见：Philip Ball, "Why the Many-Worlds Interpretation Has Many Problems," *Quanta Magazine*, October 18, 2018, https://www.quantamagazine.org/why-the-many-worlds-interpretation-of-quantum-mechanics-has-many-problems-20181018；Robbert Dijkgraaf, "There Are No Laws of Physics. There's Only the Landscape," *Quanta Magazine*, June 4, 2018, https://www.quantamagazine.org/there-are-no-laws-of-physics-theres-only-the-landscape-20180604。

确定 [i]，而并不是仅在我们掀开盖子时才尘埃落定。但这只是个思想实验，况且今天即使是在假设中，也没有人会把一只可怜的猫放在盒子里等死。如果这样做，动物保护人士会找上门来，而你纯属活该。

一只真正的猫只能要么是死的，要么是活的，但不能两者皆然。但如果这只猫是真空中的一个孤独的电子，而且远离其他物质，那么这个说法就正确了。电子不会确定地存在于这里或那里，而是以一定的概率同时在空间中的所有地方。当然，出现在不同地方的概率不一，有时这个概率是无限小。只有当电子被一束光击中时，这束光才会把它固定在某个地方。而正是在被光击中的那个时刻，这个电子才不再是存在于宇宙中的所有地方。电子可以同时穿过两扇门，除非你在门上安装一个光障来测量它们的通过情况。在这种情况下，它们就只穿过一扇门。

我们又一次见识到了光令人震惊又独特的重要性。光通过传递信息创造了现实。即使是空间和时间也起源于光和物质。空间和时间本身只是抽象的概念，只有当我们测量它们时它们才会成为现实的存在。没有钟就没有时间，没有尺子就没有空间，而最基本的时空测量装置是光。只有通过可测量性，空间才能具有物理属性，其后，我们才能用模型和表现形式来描述这些属性。

但是，如果光相对于所有观察者都以相同的速度运动，那么对于观察者来说，另外的量，也就是空间和时间，必须发生改变。爱因斯坦通过简单的思想实验证明了这一点，并得出结论：

---

i 量子态在成为宏观物体的过程中经历信息损失的过程，一般用退相干的概念来描述。关于量子物理学的更透彻、更容易理解的阐释，可参见如：Claus Kiefer, *Der Quantenkosmos: Von der zeitlosen Welt zum expandierenden Universum* (Frankfurt: S. Fischer, 2008)。

空间和时间并不是像牛顿想的那样是固定不变的绝对量，而是相对的。只有光速是绝对的[i]。

例如，如果一辆车正向我驶来，那么车内的时间会显得与我的时间不同。这听起来很奇怪，也确实很奇怪。但如果认真对待光速的恒定性，这就变得不可避免了。

让我们考虑衡量时间的最基本方法。机械腕表以一个固定的频率跳动，该频率由平衡摆轮的性质决定。腕表有规律地滴答作响，一秒一秒地测量时间。我们只需要计算"滴答"的数量，就知道已经过去了多少时间。令人庆幸的是，我们不需要亲自计数，而是让分针和时针代劳，这样我们就不用一直盯着表盘数数了。

同样的原理也适用于数字时钟，不同点只在于这时决定频率的是晶体的振荡。最终，在最微小的原子层面，实际上发生的是虚光子的交换和能量通过电磁力的传递。然而，即使是沙漏，当沙子的分子相互撞击并试图挤过狭窄的玻璃瓶颈部时，也需要与光相关的力。

为了简单起见，让我们假设这样一个摆钟，但其中摆动的不是重物，而是在两面镜子之间来回反射的光。在15厘米的固定距离上，光需要大约1纳秒才能返回。这样，我们大约每秒测量10亿次光的来回。这个频率相当于千兆赫兹（缩写为 GHz，简称为千兆赫）。1赫兹对应于每秒一次的周期或振荡。这个测量单位以德国波恩的物理学教授海因里希·赫兹

（Heinrich Hertz）的名字命名。他是第一个测量和制造出麦克斯韦预测的电磁波的人。

现在关键的一点来了：如果我和这台"光线钟"一起坐在汽车里，在我看来，光是在镜子之间垂直地上下移动的。但是，如果有一位警察站在路边，并且在汽车高速经过他身边时仔细观察，那么在他看来，光似乎是以一个小角度斜向上下移动的。对他来说，光的轨迹形成了人字形图案。想象光像蚂蚁一样缓慢地移动可以更好地理解这件事。蚂蚁在车里垂直地上下移动。警察看到它向上爬行，并同时与汽车一起向侧面移动。从警察的角度看，蚂蚁相对于他来说是斜着移动的，而且速度相当快。

蚂蚁和光线的斜向运动线自然比完全垂直的线长。在同一段时间内，蚂蚁和光相对于警察来说走过了更远的路程。因此，天真的观察者会认为，蚂蚁以超过蚂蚁的速度前进，因此汽车中的光以超过光的速度前进。蚂蚁可以这样做，但阿尔伯特·爱因斯坦和詹姆斯·麦克斯韦恰恰禁止了让光以这种"超速"传播。因此，对于一位遵纪守法的警察来说，尽管从他那里看到的光走过的距离更长，但他看到的光的速度应该与汽车司机看到的相同。

这怎么可能呢？唯一的答案是，如果从警察的角度来看，光走过的路径长度发生了变化，那么他所测量到的时间也必须改变，以使光的速度保持不变。因为，速度的定义是单位时间内走过的距离，如每小时千米数。如果距离出现变化，要想让速度不变，时间必须改变。所以警察在汽车外面观察到的时间流逝，要比在车里测到的慢一些。

这被称为相对论时间延缓效应 [i]（time dilation），它厚颜无耻地违反了我们所有的直觉。我们习惯性地认为速度总是可以改变的。如果我不得不开车绕道而又想在同样的时间内抵达，我就开得更快。有些人甚至不负责任地冒着被罚款的风险超速行驶。对于光来说，这种事不可能发生。光的速度是始终不变的，而发生变化的只能是时间，因为光定义了时间。我们都要跟着时间走，但时间本身是跟着光走的。

汽车里的"光线钟"，还有所有这些事情，听起来都抽象得让人受不了。但在现实中，每个时钟的运行方式都是一样的，不是吗？为了测试这一点，约瑟夫·哈菲尔（Joseph Hafele）和理查德·基廷（Richard Keating）这两位科研人员在1971年乘坐航班，在与地球自转同向和反向的情况下各飞行了一次。飞行中他们携带了四个高精度的铯原子钟，并在事后将这几台原子钟的时间与留在地面的原子钟进行比较。如果这些飞机上的钟飞过的路程多且飞行速度快，走时会有所不同吗？实验本身很简单：时钟是借来的，实验中最昂贵的部分是让时钟飞往世界各地的飞机票。在票面上，这些时钟乘客的姓名是"钟先生"。这些不寻常的乘客被捆绑在自己的座位上。尽管买飞机票花了点钱，这个实验可能是有史以来测试相对论的实验中最便宜的。

而事实上，哈菲尔和基廷的实验表明：向东飞行的时钟（即沿着地球自转的方向，与地面上的时钟有一个小的相对运动）在飞行后慢了 60 纳秒；向西飞行的时钟（即与地球自转方向相反，与地面上的时钟有较大的相对运动）甚至比实验室里的时钟快了

---

i　又称钟慢效应。——译者注

270 纳秒[i]。这个实验后来又重复了几次，令人印象深刻地证实了相对论的几个重要论断。

所以说，时间是不可信的。但这样一来，我们测量的距离也不一定可靠，因为我们用来测量距离的工具当然也是光。如果汽车以接近光的速度行驶经并过警察，警察可以用秒表测算汽车的长度，即根据车速和汽车通过的时间计算出车长。但是，如果车上的司机有两个完全同步的时钟，并将其分别安在车的前端和后端，汽车司机用自己的时钟测量到的自己经过警察所需的时间将与警察测量到的经过时间不同。这就是时间延缓效应产生的时间差。警察测量到的时间间隔比司机的短，因此，警察计算得到的车长也比车内的人测量到的短得多。对于站立的警察来说，这辆车看起来太小了，而司机则在车里安然舒展四肢。

因此，当事物运动时，我们不能轻易相信空间的尺度——而当引力也起作用时，后果会相当严重。

---

i 参见论文：J. C. Hafele and Richard E. Keating, "Around-the-World Atomic Clocks: Predicted Relativistic Time Gains," *Science* 177 (1972): 166–68, https://ui.adsabs.harvard.edu/abs/1972Sci…177..166H。在这个实验中重要的一点是，三个时钟全都在相对一个非旋转的"惯性系"移动。这个参照的惯性系是地球中心或某颗固定的恒星。在赤道上，放在地面的时钟以大约 1600 千米 / 小时的速度相对地球中心向东移动。如果我们乘坐空客 A330，以时速 900 千米向东飞行，那么总速度就是飞机的速度加上地球自转的速度，可达 2500 千米 / 小时。如果我们以同样的速度向西飞行，那么我们相对于地球中心的速度就比地球表面的速度慢 900 千米 / 小时，只有大约 700 千米 / 小时。但此时总的运动方向还是向东。乘坐向东飞行的飞机的钟先生相对于地球中心的速度最快，因此相对而言，时间过得最慢。向西飞行的钟先生相对走得最慢，因此时间过得最快。在地面上尽忠职守的时钟相对于地球中心来说也不是静止的。它为我们提供了参考时间。地面上的时钟的走时比地球中心的时钟慢，同时，快于向东飞行的时钟，慢于向西飞行的时钟。因此，该实验确实测试了广义相对论和等价原理的许多内容。

水星报信：时间和空间的新理论

几年前，我们接到一位荷兰记者的电话。他怀疑基础研究没有任何社会效益，并想就这个题目写一篇文章。"我们从精确测量水星轨道中得到了什么？"他以一个带着些挑衅的问题开始。我被吓了一跳。"你是在开玩笑吗？"我立刻毫不客气地回复，"这是在做隐藏摄像机整蛊节目？"我继续说道："水星是基础研究中的光辉典范。对它的研究起初看似无用，但最终从根本上改变了我们对物理世界的理解，并催生了一整个新的产业。"像通腾导航科技（TomTom）这样销售导航设备和软件的荷兰公司，其每年超过 5 亿欧元的营业额主要归功于对水星轨道的精确天文测量，一位名叫爱因斯坦的专利局雇员使之成为可能。"世上有那么多东西值得取笑，可你却偏偏选中了水星？"

到了 19 世纪，开普勒和牛顿对行星轨道规律的解释已经深入人心。行星失去了曾经笼罩着它们的魔力，变得不再神秘。占星术曾经暗地里促使科学家对行星产生兴趣，此后只在秘术爱好者的小圈子里发育。而现在，太阳系对我们来说只是小学课堂上的一个不错的主题。再也没有什么未解决的问题了，不是吗？事实上，并不是所有问题都得到了解决。恰恰就在我们的太阳系内，出现了一个小小的问题。我们从中可以看到，精确测量是多么重要。

从开普勒的时代起，我们就知道行星是沿着椭圆轨道围绕太阳运行的。但这并不完全正确。行星轨道的形状实际上像花朵，或者准确地说像莲座。这些椭圆轨道并不是封闭的；行星每运行一圈还会再旋转一点，所以没有行星总是在同一点上最接近太阳。这种效应被称为近日点进动。近日点，也就是最接近太阳的地方。进动，也就是绕着太阳旋转的同时前进。

行星不仅受到太阳的引力，而且还感受到所有其他行星的引力。牛顿的经典引力理论可以用来非常精确地计算这种效应。但实际上，这个问题的计算并不像看起来那么容易，因为在我们的太阳系这样的系统中，每颗星球都会拉动所有其他星球。如果行星和太阳有相同的质量，整个系统会立刻分崩离析。有时，两颗行星可能同时拉住第三颗行星，并将其抛出太阳系。行星在拉扯空中伙伴时不需要非常用力，就能让它脱轨，只要抓准拉扯的正确时机就够了。

它就像一个孩子的秋千，用长绳挂在花园里的大樱桃树上，在适当的时候推一下，孩子就开始摆动了。但是，如果你总是在适当的时候有规律地推，可怜的孩子最终会从秋千上飞到邻居家的花园里。同样，围绕太阳均匀运动的行星之间也会发生共振，而且这些共振会不断地积累起来。

如果涉及两个以上的秋千或行星，就会变得完全混乱。在数学上可以证明，已经无法准确计算三个物体在共同引力场中的运动，并导致最真实意义上的混沌（chaos）。任何曾经和小孩子一起去游乐场的人都会知道并能很好地证实这一点。因此，难怪三体问题占据了许多数学家几个世纪的时间，而且众所周知，它为浪漫小说的作者提供了无尽的素材。不管是行星还是恒星，越多的天体相互绕行，就会变得越混乱。甚至可以证明，原则上不可能对轨道的进一步走向做出任何长期预测。

然而，混沌理论绝非一无是处。它不能预测未来，但它可以确定一个系统变得不可预测的时间点。甚至我们的太阳系也处于混沌的边缘。例如，用于计算行星轨道的混沌时间尺度称为李雅普诺夫（Lyapunov）指数，它对应的时间点在 500 万到

1000 万年之间 [i]。极其微小的变化可以完全改变未来。一千多万年后地球在其轨道上的确切位置或许取决于一只蚂蚁今天咳嗽的位置。

当我们的太阳系形成时，有比今天更多的混沌。在那些原始时代，我们的行星系统充满了许多小行星和微型行星，它们逐渐被摇摆效应来回折腾，有时甚至完全脱离了太阳系。由于相互作用，大行星开始向内或向外移动。如果我们按照我的同事亚历山德罗·莫尔比代利（Alessandro Morbidelli）和他的合著者的"尼斯模型"（Nice Model），天王星和海王星甚至可能已经交换了位置。在我们的太阳系中，并非一切都像今天这样。剩下的小行星是持续了数十亿年的混乱欺凌阶段的勇敢幸存者。

顺便说一句，这些遗留的微型行星中的一个，在国际天文学联合会小行星中心的目录中被列为 12654 号。自 2019 年起，它被称为"Heinofalcke"。它在一个相当偏心的轨道上围绕太阳运行。"这很适合你。"我的前老板评论道 [ii]。"他可能曾经像我一样被人欺负，但仍然没有脱离轨道。"我反驳说。

混沌理论不仅适用于我们的太阳系，而且适用于许多系统，并为我们的预见性设定了一个基本限制。但这并不意味着任何事情都是不可预测的。例如，我们可以让计算机从统计学上计算出所有小行星的总量在很长一段时间内将如何发展。不幸的是，不可能从获得的数据中准确确定小行星"Heinofalcke"的位置。因此，我真诚地希望，它的轨道不会在地球上结束。如

---

i 参见论文：R. Malhotra, Matthew Holman, and Thomas Ito, "Chaos and Stability of the Solar System," *Proceedings of the National Academy of Science* 98, no. 22 (2001): 12342–43, https://ui.adsabs.harvard.edu/abs/2001PNAS···9812342M。

ii 我的同事保罗·赫罗特（Paul Groot）曾经担任系主任多年。

果我在新闻中听到"Heinofalcke"刚刚摧毁了纽约，那将是极其不愉快的事情。

然而，幸运的是，我们的太阳系在当下这段时间内保持着安宁，每个行星似乎都找到了一个大约稳定的地方。在可预见的未来，没有理由担心任何一颗行星会离开太阳系，即使是小水星似乎也足以抵御大行星的引力攻击——正是因为它已经舒适地定居在强大的太阳附近。

从数学的角度来讲，行星之间的交替拉扯属于小扰动，是可以计算的。在这个过程中，椭圆轨道逐个地渐渐移动，因此，在一定范围内可以准确预测近日点进动。在我们拥有测量数据的几个世纪内，混沌运动成分应该是难以察觉地小。基于微扰理论的计算在天体力学方面取得了巨大的成功，并导致了 1846 年海王星的发现[i]。

让我们回到 19 世纪的时候。天文学家已经对所有的行星轨道进行了详细的解释。哦，不，不是所有……一个不屈不挠的小星球并没有停止抵抗，并使科学家们感到困惑。计算所有行星的影响，水星的椭圆轨道长轴应该每年旋转 5.32 角秒。然而，事实上，它每年旋转 5.74 角秒，差了 0.42 角秒。

我们来明确一下这种差异是多么微小。如果你把一个生日蛋糕分成 12 块，每块的开口角为 30 度。然后，蛋糕每一块又可以分为 1800 片，每一片的角度为 1 角分。而每一角分又可以分为 60 角秒。如果我们在切蛋糕时偏了 0.4 角秒，那么对于一个直径

---

i 物理学家、数学家皮埃尔－西蒙·拉普拉斯（Pierre-Simon Laplace）在 1823 年出版了著作《天体力学》（*Traité de mécanique céleste*），使天体力学的发展迈出了重要一步。数学家于尔班·勒威耶（Urbain Le Verrier）在 1846 年通过研究天王星轨道的摄动成功地预测了海王星的存在。

为 30 厘米的蛋糕，我们多切掉的厚度要比人的头发的三百分之一还细。

　　只有顶级吹毛求疵的人，才能在偏差这样小的情况下挑出毛病。但即使是最小的差异，也会随着时间的推移而累加，而这总是让物理学家牵肠挂肚。如果水星的测量结果与理论不一致，那么要么测量有误，要么理论出了错。是否有什么细节被忽略了？如果是的话，是哪些？在哪里？为什么？

　　很长时间以来，这场灾难的罪魁祸首被认为是太阳附近一颗神秘的、未被发现的行星。天文学家甚至为它取了个名字——祝融星（Vulcan）。当然，因为这个名字，其居民就成了瓦肯人。但最终，瓦肯人还是落入了科幻小说的领域，而这一切都是因为一个年轻的二等专利员[i]产生了一个全新的、革命性的想法。

空间不过是张床单

　　爱因斯坦在 20 世纪初颠覆了我们对空间和时间的概念，并将经典物理学嵌入他的新相对论中[ii]。爱因斯坦绝不属于那种孤高天才的类型，也不是一个人为实现伟大突破踽踽独行。他是一个善于交际的波希米亚人，也是个公共知识分子。

　　1896 年，他开始在苏黎世联邦理工学院（Eidgenössische Technische Hochschule）与米列娃·马里奇（Mileva Marić）一起

---

i 爱因斯坦在入职时仅为三等职员，不过，在发表其理论时，他已升为二等。

ii 参见：Hanoch Gutfreund and Jürgen Renn, *The Road to Relativity: The History and Meaning of Einstein's "The Foundation of General Relativity"* (Princeton: Princeton University Press, 2015)。

学习[i]。爱因斯坦认为这位年轻的物理学家与自己旗鼓相当，在实验物理学方面甚至更胜一筹。他们在阿尔伯特找到第一份工作时结婚。他们几个小时、几个小时地坐在一起，讨论和阅读哲学书籍。米列娃和阿尔伯特可能也一起写了他们的第一批文章，但只有阿尔伯特作为作者出现。

米列娃的退出是为了增加阿尔伯特的职业机会吗？有些人认为，按照今天的标准，米列娃应该被记为这些文章的共同作者。"我需要我的妻子，她能解决我所有的数学问题。"据记载，阿尔伯特在职业生涯的早期这样说过。有可能，米列娃主要考虑的是共同的未来。有一次，当被问及为什么在二人联合申请的专利中，她的名字没有出现在爱因斯坦的旁边时，她曾引用自己的婚后姓，一语双关地说："我们二人一体，坚如磐石。"——爱因斯坦，也就是一块石头。在当时的物理学界，作为一名女性，坚持自己的观点当然要困难得多，甚至是不可能的。她对爱因斯坦思想的科学贡献程度在历史学家中仍有争议，但肯定绝非微不足道。关于这一点，确凿的证据很难获取。爱因斯坦与许多物理学家进行过书面通信。然而，在家里的厨房桌子上讨论的想法，在档案中是找不到的。

爱因斯坦毕业后的第一份工作是他的同学马塞尔·格罗斯曼（Marcel Grossmann）的父亲介绍的，在现在具有传奇色彩的伯尔尼的专利局。随后在"爱因斯坦奇迹年"，也就是1905年，他

---

i 参见文章：Pauline Gagnon, "The Forgotten Life of Einstein's First Wife," Scientific American, December 19, 2016, https://blogs.scientificamerican.com/guest-blog/the-forgotten-life-of-einsteins-first-wife. 另一种不同的描述参见：Allen Esterson and David C. Cassidy, contribution by Ruth Lewin Sime, Einstein's Wife: The Real Story of Mileva Einstein-Maric (Boston: MIT Press, 2019)。

一下发表了五篇开创性的文章。阿尔伯特因其对光的性质的研究，即"发现光电效应的原理"而于 1921 年获得诺贝尔奖。另一篇论文认为，质量和能量是等价的——公式 $E=mc^2$ 可能是迄今为止世界上最著名的物理学公式。最后，在 1905 年，他还发表了关于狭义相对论的文章。其中，爱因斯坦表明，时间和空间是相对的，并根据观察者的相对速度而变化。但爱因斯坦的工作还没有结束。

甚至在爱因斯坦的关键性发现面世之前，他的相对论长度收缩就已经挑战了绝对空间的概念。新思考的第二步是从牛顿、旋转的水桶和旋转木马开始的。这位英国物理学家曾经思考过一个旋转的水桶的奇特特性。爱因斯坦进一步思考并指出，由于长度收缩，旋转圆的周长与直径的比率必须取决于观察者的位置。

以游乐场的旋转木马为例。这种游乐装置的中间有一个轴，而周围的转盘上连着许多五颜六色的警车、火箭或木马，孩子们就坐在上面。如果一个在售票处等待的孩子用卷尺测量圆形旋转木马的周长和直径，他会发现周长和直径的比率等于著名的圆周率 π。

如果一个孩子坐在旋转木马上的火箭里转圈，并且也用卷尺测量周长，那么静止的孩子，也就是站在结账处的孩子，会认为周长变短了。对他来说，由于相对论长度收缩，火箭上的孩子用卷尺测量到的长度显得更短了。然而，这个视觉上的卷尺长度取决于运动的方向。沿着运动方向测量的旋转木马的周长显得更短，但垂直于运动方向的旋转木马直径却没有变化。这样，周长与直径的比值就不再等于 π。令人惊讶！因为正常的圆不会这样。正常的圆的周长总是正好是直径的 π 倍。

对于教科书里的圆来说，这自然是正确的。在书里，我们画圆的空间是平的。但当我们考虑弯曲的表面时，这种情况就会改变。孩子们可以在拉长的床单中间画一个大圆圈。如果他们握住床单的两端，一起把它抬起来，二维平面就会下垂。空间变得弯曲，圆的几何性质也发生了变化：圆的周长基本保持不变，但沿床单表面测量的直径比凌空测量的直径长。弯曲空间的周长与直径之比不再正好是 π。重要的是，这里要用带松紧带的床单，因为只有这样的床单才能真正地伸展开来！

想象一张弯曲的床单很容易，但空间实际上是三维的。这使得一切都变得复杂且难以想象。三维空间也可以是弯曲的吗？我们的大脑无法想象这些，但也许我们可以用数学来描述它。随着时间的推移，爱因斯坦明白，甚至需要四个维度，因为时间在相对论中也起着决定性的作用。

描述这类弯曲空间的数学工具是在 19 世纪刚刚开发出来的。四维弯曲空间是由张量描述的。张量的形式如同数值组成的表格，例如 4 乘 4 共 16 个条目组成的数表。其中每一列或每一行代表空间的一个维度。张量的运算可以像对普通的数字做算术一样，同样是加法、乘法、减法。当然，前提是你知道运算的法则。

当时，只有少数专家研究这个问题，其中有黎曼[i]、里奇－库尔巴斯特罗[ii]、列维－奇维塔[iii]、克里斯托弗尔[iv]和闵可夫斯基[v]。今天，这些杰出的名字出现在所有的高等数学教科书中。除

---

i 伯恩哈德·黎曼（Bernhard Riemann），德国数学家。——译者注

ii 格雷戈里奥·里奇－库尔巴斯特罗（Gregorio Ricci-Curbastro），意大利数学家、物理学家。——译者注

iii 图利奥·列维－奇维塔（Tullio Levi-Civita），意大利数学家。——译者注

iv 埃尔温·克里斯托弗尔（Elwin Christoffel），德国数学家。——译者注

v 赫尔曼·闵可夫斯基（Hermann Minkowski），德国数学家。——译者注

了黎曼，所有上面提到的数学家都是爱因斯坦的同时代人。这种数学对爱因斯坦来说是全新的，而且太复杂了。他说："我对数学具有无比的敬意。我至今一直认为，对于无知的我，数学之中更精妙的部分是一种奢侈品。"

没有人是只靠自己的力量做研究的。对于爱因斯坦，幸运的是，他还有学生时代的老朋友马塞尔。"格罗斯曼，你必须帮我，否则我会疯掉。"爱因斯坦在已经当上教授后依然这样写道[i]。

爱因斯坦和格罗斯曼现在面临的挑战是重新描述物理方程，使其在弯曲的空间中发挥作用。启发爱因斯坦的是恩斯特·马赫（Ernst Mach），一位物理学家和哲学家。超声速的单位就来自他的鼎鼎大名。沿着马赫的思路，爱因斯坦坚信，无论在什么地方——无论是在公园里野餐，还是在旋转木马起伏的马背上，还是在太空中的火箭里——自然规律都必须具有相同的形式。

乍一看，这种对物理定律的普适性的要求似乎是显而易见的。但它让爱因斯坦把空间、时间和引力的性质归纳为一个普遍适用的理论，即在1915年发表的广义相对论。

决定性的灵光一闪出现在还在伯尔尼的专利局工作的时候。爱因斯坦作为专利局雇员的工作积极性如何，我们不得而知，但这份工作显然留给他足够的时间去思考。这种创造性的火花形成了一套理论基础。今天，不论是用它描述膨胀的宇宙，抑或是黑洞的引力或引力波引起的时空震荡，都一样可靠。

"这是我一生中最快乐的想法"，爱因斯坦后来说。关键的想法是，引力从根本上与普通的加速度没有区别。"如果一个人闭

---

i　私人信件内容，引自：Gutfreund, H. und J. Renn, *The Road to Relativity: The History and Meaning of Einstein's "The Foundation of General Relativity"* (Princeton: Princeton University Press, 2015), 57。

着眼睛从窗户跳出去，他在那一刻无法分辨自己是在太空中漂浮还是在做自由落体运动——至少在他落地之前是这样。"爱因斯坦的想法大致就是这样[i]。也许在诞生这个想法的那一刻，爱因斯坦也在做白日梦，并且幻想着如果关闭窗户，可以想象自己是乘坐巨大的电梯在太空中飞行。如果电梯持续加速，他也会被推到椅子上。他怎么能知道把他固定在椅子上的力量是来自地球的引力还是电梯的加速度呢？他判断不了！[ii]

引力与加速度在局部是无法区分的。这一原则今天被称为爱因斯坦的等价原理。这是一条基本假设，而不是一条证明。它是一种原则，一个教条，人们必须一次又一次地通过实验来解释和检验它[iii]。

反过来说，这个原理意味着即使你在椅子上坐着不动，你也同时在加速。感觉完全一样！即使我们放松地坐着，适用于快速运行的电梯或强力加速的火箭的相对论原理也同样适用于我们。也就是说，任何加速运动都会导致空间像床单一样弯曲。

但是，由于爱因斯坦无法区分他是坐在内饰装潢得好像专利

---

i 参见文章：Albert Einstein, "How I Created the Theory of Relativity," reprinted in: Y. A. Ono, Physics Today 35, no. 8 (1982): 45, https://physicstoday.scitation.org/doi/10.1063/1.2915203。

ii 严格说来，等效原理只适用于质点。而在这个例子中，将爱因斯坦的脚拉向地球的力比他的头受到的力要大一点。这就是所谓的潮汐力。地球相对较小，所以这种潮汐作用也不明显。然而，爱因斯坦在落入小黑洞时肯定会发现些许异样。事实上，他将会被拉成面条。

iii 科研人员使用射电天文方法测量了一个有两颗白矮星的三星系统中的脉冲星，对等价原理进行了很好的测试。论文参见：https://www.mpg.de/14921807/allgemeine-relativitaetstheorie-pulsar; G. Voisin, et al., "An Improved Test of the Strong Equivalence Principle with the Pulsar in a Triple-Star System," Astronomy & Astrophysics 638 (2020): A24, https://www.aanda.org/articles/aa/abs/2020/06/aa38104-20/aa38104-20.html。

局一样的电梯里，还是坐在地球引力场中的真正的专利局里，地球也必须能够仅仅依靠其质量产生的引力来弯曲空间。事实证明，引力不仅能弯曲空间，还能弯曲时间！必须把空间和时间放在一起考虑。

结论是激进的：引力不是一种力；相反，它表现为时空的几何。既然我们无法想象四维的弯曲空间，让我们再把时空想象成一张拉伸的床单。如果没有东西或没有人躺在上面，那么它就是平坦的、水平的。如果你把一个保龄球放在床单中间，会造成一个大的凹陷。如果你把台球放在靠近床单边缘的地方，会造成一个较小的凹痕，并且台球会开始向保龄球方向滚动。实际上，它们都在向对方滚动：台球非常快，而保龄球只有一点点。它们越接近对方，就越快地朝对方移动，因为倾角越来越陡。因此，床单的曲率与引力的大小相对应。

接下来，如果我们把弹珠弹到床单上，它就会在保龄球的凹陷处以越来越小的椭圆路径移动。在平坦的床单上，弹珠将简单地沿直线向前移动。在一个弯曲的空间里，它走的路径是弯曲的。由于床单表面的摩擦，弹珠的动量很快就损失了。它越来越接近沉重的保龄球，最终沉入底部——保龄球的漏斗形凹陷中。如果没有床单的摩擦，弹珠将继续移动，而且就像行星围绕太阳一样，它将长期不受干扰地沿着椭圆路径绕着保龄球转。

从最初的想法到加入引力，直到得出广义相对论的严格表述，爱因斯坦需要八年时间和许多对话、信件和讨论。在 1907 年到 1915 年之间，他几番认为自己的引力理论大功告成，但很快，一次又一次地，他又抛弃了这些尝试性的概念和初稿。直到 1915 年底，他才成功地写下了一个完整而连贯的理论。爱因斯坦确信他终于找到了正确的答案。

　　在用新理论计算出水星的近日点进动后，他终于长舒了一口气。千真万确，他的理论终于解释了那个长期以来无法理解的极微小的偏差。围绕太阳的不可估量的大床单上的时空凹痕使水星轨道的圆周显得更短，水星划出的椭圆旋转的速度比之前预期的要快一些。爱因斯坦"好几天都高兴得不得了"，心脏怦怦直跳。牛顿被打倒了，但还没有彻底落败[i]。

　　对于一个新理论，仅仅是自洽和具有逻辑性是不够的。每一种理论也必须在实验和生活中证明自己。这和天主教会的封圣流程有点像。在他或她死后，未来的新圣人还必须再从天上施行不止一个而是两个奇迹来证明自己的价值；如果只行过一件神迹，只能册封为真福。

　　可以让爱因斯坦被宣福的第一个奇迹是他用广义相对论解释了水星异常的近日点。但是，广义相对论还要过很久才能成为物理学中的正典。他的另一件奇迹依然是与光的特性有关。

向黑暗前进

　　视觉不仅对我们人类具有根本的重要性，对科学也是如此。通过视觉，我们可以确定自己的方向，说服自己认定或否定一件事是否真实。视觉对于天文学格外重要，没有它，就无法探测和感知对象。大多数人必须要先看到一个东西，才能相信它。"眼

i 　参见：Hanoch Gutfreund and Jurgen Renn, *The Road to Relativity: The History and Meaning of Einstein's "The Foundation of General Relativity"* (Princeton: Princeton University Press, 2015)。

见为实"是有道理的。

　　没有光，就什么也看不到。尽管如此，为了更好地认识事物的本质，也需要黑暗。正因如此，天文学家奔赴观看 1919 年 5 月 29 日的日食。这可能是现代物理学中最著名的日食。物理学家阿瑟·爱丁顿（Arthur Eddington）计划利用这次旅行来检验爱因斯坦的广义相对论[i]。他想表明，太阳是可以使星光偏折的。特别值得一提的是，爱丁顿是英国人，他也很清楚，这次观测会帮助德国人阿尔伯特·爱因斯坦成名于世。这在当年绝不是理所当然的。第一次世界大战刚刚结束没几个月，同盟国和德意志帝国多年来一直处于敌对状态。在这一背景下，这次科学远征需要异常的勇气，并在物理学史上写下浓重的一笔。

　　根据广义相对论，太阳的质量使它周围的时空发生弯曲[ii]，所以太阳会使它后面的天体的光线发生偏转。这意味着从地球的角度看起来靠近太阳的恒星应该出现非常小的位移。这件事听起来令人难以置信。爱因斯坦的理论在数学上是完美无缺的，但它能经得起实验的检验吗？为了找到答案，天文学家需要一次日全食，因为白天太阳照耀时我们看不到恒星，而晚上我们也看不到太阳。

　　1919 年，爱丁顿踏上了远征的航船。他计划在西非海岸的普林西比火山岛上测量爱因斯坦理论所预测的光的偏转。英国皇家天文学家弗兰克·沃森·戴森（Frank Watson Dyson）与爱丁顿

i　参见文章：Daniel Kennefick, "Testing Relativity from the 1919 Eclipse: A Question of Bias," *Physics Today* 62, no 3. (2009): 37, https://physicstoday.scitation.org/doi/10.1063/1.3099578。

ii　光线的偏折一半来自空间的曲率，另一半来自时间的曲率。后者在牛顿的引力理论中已经得到了解释。因此，根据牛顿理论预测的值应该是实际偏折值的一半。

一起组织了这次考察，向巴西派出了第二个小组。5月时，太阳被毕星团环绕；条件几乎完美。爱丁顿是爱因斯坦理论的信徒，也是一位杰出的数学家，他搓了搓手。

太阳应该在月球的本影中停留五分钟以上。但在那个决定性的日子的早上，下雨了。爱丁顿变得紧张起来。不管是在海上，还是在望远镜后面，你都在上帝的手中，至少就天气而言是如此。但就在日食开始之前，突然间，云层破裂了！机不可失：他们手忙脚乱地曝光了16张照相底片，后来发现其中只有2张含有可用的数据。研究人员在旅行前已经拍摄了一张没有太阳的参考图像。同时，强烈的太阳辐射使巴西同事的望远镜的金属框架变形。

回国后，科学家们对这些数据进行了长达数月的评估。然后突破性进展出现了：照相底片上的恒星确实发生了移动——正好是二百分之一毫米的移动。算上测量误差，这与爱因斯坦的数学预测完全一致。所以说，光真的会走弯路！

"天上的光线都是歪的——爱因斯坦的理论大获全胜！"《纽约时报》以这样的标题报道了这一结果。这些测量结果成为爱因斯坦的伟大理论的第二个奇迹，并使他一举成为科学界的流行巨星。时至今日，双重日食考察被认为是理论与实践完美结合的典范。第一次世界大战后，超越国籍的合作不仅给了国际科学界一个明确的信号。在战争的动荡之后，这是朋友和敌人第一个共同分享喜悦和迷恋的时刻。

令人惊讶的是，皇家天文学家戴森本人已经在1900年拍摄了一次完全相同的日食，在他的照相底片上甚至可以看到恒星。然而，当时的人们在评估这些数据时，只专注于寻找神秘的祝融星，而没有给那些略微偏移的恒星分出一点注意力。因此，答案的决定性部分在档案中沉睡多年未被发现。事实上，在爱因斯坦提出狭义和广义相对论理论之前的几年，它们就已经在那里了。有一个令人信服的理论并提出正确的问题是很重要的！

这次考察对爱丁顿来说是一次重大胜利，对爱因斯坦来说更是如此。当爱丁顿于 1919 年 11 月在伦敦展示自己的成果时，广义相对论还没有很多追随者。老一辈的物理学家们都对初出茅庐的爱因斯坦心存疑虑，很多人根本无法理解他的想法。爱丁顿是少数有能力理解爱因斯坦的人之一。据说，曾经有人问爱丁顿，世界上是否真的总共只有三个人理解爱因斯坦的理论，爱丁顿回答说："谁是第三个人？"

天文观测使爱因斯坦的理论充满希望，在今天的日常生活中，我们也仍然受益于这些成果。该理论的另一个预测是，由于时空的曲率，时间也会发生变化。简单地说，如果光在一个弯曲的空间里飞行，那么它一定会走得更远。但如果光速保持不变，那么时间也必须增加。光波被拉得更开，振荡得更慢。因此，地球上的时间走得比太空中的时间更慢。

当美国的全球定位系统（GPS）的第一批卫星于 1977 年被发射到太空时，它们旨在彻底改变地球上的导航。这些卫星携带高度精确的时钟，通过无线电向地球表面发送时间信号。在规划该项目时，物理学家向设计者指出，根据爱因斯坦的说法，时钟在太空中会走得更快，因为地球会弯曲时空。

有些不情愿地，工程师们确实安装了这样的修正，但并不十分信任它。一开始，当把卫星发射到太空时，他们关闭了时间校正。但他们很快就发现，时钟确实每天都在提前 39 微秒[i]。从那时起，卫星上的时钟一直在故意运行得慢一点，按照广义相对论做出校正。这些时钟在地球上走时不准；但一旦进入轨道，它们就变得正确无比。我们大家都在默默地使用广义相对论的成果[ii]。

今天的光钟非常精确，甚至不需要发射到太空中就能记录地球弯曲时空的微小差异。让这些精密时钟离地面高出 10 厘米，就足以让它们记录下相对于地面上的参考时钟的时间变快程度[iii]。

在地球大气层边缘的时间校正只是最微不足道的，然而在技术上已经极具重要性。当更多的质量被挤压到一个更小的空间时，空间的曲率增加得更多，所有上面提到的效应甚至更加极端。在黑洞的边缘，时间似乎静止了。然而，要创造这样弯曲的空间，需要巨大的力量，需要恒星的力量。

---

i　参见论文：J.-F.Pascual-Sánchez, "Introducing Relativity in Global Navigation Satellite Systems," *Annalen der Physik* 16 (2007): 258–73, https://ui.adsabs.harvard.edu/abs/2007AnP···519..258P. 简单的计算可得，每天延迟 39 微秒相当于 10 千米的定位误差。许多通俗文章里都对此有所介绍。不过，这个数字具体是指整个卫星系统中的所有卫星的时钟都有这样的误差，还是什么别的意思，目前尚未有清楚的说明。更精确的计算还在进行中（M. Pössel and T. Müller, in progress）。

ii　关于 GPS 系统涉及的广义相对论效应问题，下文中有很好的概述：Neil Ashby, "Relativity in the Global Positioning System," *Living Reviews in Relativity* 6 (2003): article no. 1, https://link.springer.com/article/10.12942/lrr-2003-1。

iii　来自叶军分享的信息。参见论文：E. Oelker, et al., "Optical Clock Intercomparison with 6×10^{-19} Precision in One Hour," arXiv eprints (February 2019), https://ui.adsabs.harvard.edu/abs/2019arXiv190202741O。

4

银河系及其恒星

恒星秘史

对我们人类来说，星空看起来总是一个样。但不要被外表骗了。星空并非一成不变。恒星在非常长的时间内发生变化。恒星有自己的生活，几乎可以说每颗恒星都可以单独写一本传记。

恒星也有出生和死亡。它们从尘埃中形成，并再次归于尘埃。就像地球上的植物和动物一样，它们处于成长和消亡的连续循环之中。当它们咽下最后一口气，将外壳抛向太空时，又会帮助年轻的恒星诞生。恒星在垂死挣扎的时候把气体和尘埃喷射到太空中，并堆积起巨大的云团。之后，来自活动恒星（active star）的灰尘富集在云中。这种化学混合物为新的恒星和行星创造了完美的产生环境。

这种星际气体尘埃云的直径可以达到几十到几百光年，可以说是宇宙中最美丽的景观之一。深入观察我们的银河系，就会发现星际云不可胜数。怪异的巨型云团聚在一起，或闪闪发光，或在银河的光芒前方像黑色的影子一样移动。银河系凭借强大的旋臂把它们推到一起，就像扫雪机推新雪一样。通过望远镜观察，这些美轮美奂的宇宙艺术作品就会显现身影。

距离我们仅 1300 光年的猎户星云，是我们银河系中最美丽的云团之一。这也是唯一一个我们能在良好的条件下用肉眼看到的星云。发光的猎户星云好似蒙着亮闪闪的薄雾重纱。在这个巨大的区域，许多年轻和炙热的恒星在此诞生。猎户星云发出的光芒主要是红色到粉红色，中间带着几丝蓝色，几乎看起来有点俗气。人眼无法看到它最内部的核心，因为尘埃吞噬了来自内部的一切光学波段的光。只有在长波波段，天文学家才能穿透尘埃屏障，了解这种云团的中心的情况。例如，热气体产生的红外热辐射和射电辐射一样，可以相当无阻地向外传递。就像 X 射线照亮人体一样，这些长波可以穿透分子云。

气体中或恒星表面的炽热成分会发出某种特定颜色的光，如同其专属的条形码，尘埃云中的分子也是如此[i]。高频辐射中这类"条码"格外多。这种光的波长只有几毫米长，甚至更小。在日常生活中，我们和这类电磁波的接触主要来自机场里现代化的人体扫描仪。

宇宙气体云的辐射可以在地球上测量。在过去的四十年里，世界各地都建造了射电望远镜，以观察此类分子在太空中的行为。北半球最大的干涉仪位于法国阿尔卑斯山的布尔高原（Plateau de Bure），海拔为 2550 米。在那里，IRAM-NOEMA[ii] 望远镜的 11 台银色的 15 米天线盘在白雪覆盖的山脊上熠熠生辉。全世界最大的干涉仪是位于智利的阿塔卡马大型毫米波阵（ALMA），它由 66 个碟形天线组成，其中大部分的直径为 12 米。

---

i 参见词汇表中"光谱学"的词条。

ii IRAM 是"毫米波射电天文所"（Institut de Radioastronomie Millimétrique）的缩写，而 NOEMA 代表"北方扩展毫米阵列"（NOrthern Extended Millimeter Array）。——译者注

该望远镜由欧洲、美国和日本共同操作，位于海拔 5000 米的极度稀薄和干燥的空气中。倘非如此，低海拔地区的潮湿大气将会严重地吸收掉微弱的射电波。因此，在黑洞成像中，发挥关键作用的恰恰是这样的射电望远镜。

让我们回到太空，回到恒星的诞生和气体星云。对我们来说，那是遥远世界的神奇所在。仿佛有什么魔法似的，年轻的恒星在云团中诞生。当然，这里并没有什么魔法，起作用的是迷人的自然科学。气体星云主要由氢气组成。这种所有元素中最轻的元素是宇宙的光辉和恒星形成的关键成分。在地球上，小块的气体云会迅速消散。但是在太空中，大得多的气体会聚在一起。它们被彼此的引力束缚在一起，变得越来越致密。一颗恒星在诞生前究竟要经历什么，是由以英国天文学家詹姆斯·金斯（James Jeans）命名的"金斯判据"决定的。在这样的气体云中，引力和气体压力总是形成一种平衡。金斯意识到，存在一些会破坏这种平衡的因素。如果超过了临界金斯质量，云团就会收缩；它准是怀孕了，马上会产下新的恒星。

在有些时候，只需要一次程度轻微的压缩，云团就会在随后数百万年的时间里在其自身引力的作用下继续变得越来越密。其温度也会从最初的零下 260 摄氏度稳步上升到正 100 摄氏度。此时，云中被加热的分子会开始发出辐射并释放出能量。

当气体温度达到几千摄氏度时，分子和原子之间开始分离，压力下降，整个结构发生内爆。云块坍缩并裂成小碎片。以宇宙标准看，这种过程发生得非常快。一颗小的原恒星只需要不到30000 年的时间就能看到太空的曙光。在这个阶段，它已经可以发出温暖的红光。还需要 3000 万年，它才能成为一颗年轻的恒星。在这段时间里，原恒星在巨大的压力下温度攀升到几百万摄氏度，直到核聚变接棒：这时起，与太阳内部相同，氢开始燃烧成氦。最后，一颗新的恒星形成了，就像我们在天空中看到的成千上万颗一样。

团块形成行星

这些宇宙云块中形成的不仅是恒星。从观测数据中，我们现在也可以推断出整个行星系统是如何形成和演化的。当云团收缩时，尘埃在恒星胚胎周围聚集，组成一个大型的、缓慢旋转的盘状物。物质在中心周围收缩得越剧烈，旋转速度就越快。

我们都通过滑冰运动员的回旋动作了解过这种效果。运动员在伸出手臂时，会围绕自己的轴线缓慢旋转。但如果他们把手臂和腿拉近身体，旋转速度就会增加。用冷静、实事求是的物理学语言描述这个过程，那就是：角动量等于质量、距离和速度的乘积，并保持不变。如果距离减少，速度必须增加。在太空中围绕甚至包裹年轻恒星的尘埃云也适用于这种法则。收缩得离中心越近，旋转就越快。最终，物质盘也形成了。

在尘埃盘中，小团块开始成形。我想象，这就像在平底锅里用调料包做酱汁一样。如果你在勾芡时不够专心致志，搅拌速度不够快，最后就得不到酱汁，而是在锅里东一点西一点的小粉块。原则上来讲，现在发生的事情与恒星的形成完全相同。只是这一次，这些尘埃块并没有形成恒星，而是形成了行星。这些原行星从未热到足以在其内部引发核聚变。它们的质量太小，压力也太低。行星不断成长，吸走自己轨道上的尘埃，并在年轻恒星周围的尘埃盘中开出沟槽。来自 ALMA 望远镜的图像显示了这种原恒星周围的盘状环。它看起来就像是特大版的土星环[i]。

圆盘的旋转运动也解释了我们行星轨道的黄道带是如何产生的。所有的行星都形成于围绕太阳的原始尘埃盘。因此，缓慢变暖的原恒星不仅演化成了太阳，也是创造我们行星系统的冰雪女王。

在太阳系的边缘，仍然能够找到这种早期阶段遗留的冰块。这些肮脏的冰块也就是蓬松的彗星，由水、岩石和灰尘结合在一起构成。在旋转的尘埃盘中，并非每个小团块都会变成一颗小小的原始行星。有的最多成为冥王星那样的矮行星。更小的岩石块形成微型行星和小行星。它们缺乏足够的引力，无法形成漂亮的球体。

归根结底，正是这些天上的尘埃将生命的构件带到了地球。水和许多有机分子通过这个过程到达地球，并丰富了地球的成分。构成我们身体的所有元素首先在恒星的内部锻造，然后在尘埃云中被冻结成分子，最后在地球的诞生及婴儿期来到我们身边。因此，我们人类也是宇宙的造物，我们的身体是由星尘构成的[ii]。

太空中的生命

当看到所有这些尘埃和行星盘时，我们会自发地想，其他地

---

i 参见论文：Joshua Sokol, "Stellar Disks Reveal How Planets Get Made," *Quanta Magazine*, May 21, 2018, https://www.quantamagazine.org/stellar-disks-reveal-how-planets-get-made-20180521。

ii 我们的人体中的一小部分氢原子可能从未成为恒星的一部分，而是自宇宙大爆炸以来一直以弥漫气体的形式在太空中漂移。

方是否可能有生命。我们在太空中是不是很孤独，很寂寞？还有其他形式的生命存在吗？这是我在年幼时问自己的问题。不管是谁，当对宇宙的尺度开始有所感触时，大抵都应该问出类似的问题。

我在 20 世纪 90 年代中期开始做研究时，人们只知道一颗太阳系之外的行星。这颗行星围绕着一颗死亡的恒星，也就是脉冲星 PSR 1257+12 运行。它是由波兰天文学家亚历山大·沃尔什昌（Aleksander Wolszczan）和他的美国同事戴尔·弗雷尔（Dale Frail）于 1990 年发现的。一般认为，那里不存在有利于生命的环境。在我读完博士后不久，米歇尔·马约尔（Michel Mayor）和他的博士生迪迪埃·奎洛兹（Didier Queloz）于 1995 年在马赛附近的上普罗旺斯天文台发现了另一颗太阳系外的行星[i]。这颗后来被命名为 Dimidium[ii] 的行星位于飞马座，距离我们 50 光年，围绕室宿增一（Helvetios）运行。室宿增一与我们的太阳很相似。两位研究人员因其工作获得了诺贝尔奖。

这类太阳系的行星被称为"系外行星"（exoplanet），迄今为止已经发现了数千颗。但是，考虑到仅在我们的银河系就必须存在的行星数量，这几乎不算什么。在统计学意义上估算，银河系内的系外行星可能有 1000 亿颗，也许更多。但目前还没有找到明确的生命迹象。当然，很可能我们并不孤单。现在，越来越多的同事敢于发表这样的言论，并公开讨论外星人的问题。

智能生命可以通过无线电辐射将自己暴露出来。就在十年

---

i　这颗行星一开始被命名为飞马座 51b（51 Pegasi b），这也是目前绝大多数天文学家认可的名称。

ii　Dimidium（音如：迪米迪乌姆）并不常用且无正式中文译名。亦有非正式别名为柏勒洛丰（Bellerophon）。——译者注

前，当我开始和一个研究生一起从 LOFAR 射电望远镜中搜索可能的外星信号时，一些荷兰的同事看我有些不顺眼[i]。后来这个学生去了加州大学伯克利分校，在那里，俄罗斯亿万富翁尤里·米尔纳（Yuri Milner）向该大学提供了高达 1 亿美元的资金，专门用于此类项目。我希望能有这样的钱用于我的研究。在米尔纳的捐助之前，天体物理学家吉尔·塔特（Jill Tarter）生前被电影《超时空接触》（Contact）深深触动，使用募捐来的资金在加州建立了 SETI 研究所。SETI 即"地外文明探索"的首字母缩写。

我们还没有在太空中发现任何智慧生命，有些同事甚至认为即使在地球上也找不到智慧生命！尽管如此，寻找外星人的工作促使射电天文学产生了一些有用的技术进步。SETI 需要优秀的软件和硬件，用于快速分析大量的数据。要做到这一点，天文学家需要丹·沃西默（Dan Werthimer）这样的计算机专家的帮助。SETI 项目在加州大学伯克利分校启动就有赖于他。沃西默来自著名的"家酿计算机俱乐部"（Homebrew Computer Club），也与微软创始人比尔·盖茨和苹果创始人史蒂夫·乔布斯和史蒂夫·沃兹尼亚克为友。后三个人也都是那个俱乐部的成员。所有这些人都发了大财，除了沃西默。后来，沃西默设计的快速计算机处理器也给我们帮了忙，用在了处理来自我们的望远镜的大量数据上。

最后，第一张黑洞照片能够成为现实，我们不仅要感谢为扫描恒星和分子云的摇篮而建造的亚毫米波望远镜，而且还要感谢

---

i 参见论文：J. E. Enriquez, et al., "The Breakthrough Listen Initiative and the Future of the Search for Intelligent Life," *American Astronomical Society Meeting Abstracts* 229 (2017): 116.04, https://ui.adsabs.harvard.edu/abs/2017AAS···22911604E。

曾经被认为是离经叛道的寻找外星人的工作。

在我们找到外星生命之前，我们不会知道它是否真的存在。对我来说，这是一个冷静的科学问题。就算我们发现了地外生命，社会和宗教也不会崩溃。在一阵兴奋之后，世界将回到正轨。我们是谁首先取决于我们自己，而不是取决于可能存在的外星人。任何可能的生命友好型行星都相当遥远，在也许是几百或几千光年以外，甚至连通信都要通过几代人的努力才能实现。与其期待来自太空的救赎，我们应该自己维持自己星球的秩序，并对彼此友善相待。

5

死亡的恒星和黑洞

埋葬在太空：恒星之死

　　恒星的诞生和死亡为新的生命创造了空间，但也为随恒星死亡而产生的黑洞创造了空间。一切都在空间中简单地联系在一起。地外空间中的死亡让人恐惧又着迷。

　　几年前，我在美国参加了一个为天文学家米勒·戈斯（Miller Goss）庆贺的研讨会。在新墨西哥州寂静的索科罗小镇（Socorro）上，他建立了美国最大和最成功的两组射电干涉仪：甚大阵（VLA）和甚长基线阵（VLBA）。但更重要的是，他培养了许多年轻的科学家，我也在其中。来自世界各地的同事们都来向他致敬。研讨会结束时，他还组织了一次实地考察，去一个他最喜欢的地方。我们驱车前往著名的查科峡谷（Chaco Canyon）。在第一个千禧年前后，印第安人在那里建造了令人印象深刻的黏土建筑。在这些村落的一端是一个被墙围起来的小角落。一位大胡子的公园管理员称，这里是古代的观天者曾经坐过的地方。

　　我想象着一个老印第安人每天晚上一动不动地坐在这个地方，跟着恒星的轨迹，直到早晨在黑暗中醒来。当黎明时分，第一缕阳光透过曙色照射在他的身上，对他来说，这永远是一个振奋人心的时刻。破晓是他生活中的一个重要日常仪式。也许是对地球和自然的继续存在感到欣慰的时刻。也是一个无声的象征，代表着时间的进程。也许这也是一个喜悦的时刻，因为生命在继续。光明来了，太阳温暖了大地，鸟儿骚动，稀疏的植物开始生长。

对印第安人来说，峡谷就是日历。他们可以瞄准峭壁上的日出，追踪它的轨迹，从而确定一年中的确切日期。其原理在于随着地球围绕太阳的旋转，太阳的升起点在秋天向南移，在春天向北移。

早在克里斯托弗·哥伦布到达新大陆很久之前，这位老人就已经在这里观星了。他还察觉到了别的东西。因为大约一千年前，发生了一件不寻常的事情。这个地方附近的一幅岩画描绘的可能就是这个极其罕见的天文事件：出现了一个异常明亮的天体，它的光芒极其强烈，甚至可以在白天看到它。

1054 年夏天，世界各地的人们在惊讶中仰望着天空。有些人可能担心会有可怕的灾难。中国古代宋朝的天文学家在他们的编年史中详细记录了这种宇宙奇观。他们在记录中报告说，有一颗"客星"在苍穹中像金星一样明亮地闪耀。一位阿拉伯医生甚至写到，出现了一颗新星。

此外，在欧洲，人们或许也对下午主导天空的"亮盘"感到惊奇。不过，欧洲这边的相关历史记录并不是非常明确。是什么现象如此摄人心魄，以至于整个世界的人都不约而同地对它做了记录？

那是一颗超新星，一次巨大的恒星爆炸[i]。它发生在银河系中离我们 6000 光年距离的地方。老印第安人曾经歇息过的峡谷里的岩画中，在淡黄色的岩石上用红色颜料画了一弯新月。在它旁边有一颗圆形大星，周围有典型的射线——就像孩子画的那样。它几乎和月亮一样大。公园管理员告诉我们，当时的原住民艺术家就是这样描绘超新星的。我们的天文学家小队并不完全相信这一点。专家们就这幅画是否代表著名的 1054 年超新星展开了争论[ii]。但要说这样一个不寻常的事件完全没有被注意到，我认为这也是不可能的。

你可以把一颗恒星想象成差不多是热气球的样子。其中心的热量使其膨胀。一旦燃料用尽，气体就会冷却，压力会下降，气球就会缩小。这也是恒星的结局。一旦它们的燃料烧光，它们就会坍缩。如何以及何时"死亡"，取决于它们的质量。恒星中的绝大多数都是质量较轻的。这类恒星会经历漫长的生命，并在之后发光并燃烧起来。

我们的太阳具有中等长度的生命。当它开始向内坍缩的时候，依然可以启动其"后燃器"。在恒星的中心，核聚变的"灰

---

i 参见论文：G. W. Collins, W. P. Claspy, and J. C. Martin, "A Reinterpretation of Historical References to the Supernova of AD 1054," *Publications of the Astronomical Society of the Pacific* 111, no. 761 (1999): 871–80, https://ui.adsabs.harvard.edu/abs/1999PASP..111..871C。

ii 一些研究人员确实认为查科峡谷的图画文字与 1054 年的超新星具有联系，因为该超新星于 1054 年 7 月 4 日出现在金牛座的东部。参见文章：https://www2.hao.ucar.edu/Education/SolarAstronomy/supernova-pictograph。 然 而， 最近有人对这种解释提出了异议，如：Clara Moskowitz, "'Supernova' Cave Art Myth Debunked," *Scientific American*, January16, 2014, https://blogs.scientificamerican.com/observations/e28098supernovae28099-cave-art-myth-debunked。

烬"堆在一起，形成炽热的氦核。爆缩的恒星的内部压力很高，在高压的作用下，其温度再次上升。氦融合成碳，释放出最后的能量储备，把恒星的"外皮"吹得膨胀起来。在其消亡前不久，太阳会膨胀变大，变成红巨星，并吞下水星、金星，可能还有地球。

质量大于太阳的恒星在最后的喘息中把气体和等离子体喷入太空，从而形成了行星状星云（planetary nebula）。它们在被其内部的垂死恒星照亮时，显示出奇妙的形状和颜色。这种景象在宇宙层级上堪称转瞬即逝；几千年后，这些行星状星云就会消散。它们的名字有些误导，因为它们和行星没什么关系。只是因为在 18 世纪，用当时的望远镜发现它们时，它们看起来像遥远的气态行星。

行星状星云的中心是压缩的核聚变灰烬，燃烧殆尽的恒星的全部质量都压在它上面。这种压力变得如此之大，以至于原子被挤压在一起，直到在某一时刻再也没有任何富余的空间，原子只能"并肩站立"。然后，电子简并压力会阻止恒星进一步坍缩。围绕恒星中心的各个原子的原子核运行的电子被称为费米子。它们是物理学意义上的独行侠，不能与任何其他费米子同床共枕。如果周围变得过于拥挤，它们会抵抗引力的压力，防止燃烧殆尽的恒星核心完全坍缩。

一旦恒星的外层被抛出，剩下的就是微小、致密而明亮的碳核心。这种和地球差不多大但和太阳一样重的天体叫作白矮星。我们的太阳在几十亿年后也将成为白矮星。仅仅一茶匙的白矮星物质质量可达 9 吨，相当于一辆卡车。白矮星的表面仍然非常热，并在很长一段时间内继续向太空辐射热能，然后这颗死亡的恒星最终成为一块寒冷、浑圆的碳晶体，也就是太空中的一颗巨大钻石。

在这个过程中发挥作用的有数种量子力学效应，它们是由印度物理学家苏布拉马尼扬·钱德拉塞卡（Subrahmanyan Chandrasekhar）计算出来的。1930年，年仅19岁的他乘船前往英国，计划在剑桥继续他在印度开始的物理学研究。在越洋旅行期间，他有充足的时间，因而计算了白矮星能达到的最大质量，得出的数值是1.44个太阳质量。

但是，如果一颗恒星比我们的太阳大得多、重得多，而且压力真的增加到无法承受的地步，会发生什么呢？一颗比太阳重8倍以上的恒星会点燃更多的"后燃器"以防止坍缩。看呐，巨型太阳的内核在燃烧。它像洋葱一样，一层又一层地烧掉。离中心越近的壳层温度就越高，并且将周围的上一壳层留下的灰烬烧成越来越重的原子核。每烧掉一层都有另一波能量储备被释放。氢变成氦，氦变成碳，碳和氦变成氧，氧变成硅，而硅变成铁。每一个燃烧过程都比前一个过程进行得更快。将氦燃烧成碳需要100万年，但将所有的硅聚变成铁只需要几天时间。

然后就结束了！铁具有自然界中能量最密集的原子核。一旦压力大到能让铁聚变成新的元素，这时的这种过程就不再释放新的能量，反而是需要能量。突然间，简单地增加压力并从原子中榨取越来越多的能量的技巧不再起作用了。原子在此时起到的主要作用不再是加热，而是冷却。压力不再增加，而是下降。老朽的恒星那最后一条颤颤巍巍的腿被打掉了。它瘫倒，死去。垂死的恒星无法再抵抗其自身的引力，在几分钟内，其核心就会爆缩。

恒星"遗体"的内部压力增长到难以想象的地步，甚至是已经密集排布在一起的原子也被压碎。原因在于，这一类恒星的核心比钱德拉塞卡为白矮星计算的质量上限还要重。然而，在不可逆转的永恒崩溃之前，还有最后一站。平常情况下羞于彼此接触的电子躲入原子核中，并与质子融合，形成中子。原子的外部壳层消失在原子核里，剩下的部分是以前的原子的万分之一。

如果想象一个原子的电子外壳和莱茵能源球场大小相仿，可供我最喜欢但有时失利的科隆足球俱乐部（1. FC Köln）在其中比赛，那么原子核就只有放在开球点上的五分钱硬币那么大。所以我们所知道的由原子构成的物质通常是相当空的。如果恒星中的原子变成了纯中子，那么它就会缩成一颗中子星。恒星的坍缩就像把整个体育场挤进一枚小硬币。在一颗中子星中，比整个太阳质量的 1.5 倍还多的物质聚成一个直径只有 24 千米的球体。中子星的密度高得离谱。5 毫升的中子星物质将重达 25 亿吨，8000 倍科隆大教堂的质量放在了一个茶匙里。

在很长一段时间里，中子星不过是疯狂的猜测，直到 1967 年 11 月 28 日乔斯林·贝尔和她的博士生导师安东尼·休伊什（Antony Hewish）改写了历史。他们用剑桥的玛拉德射电天文台发现了一个奇怪的无线电信号。许多短脉冲以精确的时间间隔到达地球。就像一个在太空中滴答作响的时钟。这种天体因此被称为脉冲星。起初，两位研究人员对信号的这种精确性有些不解，并半开玩笑地将这个发射无线电信号的对象命名为"LGM"，意为"小绿人"，即外星人。很快，他们认识到，自己发现的是一个异常小、异常沉重的天体，它正以异常高的速度自转。它实际上是一颗中子星——一颗和太阳一样重、和巴伐利亚州的古代小行星撞击坑诺德林巨坑（Nördlinger Ries）一样大的死亡的恒星。不是每颗中子星都会变成脉冲星，但每颗脉冲星都是中子星。脉冲星就像一座宇宙灯塔，不断地向太空发出射电辐射。它发出的锥形光束以固定的时间间隔到达我们这里，并引起天空中的射电闪烁。由于该天体是如此稳定和沉重，它的功能就像一个巨大的平衡摆轮。它的走时比任何原子钟都要准确。由于脉冲星具有非凡的稳定性和一致性，因此可以用来进行许多对相对论的测试[i]。一个著名的例子是双脉冲星PSR J0737-303929[ii]。它是一对互相绕行的脉冲星。我们在水星轨道上已经见到过椭圆的进动，其解码曾让爱因斯坦的心跳加速。在这里，这种现象的速度快10000倍，并且已经被精确计算到小数点后5位。

中子星的形成非常壮观，发生在质量为太阳8倍以上的恒星上。这样一个超级太阳的死亡方式比我们自己的恒星更恢宏。超级太阳的烧毁，仿佛上演星系级的烟花秀。在其坍缩质量的压力下，其中心突然诞生新的中子星，但同时，恒星的其他部分以超音速内爆。在恒星的核区，电子和质子突然融合，释放出大量的中微子，这使得更多的能量积蓄在恒星的外部壳层。最后，灾难性的冲击波向外滚过整个恒星，把它永远地撕裂。天文学家把这样的星系级大爆炸称为超新星。它闪耀在宇宙中，呈现出令人难忘的景象。让查科峡谷的印第安人和一千年前世界各地的许多其他天空观察者感到惊讶的，大概正是这样的景象。

让我们试着想象一颗超新星：在几分之一秒的时间里，它的巨大爆炸所释放出的能量比太阳在其整个生命中产生的能量还要多。然而，所有这些光线需要几周的时间才能钻过不断扩大的恒

i 参见论文：Ingrid H. Stairs, "Testing General Relativity with Pulsar Timing," *Living Reviews in Relativity* 6 (2003): 5, https//ui.adsabs.harvard.edu/abs/2003LRR.....6....5S。

ii 参见论文：M. Kramer and I. H. Stairs, "The Double Pulsar," *Annual Review of Astronomy and Astrophysics* 46 (2008): 541-72, https://ui.adsabs.harvard.edu/abs/2008ARA&A..46..541K。

星外部壳层。这就是为什么有时候可以在超新星爆发后几个月内一直观测到它。在极端的温度和压力下，比铁更重的其他新元素形成了。恒星碎片云裹挟着钴、镍、铜或锌等新元素，一起被抛入太空。其气体温度高达数百万度，甚至仍有燃烧的余火。

这些星际冲击波以每秒数万千米的速度在太空中飞驰。它们呈球状散开，并且是强大的宇宙粒子加速器。一些原子核被加速到接近光速，沿着星际空间中湍动的磁场在银河系游荡。其中极少一部分携带巨大的能量扑向地球，成为宇宙线的一部分。

这些激波的锋面是可观测的。2009 年，我以前的一个学生在我们邻近的星系 M82 中发现了一个新的射电源[i]。果然，我们看到了一个明亮的射电环，它以每秒 12000 千米的速度扩张了几个月[ii]。从它的速度和大小来看，我们可以推断出对应的恒星在一年前就已经爆炸了。它就是我们曾探测到的超新星 2008iz。这颗超新星隐藏在一片广阔的尘埃云后面，这就是为什么所有其他望远镜一直未曾发现它的踪影。这样的宇宙大戏往往只出现在科幻电影或枯燥的学术文献中，能够亲自发现并亲眼见证它是非常令人兴奋的。

甚至今天仍然可以看到 1054 年明亮的超新星的遗迹。它留下了壮观的蟹状星云。这个位于银河系英仙臂中的天体看起来像一块五彩缤纷的烟雾，却证明了古老的记录不是童话。

据估计，在我们的银河系中，每千年只有 20 颗超新星。

---

i 安德烈阿斯·布伦塔勒（Andreas Brunthaler）在他的数据中偶然发现了超新星 SN 2008iz。

ii 参见论文：N. Kimani, et al., "Radio Evolution of Supernova SN 2008iz in M 82," *Astronomy and Astrophysics* 593 (2016): A18, https://ui.adsabs.harvard.edu/abs/2016A&A···593A..18K。

1572 年 11 月 11 日，第谷·布拉赫和他的妹妹索菲一起在惊叹中看到了其中的一颗。由于他们认为这一事件是一颗新星的诞生，他们创造了这个名字"stella nova"，意为"新星"。1604 年，约翰内斯·开普勒也描述了一颗超新星。由于没有观测到任何视差，这意味着这种光不是来自我们的大气层，而是至少来自月球之外。亚里士多德的宇宙模型宣称恒星所在的天体球层是永恒不变的，而这颗超新星无疑又给装殓这套理论的棺材打上了一颗钉子。

今天，天文学家每时每刻都在发现新的超新星。它们都在遥远的地方，在其他星系。但一颗新的银河系内超新星也可能在任意一天里出现在我们的天空，能让我们用肉眼看到。实际上，再一次发生超新星的时间该到了，但是，也有可能是再过一百年。

即使是相当接近的超新星，对人类也没有危险。事实上，从宏大的角度说，我们的地球和地球上的生命的形成还要归功于这种恒星爆发。因为在其生命的最后阶段，恒星以越来越短的周期制造重要的元素。超新星爆发将它们甩入太空。它们聚集成庞大的尘埃云。随后，随着下一代恒星的诞生，它们可以再次形成新的恒星和行星。我们地球上的所有重要元素都是这样来的。因此，如果没有恒星的死亡，就不会有生命，甚至不会有金门大桥美丽的红色。红色涂料中含有氧化铁，而形成铁的最初源头是超新星爆炸。因此，我们应该好好感谢死亡的恒星。

黑洞形成

有的恒星的质量太大，甚至不能形成中子星。假设你有一位严重超重的阿尔弗雷德叔叔，你的客厅里总是为他保留一把格外结实的椅子。自从他有一次坐在廉价的塑料折叠椅上并随即倒下后，大家总是为他准备这把坚实的木椅。安全总比遗憾好！但即使是最坚固的椅子也有承重限制。如果阿尔弗雷德叔叔带着他的马戏团大象一起坐在木椅上，那张特制的椅子也会倒塌。

在天体物理学中，白矮星是廉价的塑料椅子，而中子星是坚固的木椅。它们可以承受很大的质量，但它们的承受力不是无限的，因为恒星中有真正的"大象"。这个发现要感谢包括美国原子弹之父罗伯特·奥本海默（Robert Oppenheimer），以及他的同事和学生等所有人的洞察力。他们在第二次世界大战前不久证明，中子星也存在质量上限，就像钱德拉塞卡证明白矮星并非具有无限的可压缩性一样[i]。根据现在的计算，中子星的这个最大质量是太阳质量的 2 到 3 倍多一点。

太空中的恒星"大象"是质量超过 25 倍太阳质量的恒星。当这些恒星爆炸时，它们的大部分质量飞向太空，其核心部分首先形成白矮星，之后演化为中子星。在核内，越来越多的物质向中心坠落，因此，即使是中子星最终也会坍缩。宇宙中没有任何已知的力可以抵御如此沉重的恒星的自重。这个结局是无法阻挡的。恒星无休止地缩成一团，变得越来越小，直到最后所有的质量都集中在一个无限密集的点上。现在，宇宙中最奇怪的实体已经问世。这就是黑洞。当然，在奥本海默的时代它并不叫这个名字。

---

i 参见论文：J. R. Oppenheimer and G. M. Volkoff, "On Massive Neutron Cores," *Physical Review* 55, no. 374 (1939): 374。但首先提出中子星概念的是巴德（Baade）和茨维基（Zwicky）：W. Baade and F. Zwicky, "Remarks on Super-Novae and Cosmic Rays," *Physical Review* 46 (1934): 76–77, https://ui.adsabs.harvard.edu/abs/1934PhRv…46…76B。

阿尔伯特·爱因斯坦本人也被这种想法吓到了。德国天文学家卡尔·史瓦西（Karl Schwarzschild）在爱因斯坦提出相对论后仅几个月就已经计算出了质量缩减为一点的时空结构，其结果令人烦恼至极。

史瓦西是现代天体物理学的先驱。在1914年第一次世界大战爆发时，他担任波茨坦天体物理天文台的台长。爱丁顿是和平主义者和爱因斯坦的崇拜者，而史瓦西这位出身于犹太上层中产阶级的德国物理学家却与爱丁顿不同，自愿前往德国炮兵部队服役，为国效力。这个决定是悲剧性的。两年后，他在前线得了重病并去世。

尽管如此，史瓦西还是在战争期间写下了两篇世界级的科学论文[i]。在其中一篇里，他计算了围绕一个点质量的时空的曲率。这样一来，史瓦西是第一个在具体案例中计算出广义相对论方程的精确结果的人[ii]。他自豪地把论文寄给了惊讶的爱因斯坦。爱因斯坦在回信中说"我没有想到，问题的严格解可以用如此简单的方式得到"，并在下一次普鲁士科学院的会议上介绍了这些结果[iii]。

---

[i] 史瓦西得到他的解的地点应该不是在俄罗斯，而是在西部战线上的孚日南部。对此，在他与阿诺德·索末菲（Arnold Sommerfeld）的信件中有清楚的表述：https://leibnizsozietaet.de/wp-content/uploads/2017/02/Kant.pdf。

[ii] 几个月后，荷兰科学家约翰内斯·德罗斯特（Johannes Droste）独立找到了一个更优雅的解，但这篇论文却遭到了冷落。因为德罗斯特只以荷兰语发表了他的成果。在那个时候，具有用德语交流的能力还是相当必要的。

[iii] 参见：Hanoch Gutfreund and Jurgen Renn, *The Road to Relativity: The History and Meaning of Einstein's "The Foundation of General Relativity"* (Princeton: Princeton University Press, 2015)。

在史瓦西的解中，所有的质量都集中在一个点上[i]，但空间本身在这一点上似乎是向一个方向无限延伸的，空间的曲率在这里变得无限大。在这一小部分有限的空间里忽然出现了无限的空间。方程显示了一个奇点，在这一类的点上方程的解急剧变化，跳入无限大，一切都停了下来。按照物理学家的认识，奇点并不是现实；相反，它们表明方程中仍然缺少一些东西。对爱因斯坦来说，那么就很清楚了：点质量不存在。这是一个纯粹的数学噱头，尽管是一个有趣的噱头。

但令爱因斯坦和其他科学家不舒服的是，在中心奇点之外一段距离的地方，方程中发生了一些奇怪的事情。这个距离是：

$$R_s = \frac{2GM}{c^2}$$

这个距离现在被称为史瓦西半径。其中 M 是物体的质量，$c = 299792.458$ km/s 是光速，$G = 6.6743 \times 10^{-11}$ m³/kg/s² 是引力常数。

那里出大事了。方程的表现像是发了疯。当达到史瓦西半径时，时间似乎停止了。而一旦进入到史瓦西半径以内，你就不再是在空间中旅行，而是在某种意义上的时间中旅行。

在我们的正常生活中，我可以安静地坐在公园的长椅上。我稳稳地坐在空间里的一点上，但时间却不可阻挡地继续。在史瓦西半径内的空间里，我在时间上保持静止，但空间却势不可挡地将我拉向中心奇点。每一次向前移动的尝试只会让我更接近中心。

---

i 参见介绍文章："LEXIKON DER ASTRONOMIE: Schwarzschild-Lösung"，https://spektrum.de/lexikon/astronomie/schwarzschild-loesung/431。

这太奇怪了。看起来，从内向外穿越史瓦西半径是不可能的。这个空间有进无出。任何东西一旦进入史瓦西半径就无法逃脱，不论物质还是光都不行，因此也没有信息和能量能够逃脱。人们花了相当长的时间才明白那里究竟发生了什么。史瓦西在不知情的情况下，在第一次世界大战中黑暗战壕里描述了一个黑洞。

但实际上在很久以前，人们就很清楚，在点质量的周围，必然会出一些问题。即使在开普勒和牛顿的简单的行星运动理论中，这一点不是也很清楚吗？离太阳越近，就越快地围绕着它移动。如果太阳是无限小的，一颗行星就必须以光速在半径只有 3 千米的狭窄路径上围绕它运行。如果再往里走，行星的速度甚至比光速还要快。但这是不可能的！

在点质量的周围，引力也会变得太大。压缩在空间内的质量越大，其引力就越大，就越难挣脱。如果想逃离地球的引力，你必须向太空发射一枚速度达每秒 11.2 千米的火箭。然而，在更重的太阳表面，你将需要每秒 617 千米的速度。如果太阳被进一步压缩，表面的逃逸速度将继续增加，直到在某个时刻，人们必须以比光速更快的速度逃逸。这时，按照牛顿的理论，即使是光也将不再能够逃脱，而是无助地落回到恒星上。然而，在爱因斯坦的理论中，在黑洞的边缘，即使你有光的速度，也不能再向前移动分毫！

早在 1873 年，在没有任何相对论概念的情况下，牧师约翰·米歇尔（John Michell）就已经注意到，如果一颗恒星具有巨大的引力，并且逃逸速度大于光速，那这样的事情就必然存在。这样的"暗星"必须是不可见的，因为没有光可以逃离它，即使它存在并且会出现在空间的某一坐标上。

在爱因斯坦的理论中，黑洞周围的空间就像一条汹涌的河流[i]，在史瓦西半径处以瀑布的形式结束。光就像这条空间河流中的游泳者。在远离边缘的地方，它仍然可以灵活地逆流而上。离瀑布越近，水流越大，它就不得不越游越快。但是，在某一刻，即使是世界游泳冠军也无法逃脱湍急的水流，只能被冲走。一旦你从悬崖边上掉落，就太晚了。没有人能够成功地游上瀑布。完全相同的事情也发生在史瓦西半径。过了这一点就没有回头路了，即使是呼救声也没人能听到。即使是光也要随着空间一起被吸入深处。

1956年，物理学家沃尔夫冈·林德勒（Wolfgang Rindler）为这种不可思议的边界创造了"事件视界"（event horizon）[ii]一词。事件视界既不能被触摸到，也不能被感觉到。它只是空旷空间中的一种边缘，是一个数学定义，却也是一条分界线。

如果为太阳计算其史瓦西半径，会得到一个 3 千米的数值；对于地球，计算结果为 0.9 厘米；而对于你我这样的人类，是一个原子核的千亿分之一。

爱因斯坦确信，史瓦西半径内的区域是不具物理性的——它

---

i 我在写作本书时想到了用河流来比喻黑洞。我本以为自己的想法具有相当的原创性，结果早已有人为此撰写了一整篇学术文章：Andrew J. S. Hamilton and Jason P. Lisle, "The River Model of Black Holes," *American Journal of Physics* 76 (2008): 519–32, https://ui.adsabs.harvard.edu/abs/2008AmJPH..76..519H。整套可视化描述广义相对论的模型可见：Markus Pössel, "Relatively Complicated? Using Models to Teach General Relativity at Different Levels," arXiv eprints (December 2018):1812.11589, https://ui.adsabs.harvard.edu/abs/2018arXiv181211589P。

ii 所谓"事件视界"是时空中的一种分隔界面，其内的任何事件皆无法对视界外的观察者产生影响。譬如，黑洞中包括光在内的任何东西都无法逃脱出黑洞的事件视界。因此，在许多通俗文献中，也常用"黑洞表面"一词代指史瓦西黑洞的事件视界。——译者注

们只是纯粹的幻想，纯粹的数学。自然界一定会确保这种物体根本不能产生。因此，在1939年，他发表了一篇论文，试图在他的相对论的帮助下，证明这种"暗星"并不存在。他胜利地总结道："这项研究的基本结果是对'史瓦西奇点'在物理现实中不存在的原因有了清晰的认识。"这无非表明，黑洞不存在[i]。

然而，爱因斯坦的文章忽略了关键的一点。事实上，和爱因斯坦发表论文差不多同时，奥本海默和他的同事们证明，恒星很可能坍缩成一个点[ii]。如果它们足够重，坍缩是无法阻止的。

这再次揭示了相对论的非凡特性。恒星坍缩时人们会看到什么，严重依赖于他们的位置。在望远镜上仔细观察这一现象的观测者会看到恒星爆缩并消失在一个黑洞里。事件视界出现，所有向它接近的东西都变得越来越暗淡、越来越缓慢。每个光波都被无限地拉长，当它到达边缘的时候，就不再是可测量的了。时间变成了黏稠的糖浆，似乎停止了。如果我们把光波看作是时钟，它们就像空间一样被拉长了。时钟的滴答声越来越慢，最终停止。

另一方面，对于一个坐在坍缩恒星表面的大胆的观察者来说，除了自己坠入死亡的深渊之外，没有什么特别的事情发生。与所有其他粒子一起，他落入恒星的中心。当他通过事件视界时，他没有注意到任何不寻常的东西，甚至没有注意到自己越过了事件视界。对他来说，黑洞是面前的一个大黑点，甚至在黑洞

---

i 参见文章：Jeremy Bernstein, "Albert Einstein und die Schwarzen Löcher," *Spektrum der Wissenschaft*, August 1, 1996, https://www.spektrum.de/magazin/albert-einstein-und-die-schwarze-loecher/823187。

ii 这里的"点"指的并不是广义相对论中讨论的空间中的点。中心奇点是一个无限弯曲的时空的边界。

内部也如此。他的时间也照常进行，直到在某个时刻，在一毫秒的时间内，他被挤压成恒星中心的一个点。他发出的光也随之落入。然而，在恒星级黑洞的情况下，即使这种乐趣也是极其有限的。因为这位勇士的脚比他的头更接近质心，所以它们受到的引力比他的头受到的更强。勇士被拉成了面条，而且还变成了碎片。

所有物理学家都对思考这种情况感到乐在其中，虽然故事里有个倒霉蛋。在很长一段时间里，这一类天体被称为"冰冻星"，因为时间在它们的边缘静止了。但这并不完全正确。严格来说，时间的静止只适用于永恒不变的黑洞的边缘。如果它因为吞噬了物质而增长，那么它的事件视界也会变大一点，并将落入其中的"冰冻"物质蒸熟。

"黑洞"（black hole）一词首次出现在记者安·尤因（Ann Ewing）在 1964 年的一篇报道中[i]。约翰·阿奇博尔德·惠勒在 1967 年的一次会议上借用了这个词，"黑洞"一词从此确定。自得到命名起，黑洞就吸引着所有人，不论他们是外行还是专家。看来，文字在物理学中也很重要。美国人确实懂市场营销。今天，没有人会有兴趣买一本书是关于"引力完全坍缩的天体"的第一张照片。

不过，黑洞还可以旋转。1963 年，新西兰数学家罗伊·克尔（Roy Kerr）发现了爱因斯坦场方程的一个精确解，描述了这类对象周围的时空[ii]。当旋转的物质落入黑洞时，角动量是守恒的。

---

i 参见论文：Ann Ewing, "'Black Holes' in Space," *The Science News-Letter* 85, no. 3 (January 18,1964): 39, https://jstor.org/stable/3947428?seq=1。

ii 参见论文：Roy P. Kerr, "Gravitational Field of a Spinning Mass as an Example of Algebraically Special Metrics," *Physical Review Letters* 11 (1963): 237–38, https://ui.adsabs.harvard.edu/abs/1963PhRvL..11..237K。

然后黑洞带动空间随之旋转，就像漩涡带动水一起旋转一样。而就像船被漩涡抓住并被拉入深处一样，旋转的空间会迫使一定距离内的物质甚至是光随其移动。

另一方面，原则上可以借助涡旋区的入射磁场，再次从黑洞中提取转动能[i]。旋转黑洞内部的奇点是一个具有疯狂属性的环。在数学上，人们可以绕过它，从一个时间点出发，在完全相同的时刻到达。

黑洞只由非常大的恒星产生。这些恒星的寿命并不长，也许只有几百万年。巨型恒星在形成后不久就会发生爆炸。在形成年轻恒星的地方，很快也会产生恒星黑洞。

此刻在我们的银河系中估计有 1 亿颗这样的黑洞。它们在数千光年之外，而且太小，无法被拍到。有时它们会作为明亮的 X 射线源在天空中闪耀。这时，它们其实是在从围绕它们运行的邻星中吸走物质。这类组合被称为 X 射线双星。在现实中，这是一颗恒星和一颗恒星的尸体互相围绕着对方运行，其中那只黑洞僵尸一口一口地吞噬着它的伙伴。

在银河系的中心

2016 年 6 月，我坐在一座广阔的台山上。那就是纳米比亚的加姆斯山（Gamsberg），我们打算在那里建造一台新的射电望

---

i 这种效应是在黑洞周围形成等离子体喷流的重要因素，不过并非绝对必要因素。它是彭罗斯过程的一种，通常人们称之为 Blandford-Znajek 过程。在这个过程中，光或粒子可以提取黑洞的转动能。

远镜[i]。此时，因为缺乏资金，这里仍然只有几座小木屋。但不妨在此眺望，看看四周动人心魄的景色。在我脚下，石质的、五颜六色的沙漠从各个方向伸到地平线；在我头上，夕阳将几乎万里无云的天空笼罩在一片深红之中。沙子和太阳的色彩游戏慢慢消失，令我目眩。还有任何比这更美的时刻吗？我在凝视天空时从来都不是淡漠无情的。我始终深陷其中。

在非洲南部、离最近的定居点也颇远的所在，当夜晚晴朗干燥时，星空就像巨大的彩绘穹顶，悬在我的头上。银河的璀璨光芒在太空的黑暗中脱颖而出。向这条明亮的带子一瞥，一眼便是10万光年。无数的星星交织成一片光亮的薄纱，横亘整个天空。天空中的黑点使它看起来有种我所不熟悉的柔韧性，我不记得在北半球时见过这样的情景。这些黑点是星际尘埃云，它们是年轻恒星、行星和黑洞的温床。我可以用肉眼看到这些温床。我的正上方是银河的核心区域。在其中心的某个地方隐藏着"我的"黑洞。在晴朗的星空下，它似乎近得可以触摸。但我只能猜测它到底在哪里，因为我们的星系家园中的黑暗尘埃云挡住了我投向其心脏的视线。银河如此美丽，我们却难以完全理解它——因为我们是它的一部分，不仅是观察者，也是这个宇宙岛屿的居住者。

继月球之后，银河是夜空中最引人注目的形态。它闪耀着如此明亮和清晰的光芒。传说中，它引导使徒大雅各前往圣地亚哥－德孔波斯特拉（Santiago de Compostela）。今天我们在沿着

---

i 关于非洲毫米波望远镜的信息参见：https://www.ru.nl/astrophysics/black-hole/africa-millimetre-telescope；以及论文：M. Backes , et al., "The Africa Millimetre Telescope," *Proceedings of the 4th Annual Conference on HighEnergy Astrophysics in Southern Africa* (HEASA 2016): 29, https://ui.adsabs.harvard.edu/abs/2016heas.confE..29B。

漫长的圣雅各之路（Camino de Santiago）朝圣时使用的是 GPS，但至少屎壳郎在从粪堆中滚走粪球的时候还在用银河来定位[i]。然而，这条白色的带子一定是激发第一批狩猎采集者的感情和思想的源泉。

西方世界中表示"银河"的词语起源自古典时期。在希腊神话中，宙斯将儿子赫拉克勒斯放在沉睡的妻子赫拉的胸前。但女神从孩子剧烈的吸吮中醒来，推开了赫拉克勒斯。在这个过程中，她的乳汁散布在苍穹之上——银河诞生了。在希腊语中，这些散落的乳汁被称为 *Galaxias*，这就是星系（galaxy）一词的来源。银河系由数以千亿计的恒星组成。空间中的其他"银河系"则被称为星系。自然学家亚历山大·冯·洪堡（Alexander von Humboldt）称它们为"宇宙岛"（Welteninseln），直译为"岛屿世界"——对我来说，这个词看起来比"牛奶路"美多了。

公元前 5 世纪，希腊哲学家德谟克利特推断，银河的光芒只能来自许多单个恒星的集中闪光。近两千年后，当伽利略用他的望远镜观察银河系时，他意识到德谟克利特是正确的。伊曼纽尔·康德（Immanuel Kant）在 18 世纪写道，银河系的排列形态必须像一个圆盘，其恒星大致位于一个平面上。

大约在同一时间，法国天文学家夏尔·梅西叶（Charles Messier）在巴黎市中心的克吕尼酒店（Hôtel de Cluny）追猎彗星。这座酒店现在是国立中世纪博物馆。在这个过程中，他在天空中发现了许多奇怪的星云，它们显然不是彗星，也没有移动。这些星云是什么，梅西叶无法回答，但是他对它们进行了记录和

i 参见文章："Mistkäfer orientieren sich an der Milchstraße," Spiegel Online, January 24, 2013, https://www.spiegel.de/wissenschaft/natur/mistkaefer-orientieren-sich-an-der-milchstrasse-a-879525.html。

编号。他把 110 个这样的弥散的星体总结为星表。现在这份星表以他命名。

这些梅西叶天体今天仍然是业余天文学家追逐的热门目标。它们以梅西叶的姓氏首字母"M"和星表编号作为缩写。M1 是蟹状星云，由 1054 年的超新星产生。武仙大星团 M13 是北半天球中最明亮的球状星团，距离为 22000 光年，数十万颗古老的恒星在那里的直径为 150 光年的范围内相互绕行。M42 叫作猎户大星云，是恒星诞生的地方。

所有这些天体都是我们银河系的一部分。它充满了美丽的结构和形态。但并不是所有梅西叶星表中的天体都是我们这个宇宙岛的一部分。M31 是仙女座星系，是紧挨着我们银河系的孪生姊妹，距离 250 万光年。过去它曾被叫"仙女座大星云"。而 M87，也叫室女座 A，位于室女座，是一个拥有几万亿颗恒星的怪兽星系。我们要拍摄的巨型黑洞在这个星系的中心。不过，梅西叶还不知道这一切。对他来说，编制一份有用的清单才是最重要的，这样就不会有人将这些模糊的斑点误认为是彗星了。

在 18 世纪末，威廉·赫歇尔（William Herschel）进一步搞清了银河系的真实尺寸。赫歇尔是一位业余天文学家，他靠音乐谋生，创作交响曲和赋格曲，但他真正热爱的是星星。常与他一起观星的是妹妹卡罗琳。卡罗琳是一位歌手，也是一位有天赋的天文学家。

尽管是自学成才，但出生于德国的赫歇尔已经赢得了反射式望远镜最佳设计师之一的声誉。他亲手铸造了这些镜片，其中一些的口径超过了一米。赫歇尔为整个欧洲的探险家和贵族提供望远镜，甚至向中国寄了一台。不过，他最中意的还是使用自己最大的作品亲自探索星空。这台望远镜的口径有 1.2 米，悬挂在一个巨大的木质结构上，用滑轮移动。

赫歇尔的父亲是一位军旅乐师。当父亲被派往英国时，他也随着父亲搬到了那里。在这里，出生在汉诺威的赫歇尔兄妹数着星星，并扩大了夏尔·梅西叶的星表。赫歇尔兄妹发现，梅西叶描述的一些星云实际上是由单个恒星组成的。1785 年，两人发表了一张有 50000 颗星的银河图。图片中约略是椭圆形的银河与现实的条带形态几乎毫不相干，但这更多是由于他们俩使用的方法而不是数据。在赫歇尔的图片中，我们的太阳仍然大致位于银河系的中心。正如我们今天所知，这是错误的。

进入 20 世纪时，对银河系的研究已经使人们可以以惊人的精度描绘它了。天文学家的假设是，银河系是一个直径约为 10 万光年的扁平圆盘，其在垂直方向的延展范围约为 4000 光年。不过，那时的多数科学家仍然认为太阳在银河的中心。

下一步进展发生在 20 世纪初，来自荷兰人雅各布斯·卡普坦（Jacobus Kapteyn）。他那时只有 27 岁，但已经是荷兰格罗宁根大学的天文学教授了。他意识到，所有的恒星都围绕着一个共同的中心旋转。卡普坦在 1922 年发表了他的动态银河模型，但他在和前人同样的关键点上也是错误的。幸好，事实不是像他的模型那样。在他的模型中，我们的太阳系仍然离中心相当近。然而，根据今天的知识，这将使我们处于一个巨大黑洞的附近。

美国天文学家哈洛·沙普利（Harlow Shapley）纠正了这个错误。他在威尔逊山天文台使用一台巨大的望远镜做研究。沙普利通过测量球状星团并确定它们与地球的距离，得出了银河系的大小。

这一切之所以能够成为现实，完全是因为在 1912 年，美国人亨丽埃塔·斯旺·莱维特（Henrietta Swan Leavitt）想出了如何通过一类叫作造父变星（Cepheids）[i] 的恒星的亮度有规律的周期性变化来确定它们的距离。莱维特和安妮·詹普·坎农（Annie Jump Cannon）一样，是最初一代女天文学家的代表。她们充满激情、不屈不挠，但她们的成就并不总是得到应有的承认。还好，现在有两座月球环形山是以坎农和莱维特的名字命名的。

通过确定球状星团的位置，沙普利发现它们的排布并不以太阳为中心。所以银河系的旋臂根本不围绕我们的行星系统旋转。因此，银河系的中心必须比卡普坦所假设的离我们远得多。沙普利估计太阳系离银河中心约 65000 光年。后来他把这个距离修正为大约 35000 光年。因为沙普利此举，后人尊他为星系研究中的哥白尼。那位德国－波兰教士曾经把地球从世界的中心移到绕太阳的轨道上，沙普利现在把太阳和它的行星从银河系的中心放逐到其外围。

沙普利认为银河系的尺寸要比以前认为的大得多，并估计其直径为 300000 光年。他认为，所有的星云都位于我们的星系之内。因此，宇宙中只有一个星系，也就是我们的银河系。顺理成章地，他认为，我们的银河系就是整个宇宙。

沙普利的这种观点，使他卷入了一场传奇性的讨论。1920 年 4 月 26 日，一场后来被称为"大辩论"（Great Debate）的科学讨论会在华盛顿国家自然历史博物馆举行。出场的双方是天文学界的两个争执不休的学派。一方是沙普利，他主张巨型星系理

---

i 造父变星是以造父一（仙王座 δ 星）为原型的一类变星。因其亮度相对于时间变化的周期与其光度成正比，因此可用于测量遥远天体的距离。——译者注

论，其中，太阳在偏离银河系中心的位置。另一方是沙普利的批评者希伯·柯蒂斯（Heber Curtis），代表宇宙岛理论。柯蒂斯认为，银河系只是众多星系中的一个，所谓漩涡星云各自是独立的恒星系。然而，在后者的模型中，我们的太阳系处于银河系的中心位置。

白天，两位科学家分别在会上就他们的理论进行了演讲。傍晚时分，他们以公开讨论的方式进行了对决。两人针锋相对，不让寸分。柯蒂斯在其职业生涯中曾领导过多个天文台，并有十次左右的日食考察经验，确信沙普利编造了测量数据。两人都为自己的观点激烈地辩护，但那晚双方没有决出胜负。最后，沙普利可能吸引了稍微多一些的听众到他这边来。事实上，双方的观点都部分正确。

观众席上，一位科研人员饶有兴趣地听着沙普利和柯蒂斯的论点。他的名字是埃德温·哈勃（Edwin Hubble）。这位前律师马上就会为这场大辩论提供解决方案。具有讽刺意味的是，他其后取得突破性进展的地点是威尔逊山天文台，而这正是沙普利一直进行研究的地方。

感谢哈勃，我们可以相对准确地回答人类用肉眼能看到多远的问题：近300万光年。这是将我们的眼睛与天空中一个不起眼的斑点联系在一起的距离。这个斑点当时叫作"仙女座星云"，梅西叶星表编号是M31。这是我们在没有望远镜的情况下可以在夜空中看到的唯一一个邻近星系。我们看到的所有其他恒星都是我们银河系的一部分。而"仙女座星云"也是沙普利－柯蒂斯争论的关键。而且不止如此，它对揭示整个宇宙的结构而言也至关重要。

哈勃在传奇性的大辩论之后仅仅三年就发现，仙女座星云不仅是一块孕育着年轻恒星的简单的气体云[i]。在这个被当作星云的天体中，他分离出了一颗特别的恒星，从而测量出了它与地球的距离。这颗恒星发出的光是脉动式的，具有周期性变化，看起来和亨丽埃塔·斯旺·莱维特描述过的造父变星同属一类。因此，从这颗星的光变曲线中，可以确定它的真实亮度，从而确定它与地球的距离。

由此得出的巨大距离只可能意味着一件事：整个"仙女座星云"结构必须位于我们的银河系之外。后来，哈勃又加上了其他观测的结果。很明显，这个"星云"确实自己就是一个星系。沙普利错了：我们的银河系只是宇宙中众多星系里的一个。哈勃在发表他的工作之前通过信件告诉了沙普利这一点。他这样做是出于恶意，还是出于绅士的责任感，仍然是一个悬而未决的问题。不过确实，在此之前，沙普利明确批评过哈勃，表示他并不赞同哈勃的想法。然而此时，沙普利承认了他的错误。读过信后，沙普利把信拿给一个学生，并且对她说："就是这封信摧毁了我的宇宙[ii]。"

"天文学的历史是一部地平线后退的历史"，哈勃在他 1936 年出版的《星云界》(*The Realm of the Nebulae*) 一书中写道[iii]。然而，就我们的银河系而言，在哈勃和其他科学家在 20 世纪 20 年

---

i 参见文章：Dirk Lorenzen, "Die Beobachtung der Andromeda-Galaxie," Deutschlandfunk, October 5, 2018, https://www.deutschlandfunk.de/vor-95-jahren-die-beobachtung-der-andromeda-galaxie.732.de.html?dram:article_id=429694。

ii 参见论文：Trimble, V., "The 1920 Shapley-Curtis Discussion: Background, Issues, and Aftermath." *Publications of the Astronomical Society of the Pacific* 107, no. 718(1995): 1133, https://ui.adsabs.harvard.edu/abs/1995PASP..107.1133T。

iii 原书见：E. P. Hubble, *The Realm of the Nebulae* (New Haven: Yale University Press, 1936)。在线版本：https://ui.adsabs.harvard.edu/abs/1936rene.book.....H。

代的发现之后，地平线还没有像我们现在所知道的那样宽广。宇宙的尺度还会更大，而我们到底在其中的什么位置尚未有定论，因为银河系中心隐藏在银河系盘面中大量的灰尘后面，无法用光学望远镜看到。

直到 20 世纪 30 年代初，射电望远镜的出现为天文学打开了一扇新的宇宙之窗，这种情况才有所改变。1932 年，卡尔·古特·央斯基（Karl Guthe Jansky）测量到了明显是来自宇宙的噪声信号。同时，在人马座附近位置，这种信号尤为强烈。央斯基因而成为首个发现宇宙射电辐射的人。今天我们知道，银河系的中心位置，也就是我们星系的中心，就在人马座方向。

荷兰人扬·奥尔特（Jan Oort）也相信，银河系中心就在那里的某个地方。据理论假设围绕太阳系的彗星家园"奥尔特云"，即以他的名字命名。奥尔特估计，银心（Galactic Center）的距离为 30000 光年。这与今天已知的 27000 光年相当接近。他的同胞"亨克"·范德胡斯特（Hendrik "Henk" van de Hulst）在第二次世界大战中被德国占领期间躲在乌特勒支天文台。在那里，他推动射电天文学更进一步。范德胡斯特预测，在银河系中极为丰富且广泛分布的原子氢必须在射电波的范围内产生光谱线。谱线应该正好落在 1.4 千兆赫的频率上，大约是手机频率的范围。

射电波在最真实的意义上照亮了银河系。它可以穿透墙壁一样厚的障碍，甚至银河系的尘埃云对它也几乎如若无物。现在，射电光波照亮了银河系的黑暗斑块，范德胡斯特和奥尔特从而测量了银河系的结构，甚至发现了旋臂。实际上，如果能够在星系上空盘旋，这些结构很容易看到，但我们自己现在是在星系内，从侧面看，这就没那么容易了。

在 20 世纪 50 年代中期，我们也终于成功地确定了我们在银河系中的确切位置。它位于人马臂和英仙臂之间的所谓本地臂（Local arm）[i] 里。我们正以每秒 250 千米的速度围绕银河系中心移动。还好，我们不必根据绕银河系的周期来制定新的历法。我们的行星系统需要两亿年才能围绕银河系的旋转木马转一圈，这实在是太长了。

正如行星围绕着太阳旋转一样，太阳系也围绕着银河系的中心旋转。今天，我们能够测量到这种运动导致的几周间的变化。就像我的同事安德烈阿斯·布伦塔勒和马克·里德（Mark Reid）经常做的那样[ii]，当用射电望远镜观察银河中心的黑洞时，我们能够发现它似乎是在天空中高速移动。这当然只是一种假象。事实是，我们就像周围的所有恒星一样，在相对于银河系的中心移动。

从长远来看，这对我们看到的天空也会产生影响。在大约 10 万年后，我们熟悉的北斗七星，属于更大的大熊星座，其外观将与今天不同。北斗现在长得像是带有长拉杆的梯形推车，届时，它的"车斗"可能看起来就像撞上了一堵墙。

对银河系的探索仍然是一个重要课题。欧空局的盖亚任务继续揭示有关其结构和演变的新细节。阿米娜·赫尔米（Amina Helmi）是一位银河系考古学家，也是格罗宁根大学的教授。在某种意义上，她是伟大的荷兰前辈卡普坦和奥尔特的继承者。2018 年，她揭示了一个自古以来我们的银河系一直隐藏的秘密。

---

i 本地臂（又译近域旋臂），即猎户臂（Orion arm），是银河系内的一条小旋臂。——译者注

ii 参见论文：M. J. Reid and A. Brunthaler, "The Proper Motion of Sagittarius A*. III. The Case for a Supermassive Black Hole," *The Astrophysical Journal* 892 (2020): 39, https://ui.adsabs.harvard.edu/abs/2020ApJ⋯616..872R。

在 100 亿年前，银河系曾吞噬了一整个星系。它的名字叫作盖亚－恩克拉多斯星系（Gaia-Enceladus），其残余目前仍在银河系中游走。靠着吞噬这样的猎物，银河系的圆盘逐渐增大，并且产生了中心隆起的核球。

然而，演变并没有就此结束。还有许多小星系围绕着我们的银河系运行，几十亿年后，我们将与和我们同样大的邻居仙女座星系合并。我们的星系前方还有戏剧性的时刻在等待。

6

星系、类星体和大爆炸

奔跑的星系

在每学期的导论性课程中，我总会安排一些体操活动。我要求五个人肩并肩挨着站成一排，与墙成直角。最后一个人左臂弯曲撑在墙上。所有其他人将左手放在他们旁边人的右肩上。听到命令后，他们应该在一秒钟内同时伸出手臂，使自己和旁边的人之间具有一臂长的空间。之后会发生什么呢？

如果每个人都同时伸出手臂，那么直接靠墙站立的学生必须正好向旁边走一步。然而，他旁边的学生必须在相同的时间内向旁边走两步，因为他突然需要离墙远两个臂长。他右边的学生必须在这一秒内向旁边走三步？而最后的那个学生呢？好吧，他被狠狠地推了一把，飞到了一边。一秒钟内走五步，这个要求实在是太过分了。幸运的是，我通常能够拉住他。

这个例子是为了说明当空间膨胀时会发生什么。当学生与学生之间必须增加一块空间时，每个人都会离所有其他人更远。星系与星系之间同理。而且，离得越远的人，他或她就走得越快。这是一个简单的观察，但是，当应用于宇宙时，它像哥白尼、开普勒和牛顿一样彻底改变了我们对世界的看法。

在发表相对论后不久，爱因斯坦发现自己的宇宙有个问题。这个宇宙并不稳定。引力只起吸引作用。因此，一个充满物质的宇宙应该像漏气的热气球一样向内坍缩。今天，这种情形被称为"大挤压"（Big Crunch）或"大坍缩"。

幸运的是，爱因斯坦场方程还有施展花招的余地：其中还可以插入一个自由常数。它对应于一种促使宇宙膨胀的神秘力量，可以视为一种反引力。有了这个所谓的宇宙学常数，爱因斯坦成功地使宇宙在他的模型中免于"大坍缩"的结局，但他对此并不十分满意。

坏消息到这里还没有结束。1922 年，俄罗斯物理学家亚历山大·弗里德曼（Alexander Friedmann）写信给爱因斯坦说，他不需要什么神秘的常数，就可以在相对论方程的基础上描述一个正在膨胀的宇宙。爱因斯坦拒绝了这种想法。对他来说，宇宙必须是永恒的和静态的。这在当时是有充分理由的。

后来，一位天主教神父的出现，再次动摇了爱因斯坦的基本信念。他不仅从数学上描述了一个膨胀的宇宙，他甚至声称天文学家已经找到了证据。

这位神父是比利时人乔治·勒梅特（Georges Lemaître）。他曾是一名耶稣会学生，在恐怖的第一次世界大战后，他获得神职，在比利时鲁汶学习数学和物理。随后，他在剑桥和波士顿的麻省理工学院（MIT）师从著名的爱丁顿，在那里他还获得了博士学位。

勒梅特是第一个注意到美国人维斯托·斯里弗（Vesto Slipher）在亚利桑那州洛厄尔天文台发现的星系星云的奇怪特性的人。1917 年，斯里弗利用多普勒效应测量了星系的速度。我们在声学中见识过这种效应：如果一辆救护车鸣着响亮的警笛声从我们身边驶过，只要汽车是在向我们驶来的路上，我们听到的音调就会比实际上的更高。一旦它超过我们并远离我们，我们就会听到音调较低的鸣笛声。这个效应对于声音和光都是同样正确的。如果星系向我们飞来，光线就会被压缩而变蓝；如果星系飞离我们，光线就会被拉长而变红。当然，它在两个方向上都总是以光速飞行，但对于地球人的感知来说，颜色有所改变。如果我们现在用光谱仪测量星系光线中的原子指纹，我们也可以测量最小的色移，从而测量星系在视线方向上的速度。

结果是：除了我们的邻居仙女座星系之外，大部分天体的光线都发生了红移。几乎所有的星系都会远离我们而去！这就更奇怪了，不可能是一个巧合。想象一下，如果这是一场盛大的舞会，情形是多么令人费解。大厅里到处都是在舞池里旋转的情侣。那么，向你走来的情侣和从你身边跳走的情侣不是应该一样多吗？如果你发现所有人都在远离你怎么办？你就这么不受欢迎吗？

勒梅特的答案是：问题不在我们；是整个宇宙在膨胀，光也随之膨胀。勒梅特将斯里弗测量的星系速度与哈勃的星系距离联系起来，发现星系离我们越远，飞得越快。距离最远的星系移动得最快——就像我的课堂上游戏时排在最外面的那个学生。

谢天谢地。星系的疯狂飞行并不是源于我们银河系特别令人厌恶的属性，所有任何其他星系的观察者都会发现与我们完全相同的事情。与我教室里的墙壁不同，银河系并不是扎根于宇宙的某个地方，也不是歇在宇宙空间的中心，它像其他人一样在宇宙舞厅的喧嚣中移动。整个宇宙的舞池和大厅一起，一直在扩大。

你也许可以这样想象，如果舞池是一个巨大的气球的表面，情侣们将在气球表面跳舞。随着气球的膨胀，舞池的面积越来越大，所有的舞者都会和其他舞者离得更远。只有紧紧抱在一起的情侣才会在一起，就像银河系和仙女座星系。只有对于他们，相互吸引的力量才比宇宙膨胀的力量更强。

勒梅特在 1927 年用法语发表了他的结果，引用了哈勃的距离数据。两年后，埃德温·哈勃用几乎相同的数据用英文再次发表了相同的关系。但对于自己用到的斯里弗的测量结果，哈勃未置一词，对于与他当面交谈过的勒梅特他也没有提到过一句。科学史家和同时代的人说："哈勃在引用时非常有选择性，在他的出版物中没有提到他的同事的工作。"[i] 这是一种委婉的说法。在科学界，唯一的硬通货是同事们的提及和认可；不幸的是，像哈勃这样的行为并不罕见，但它依然是非常不道德的。

科学有时就像荷马的古代英雄史诗《伊利亚特》：比你的事迹和你自己的生活更重要的是事后关于你的故事。哈勃成功地在历史上保留了自己的位置。著名的太空望远镜就是以他的名字命名的，而空间膨胀的规律长期以来只是被称为哈勃定律。直到 2019 年，国际天文学联合会才将其更名为哈勃 – 勒梅特定律。

哈勃 – 勒梅特定律决定性地扩大了宇宙的范围。现在可以用它来测量最遥远的星系的距离了。从那时起，数十亿光年就不再是一个问题。如果人们在银河系的光线中找到了原子的光谱指纹，那么光谱线红移就可以代表它的距离。

阿尔伯特·爱因斯坦根本不喜欢这种新的发展，因为这种膨胀意味着，回溯地看，很久以前整个宇宙肯定被压缩成一个点。同样，与黑洞一样，他的方程式产生了一个时间和空间的奇点。

---

i 参见论文：Emilio Elizalde, "Reasons in Favor of a Hubble-Lemaître-Slipher's(HLS) Law," *Symmetry* 11 (2019): 15, https://ui.adsabs.harvard.edu/abs/2019Symm…11…35E。

宇宙一定有一个开始！勒梅特是第一个敢于提出这个问题的人，并且提出了原始原子的概念。年轻的宇宙就像从一个鸡蛋里出来一样，在几十亿年前从原始原子中产生。

爱因斯坦也不喜欢这样。这听起来不是很像一个牧师的一厢情愿的假想吗？它不是源于《圣经》中的创造概念吗？天主教徒勒梅特受到普遍怀疑。科学家们对他的理论持怀疑态度，有些人甚至嘲笑他的模型是"大爆炸"。所以这个词最初是贬义的，但因为最后它背后的想法确实成立，所以它仍然在使用。在德语中表示"大爆炸"的词汇是"Urknall"，意为原初的爆炸，我认为这是一个更合适的表述。

在一次长谈中，勒梅特试图说服爱因斯坦静态宇宙并不可行。但在很久很久之后，大爆炸理论才被完全接受。我在还是年轻的科研人员时，也遇到过断然拒绝"大爆炸"思想的老牌名人。"随着大爆炸，造物主从棺材里跳出来了"，他们担心。但现在，历史正在不同的背景下重演。在哥白尼和伽利略的时代，梵蒂冈拒绝新的世界观，而到了勒梅特的时代，教皇庇护十二世则在1951年成了新的膨胀宇宙理论的首批支持者之一。

据说，一个旧的理论与它的最后一个反对者一起死去，在这个案例中确实如此。今天，尽管大爆炸之谜仍未解开，但动态、膨胀的宇宙已被科学家们完全接受。

射电天文学的曙光

几千年来，人们只能用肉眼来观看天空。从17世纪开始，光学望远镜开始发挥作用。然而，九十年前，一种全新的技术出现了。它在很短的时间内彻底改变了探索空间的方式。当卡尔·古特·央斯基在 1932 年发现宇宙无线电信号时，观天的方式立即和以往彻底不同了。人类第一次不是用"可见光"，而是使用来自电磁波谱其他部分的光线"看到"了这个宇宙。天文学家们因此进入了全新的领域，但他们首先必须适应这个领域；许多人对这个新的领域嗤之以鼻。在很长时间后，这门新学科才被接受为天文学的一部分，并确立为射电天文学。新学科的研究仪器被认可为一种望远镜（射电望远镜）也颇费了番工夫。光学望远镜的成像部分一般由镀膜玻璃制成，而射电望远镜的这一部分由钢制成。

今天，人们可以搜索整个电磁波谱的天空，使用到的波段包括射电、红外线、光学、X 射线和伽马射线。能量最低的是射电波，其振动频率在 0.01 千兆赫左右，波长有房子那么大。而在高能量一端是振荡频率为千亿千兆赫的伽马射线，它的波长不到原子尺度的一亿分之一。1 千兆赫相当于每秒 10 亿次的振荡；WiFi 传输就是用的这个频率。可见光的振荡频率为 500000 千兆赫。因此，人们可以把宇宙中的辐射比作宇宙的交响乐，每种辐射的频率都对应着光的"音阶"上的一个音。人类目前掌握的仪器可以覆盖 63 个八度的频率范围，这相当于一个几乎 12 米宽的钢琴键盘。然而，在射电天文学出现之前，我们只能听到可见光的音乐，只有一个八度。有了射电望远镜，极低的音符被逐渐加入，使宇宙有了全新的声音。当用射电波段的光观天时，充满天空的就不再只是星光，还突然闪耀起黑洞和大爆炸的光芒。后来，X 射线和伽马射线望远镜为天文学增添了高音。

这一类新型天文学的突破始于第二次世界大战之后。这个时间点并非巧合，因为空战刺激了雷达技术的发展。必要的技术有时偏偏是战争的屠戮促成。尽管射电天文学如此迷人，我们决不能忘记其苦涩的起源。战后，无线电天线、碟形接收机和发射器大量出现，天文学家之间开始了一场竞赛。

在随后的几年中，战争时期的工程师为雷达设施所建的巨大的无线电天线主导了研究。在英国，一群前皇家空军成员在伯纳德·洛弗尔（Bernard Lovell）的带领下，开始在焦德雷班克建造一台直径 76 米的巨型望远镜。由于计算错误，这个项目的规模完全不符合预期目的，遇到了财政困难，洛弗尔甚至担心自己会被关进监狱。但是，1957 年的"斯普特尼克危机"拯救了这台望远镜，因为该小组是整个英国唯一能够接收和解码来自苏联这颗世界首个卫星的无线电信号的机构。当然，他们用于破译苏联卫星信号的并不是自己一开始设计的天线，而只用到了一根简单的电线。

荷兰人也开始在这种新的频段下探索天空。他们首先从一个德国雷达系统开始，然后在德文格洛（Dwingeloo）建造了一个 25 米口径的望远镜，用来测量"亨克"·范德胡斯特预测的氢的 21 厘米波射电辐射。

澳大利亚在新南威尔士州帕克斯小镇附近建造的一个直径为 64 米的无线电接收天线创造了历史，它的科学团队付出了极大的努力，成功接收了阿波罗 11 号登月任务的第一批电视图片。

20 世纪 70 年代，德国射电天文学家在当时的西　首都波恩旁偏僻的埃菲尔斯伯格村（Effelsberg）建造了世界上最大的移动式射电望远镜，直径达 100 米。作为运营该仪器的马克斯·普朗克射电天文研究所的博士生，我在那里进行了我的第一次射电天文观测。

有一台射电望远镜甚至更大，即位于波多黎各的阿雷西博天文台的 300 米天线，它在 20 世纪 60 年代已经由美国国防部建成，后来移交给了天文学家。它建在一个山谷盆地里，完全不能移动。因此，人们只能使用它观察到天空中的一小部分。该设施因詹姆斯·邦德电影《黄金眼》（*GoldenEye*）而闻名，在电影中，它被灌满了水。在 2020 年，该望远镜的承重钢缆断裂，砸毁了望远镜，它从此宣告报废。

大约同一时间，美国人还建造了一个直径为 90 米的可移动射电天线。它位于西弗吉尼亚州一个非常偏远的农村地区"绿岸"（Greenbank，又译"格林班克"），该地区被划为无线电静默区。今天，这个地方很受欢迎，尤其是那些害怕无线电辐射的人。在 20 世纪 90 年代，由于材料疲劳，该望远镜在一夜之间倒塌了。一位来自波恩的同事[i]在前一天拍摄了望远镜的最后一张照片，并在第二天早上拍摄了废墟的照片。虽然我们天文学家并不迷信，但从那时起，每当他掏出相机时，每个人都会有点紧张！

绿岸望远镜已重建，其现在的直径实际上比德国的 100 米埃菲尔斯伯格射电望远镜大一米。我一直不太理解多出一米的科学理由，但很明显，这项技术已经到达了它的极限。没有人想要或能够建造更大的望远镜。

尽管如此，我们天文学家迫切需要更大的设施来制作更清晰的图像。望远镜的图像分辨率取决于光的波长和天线的直径：望远镜越大，它能看得越清晰。但随着波长的增加，图像也会变得更加模糊。射电天文学的工作波长比光学天文学要长得多，所以

---

i Richard Porcas 是最后一个拍摄到绿岸的 90 米口径望远镜的人。这张照片长期以来一直被挂在波恩的马普射电天文研究所（MPIfR）的走廊里。

埃菲尔斯伯格的 100 米望远镜看得并不比人眼更清晰。你不能用它看到一个黑洞。如果你想获得清晰的图像，你必须具有更宏大的计划。解决办法来自射电干涉技术。这涉及将几个望远镜连接在一起，等效于一个巨大的望远镜。

第一次成功的射电干涉测量是在第二次世界大战后由澳大利亚人鲁比·佩恩－斯科特（Ruby Payne-Scott）进行的。虽然她只有一台天线，但她把海面作为一个额外的射电反射镜。1964 年，英国人马丁·赖尔（Martin Ryle）在英国建造了 1 英里射电望远镜（One-Mile Telescope），并因成功地将三台射电天线相互连接起来形成一个大型望远镜而在 1971 年获得诺贝尔物理学奖。其他射电天文学家进一步完善了赖尔的原理，以获得更清晰的图像。在荷兰，一个由 14 台 25 米天线组成的网络建在原韦斯特博克集中营的遗址上。而在美国的新墨西哥州建起了甚大阵（VLA），该阵列总共有 27 个抛物面镜，它们可以在 36 千米范围内以各种队形排布。每个单独的天线都有 25 米的口径，最终使 VLA 科学家能够使用一个实际等效口径比整个波士顿市还大的望远镜。几十年来，它是天文学的所有领域中产量最高的仪器之一。

最终，天文学家将世界各地的射电望远镜都连接在一起，以达到建立与地球一样大的设施，提供最清晰的天文图像。这项技术在英文中有一个啰唆的全称，即甚长基线干涉测量法（Very Long Baseline Interferometry），但天文学家通常将其简称为 VLBI。"甚长基线"之所以有这样的名字，是因为该技术中需要协作的望远镜有时相距甚远。具有环球尺度的望远镜都是用这种技术组合出来的，也正是用这种技术，我们最终成功地捕捉到了黑洞的图像。

发现宇宙"巨怪"——类星体

通过射电天文学，天文学家们取得了全新的发现。仿佛他们在触觉、嗅觉、味觉、视觉和听觉之外，还意外地拥有第六感。很快，他们开始系统地搜索天空中的射电源。突然间，天文学家们发现了数以千计的新天体，而没有人知道它们到底是什么。起初，他们认为它们一定是恒星。它们还能是什么呢？

在澳大利亚，约翰·博尔顿（John Bolton）从梅西叶天体M87的方向拾取了射电辐射，并声称它是我们银河系的一部分，尽管他私下认为 M87 自己就是一个星系。由于害怕被打入另册[i]，他不敢告诉他的同事这个射电信号是跨越数千万光年的距离到达我们这里的。因为如果一个物体是如此遥远，这种射电辐射要有多强？什么天体，什么星系，什么太空中的神秘物体能产生如此高的辐射量？这种想法太激进了。

仅仅十年之后，博尔顿的恐惧就消失了，而所谓射电星系的存在早已被接受，其中有 M87 和天鹅座 A 星系。如果不怀疑哈勃－勒梅特定律的话，天鹅座 A 星系距离地球的距离必须达到惊人的 7.5 亿光年。巨大的兴奋在天文学家中蔓延开来，因为这种仅仅利用了几年的射电光，使人类能够看到太空的最深处，同时也看到了宇宙的过去。

来自剑桥大学的研究人员编制了一份包括所有射电源的大型目录。第一个版本的目录仍然太小，第二个版本包含许多错误，但第三个版本，称为 3C，构成了许多研究的基础。新的射电星

---

i 参见文章：Ken Kellermann, "The Road to Quasars" (lecture, Caltech Symposium: "50 Years of Quasars," September 9, 2013), https://sites.astro.caltech.edu/q50/pdfs/Kellermann.pdf。

和射电星系一如既往地被简单编号。但没有人对究竟是什么造成了射电辐射有哪怕是模糊的概念。这些神秘天体的形象仍然极其模糊，对其位置的确定也极其不精确。人们发现，辐射本身是由几乎是光速的电子产生的，这些电子在宇宙磁场中被偏转。这个过程从被称为同步加速器的地面粒子加速器中得知，因此这种射电辐射被称为同步加速辐射。

一些射电源被拉长了，看起来像哑铃，其他的看起来似乎很小，是像恒星一样的点。当改变波段时，在天体 3C 48 的位置确实在可见光中检测到了类似于恒星的东西。然而，对这些假定的恒星的光谱分析提供了更多的问题而不是答案：天体 3C 48 显示了未知波长的发射线。光线中的"条形码"无法分配给任何已知的元素。在太空中发现了一种新的元素吗？

约翰·博尔顿和他的合著者杰西·格林斯坦（Jesse Greenstein）曾短暂地考虑过这是否可能是来自氢的红移光，但即使是这样也显得过于极端。因为这样的话，这个物体就必须在 45 亿光年以外的空间。"人们都说我是激进分子，我害怕再和极端的想法沾边。"格林斯坦后来说。

反对难以置信的长距离假说的最有力的论据是：光点在短短几个月内就急剧改变了它的亮度。它不可能是一个星系！毕竟，相隔数十万光年的数十亿颗恒星怎么可能总是在时间上一起变化，以至于它们共同的光在一个月内几乎同时变得更亮或更暗？

想象一下，如果地球上所有 80 亿人都拍一次手，我们永远不会听到短暂而清晰的一声巨响，而只会听到低沉而持久的咕隆声，因为声音会从地球的各个角落传播，但永远不会同时到达接收器。

至少，可以从声音持续的长度和声音的速度来估计声源的大小。声音时长越短，它所来自的空间一定越小。如果我听到一秒钟长的拍手声，那么所有的人一定是坐在一个体育场里，因为那里的大小只相当于大约一秒的声音能够走过的距离。当然，更小的场馆也可以。对于不同的光源也是这样的。如果它们在一个月内有变化，就不可能比光在一个月内走过的距离大。这个距离比太阳和最近的恒星之间的距离小得多。因此，3C 48 必须是一颗恒星，不然还能怎样呢？

研究人员随后将注意力转向目录中下一个最亮的射电源：3C 273。为了确定它的确切位置，澳大利亚帕克斯天文台的射电天文学家从月亮那里借了个巧妙。月球的轨道恰好与这个类星体在天空中的位置交叉。当地球的这颗天然卫星在射电源前面移动时，信号会在巨大天线的接收机上短暂地消失。这就像日食一样，只是在这里，月亮遮挡的是神秘的射电天体而不是太阳。

在射电信号消失的确切时刻，天文学家可以得到该天体的第一个坐标：这个位置一定是在月球前缘的某个地方。当月球转过3C 273，射电信号再次出现时，第二个位置坐标也有了。由于天文学家知道月球的大小和确切位置，他们可以利用两个坐标的交点来计算 3C 273 的确切位置。

顺便说一句，虽然 3C 273 是天空中最亮的射电源之一，但在手机的频段上，它的亮度只有放在月球上的 LTE 手机的 5 倍（此数据从地球上测量）。知道了 3C 273 的位置，帕萨迪纳加州理工学院的荷兰天文学家马尔滕·施密特（Maarten Schmidt）就用帕洛玛山望远镜搜索了该区域。他在室女座发现了一颗相当明亮的恒星，其亮度足以让今天的业余天文学家用一台差不多够用的望远镜找到。施密特立即记录了这个恒星的光谱。它的"条形码"同样异乎寻常。6 个星期后，他终于从光谱中辨认出了一组模式：确凿无疑，这一组是氢的谱线。发出这样的光谱的天体一定是在几乎无法想象的 20 亿光年之外。然而，宇宙的膨胀将光线拉得很长，使它的波长红移了 16%，出现在了一个没有人想到的地方。

因为数据是如此之好，施密特大胆地发表它们。他可能并不知道这颗宇宙之星应该是什么，但这没什么大不了的。毕竟，这个天体只是看起来像一颗恒星，但很可能不是恒星。由于缺乏更好的术语，他干脆把它称为"类星射电源"或 QSR。在天文学家的俚语中，它有了一个俗称叫"类星体"。施密特后来说："就像眼前的百叶窗忽然揭开了一样，我们意识到一颗恒星不是恒星。"[i]

我们今天很难想象这一发现所引起的兴奋。可见的宇宙的地平线再一次巨大地扩张，宇宙真的爆炸过。

整个宇宙似乎都在随着时间的推移而变化和发展。100 亿年前是类星体的时代。那时是类星体活动的高峰。类星体的数量在宇宙的前 40 亿年里迅速增加，照亮了整个宇宙。在随后的时期，类星体又接连灭绝了。

但 3C 273 究竟是什么？结论是戏剧性的。如果在如此巨大的距离上仍能在地球上看到 3C 273 如此明亮的光芒，那么它必须比通常的一整个星系的亮度大 100 倍。而如果这颗像恒星一样的光源的闪烁周期在几周和几个月之间，那么它的尺度不可能比一个光月大多少——可能只有一个太阳系那么大。

天文学家们恍然大悟，那么 3C 273 一定是一个非常邪恶的

---

i 参见讲稿：Maarten Schmidt, "The Discovery of Quasars" (lecture, Caltech Symposium: "50 Years of Quasars," September 9, 2013), https://sites.astro.caltech.edu/q50/Program.html。

地方。这个家伙发出了难以想象的巨大能量。而所有这些能量都来自宇宙中一个相对较小的点。在这么小的空间里，怎么能产生这么多的能量？不管这些类星体可能是什么，最初，连最聪明的天文学家都对它束手无策。在天体物理学中，还没有人遇到过这样的巨无霸。

一些科学家很快就想到了宇宙中最伟大的力量——引力。如果某样东西发出如此耀眼的光芒，它的质量一定大得无与伦比。阿瑟·爱丁顿爵士最初在研究恒星时讨论了这个课题。由于光也会施加压力，如果一颗恒星发出的光太多，它就会爆裂——就像气球吹得太鼓就会爆裂一样。鉴于其自身的亮度，只有极为巨大的引力才能将这样一个如此明亮的天体束缚在一起。

如果用爱丁顿的方法来计算维持一个类星体所需的最小质量，结果是几乎有 10 亿个太阳那么多。这让人抓狂。几十亿个太阳的光和几十亿个太阳的质量有可能塞进一个太阳系的空间里吗？

在发现类星体的 6 年后，英国天体物理学家唐纳德·林登－贝尔（Donald Lynden-Bell）对解决这些矛盾有了想法。如果在星系的中心有超大质量的黑洞呢？不是那种由单个超新星产生的小型恒星黑洞，而是数十亿恒星的尸体融合成的超级巨无霸。这样的天体就可以释放出如此多的能量，而不会同时被撕碎。而且它的体积也足够小。另外，英国数学家、理论物理学家罗杰·彭罗斯（Roger Penrose）也已经证明了，广义相对论可以直接推导出黑洞的形成。

但一个巨大的黑洞怎么会有辐射呢？它不应该是黑色的吗？是的，黑洞本身是黑暗的，但被它吸引并即将消失在其中的气体却不是。事实上，这些气体正携带着巨大的能量向黑洞急速飞去，被引力能、角动量和磁摩擦所加热。黑洞在这方面的效率令人难以置信，因为它们把一切都加速到几乎是光速。

让我们想象一个拳头大小的金属地掷球。如果我们把它扔向球场，它就会砰然落地，并留下一处凹陷。如果我们把同样的球放进大炮里，以每秒1000米的速度发射，球能穿透墙壁。如果我们把这个球扔向黑洞，它的速度几乎达到光速，又会发生什么？它的速度将是大炮射击出来的球的30万倍。但由于动能随速度的平方增加，现在它会比之前多近1000亿倍的能量[i]。这样一来，地掷球的总能量将达到约100亿千瓦时。一个这样的球的冲击能量可以为德国300万个家庭提供一年的能源。

这听起来难以想象，但黑洞可以做到这一点。当灰尘和气体进入黑洞的引力范围时，就会产生一个由气体和磁场组成的湍流盘，即所谓的吸积盘，就像在年轻恒星的形成过程中一样。而这个巨大的漩涡绕着黑洞飞驰，其内边缘的速度只比光速稍慢。气体由于磁摩擦而加热，并发出耀眼的光。这个所谓的"黑"洞像一颗明亮的蓝星[ii]一样发光。一小部分流向黑洞的热等离子体被磁场射入太空，形成巨大的发光喷流（它们的外观也确实类似于飞机的尾迹）。这样看来，只有少数幸运的粒子成功地逃离黑洞，做到了所有其他粒子做不到的事情。和日冕中的情形类似，这些粒子被磁场加速，并发出明亮的同步辐射。我们在射电望远镜中看到的类星体正是这些磁化喷流。这些炽热的喷流方向对准我们，不断发出射电辐射。

---

i 在非相对论情况动能随速度的平方增加，对相对论性运动并非如此。不过，作者在这里的粗略估计依然是大致正确的。——译者注

ii 蓝星（blue star），是一类最为明亮和炽热的恒星。——译者注

这类引力漩涡及其喷流的效率是巨大的，比恒星中的核聚变高 50 倍。因此，黑洞是宇宙中最有效的发电厂。我们可以留着地掷球，而把一升水倒入黑洞，等同为一个数百万人的城市提供一年的能量。我有水，但不幸的是，我仍然缺少一个触手可及的黑洞。否则，人类所有的能源问题都会一下子得到解决。

类星体无比饥渴。它们每秒钟吞噬的水量相当于地球全部水量的 45 倍，相当于每年吞下整个太阳的质量。黑洞的运作方式也不太讲究可持续性。黑洞吞噬的水无法回收再利用，消失了就是消失了。一个黑洞是极其自私的，每吃一口，它只会变得更重、更大、更有吸引力、更具威胁性。

那么，通过 3C 273，天文学家就间接地发现了第一个黑洞。但是，科学界里并不是每个人都认可黑洞存在的假设。几十年过去后，这一理论才能成为范式。那时，一些人认为类星体是由星系喷出的恒星物质。对今天的天文学家来说，这些都是离奇的理论，但它们确实被讨论过，因为通往最终证明的道路还很漫长。

测量大爆炸

在发现类星体的同时，我们对整个宇宙的理解也开始迅速提升。1964 年，阿诺·彭齐亚斯（Arno Penzias）和罗伯特·伍德罗·威尔逊（Robert Woodrow Wilson）开始在贝尔实验室用电信天线聆听天空的无线电噪声。该天线类似于一个超大的监听管。一开始，他们对天线里传来的东西一点也不满意，因为从各个方向他们都收到微弱的、持续的干扰性噪声。他们检查了所有的电缆，赶走了鸽子，清理了天线上的鸽子粪便——但嘈杂的信

137

号仍然存在。最后，他们得出结论，存在宇宙微波背景噪声，因为辐射均匀地来自太空。假如有一块横跨整个天空的黑色不透明幕布，那么它发出的热辐射将与之完全对应。在绝对开尔文温标上，它的温度大约是 3 开尔文。这相当于零下 270 摄氏度，仅比绝对零度高 3 摄氏度，在这个温度上什么都动弹不了！这就是为什么宇宙微波背景辐射被称为 3K 或 3 开辐射。它是大爆炸火球的残余物。彭齐亚斯和威尔逊后来因此获得了诺贝尔奖。

在宇宙的早期阶段，空间充满了极热且不透明的气体。质子和电子疯狂地飞来飞去。但宇宙随着膨胀越来越冷。大爆炸后 38 万年，宇宙只有大约 3000 开尔文的温度——就像烧红的钢铁一样热，但冷到足以让质子以其电磁吸引力捕获电子并形成第一个原子。现在，空间成为氢原子的海洋，而且变得透明。

之前像小天线一样散射所有光线的自由电子，突然被困于原子中；电子帷幕被撤在一边，光线重获自由，此后一路畅通无阻地照向我们。随着宇宙的扩张，我们离这些光越来越远了。现在到达我们身边的光波在其 138 亿年的宇宙膨胀马拉松过程中被拉开了 1000 倍，并从那时起一直在变冷。我们现在收到的不是对应 3000 开的波，而是超冷的 3 开辐射。大爆炸的热辐射在到达我们这里时已经变得冷若冰霜。但通过它，我们回望宇宙的原始时代，当时的宇宙就像一个坚不可摧的、比炼钢炉更热的大锅。我们不能看到更久远的过去，也不能看得更远。宇宙微波背景的发现出乎很多人的意料，后来成了大爆炸模型的决定性证据：我们所看的正是空间和时间的开始。

在 20 世纪 90 年代，COBE 卫星 [i] 极其精确地测量了宇宙微波

---

i 即"宇宙背景探测器"（Cosmic Background Explorer）。——译者注

辐射，发现了辐射强度的微小起伏。它们是由原始的氢海中的涟漪造成的。这些涟漪就是之后的第一批超级团块的前身。在宇宙进一步的历史进程中，这些巨大的团块凝聚成了星系和星系团。利用美国航天局 WMAP[i] 和欧空局的普朗克卫星，以及许多其他实验，这些日后形成当今星系的种子现已得到详细测量，使我们对宇宙的历史和结构有了细致入微的了解。

事实上，在 20 世纪 80 年代末以来进行的大尺度巡天观测中，天文学家发现宇宙中的星系并不是均匀分布的，而是呈丝状结构分布，或是聚集于大型星团中。因此，星系比你想象的更有群居性和吸引力，经常一大伙堆在一起。

当然，这些星系团中的星系并不是静止不动的，而是在引力的影响下四处走动、打成一片。它们经常以每秒超过 1000 千米的速度互相追逐。在数十亿年的时间尺度上看，星系也像活泼的鱼群一样在移动：有时甚至是两个或三个星系相互融合，形成一个新的更大的星系，并呈现出一个巨大的球体或粗大的雪茄的形状。我们称它们为椭圆星系；M87 星系就是其中之一。然而，由于星系内部的恒星相距甚远，它们几乎从未发生碰撞，只能感受到其他恒星的引力。

重型星系下沉到星系团的中心，体积增大。它们的黑洞也会合并。因此，最大和最重的星系往往位于一个星系团的中心，并承载着宇宙中最大的那一类黑洞。它们是巨人中的巨怪。这也是 M87 在室女星系团中心形成的过程（室女星系团是我们附近最大的星系团）。综上所述，在宇宙中的所有超级重量级的星系和黑

---

i 即"威尔金森微波各向异性探测器"（Wilkinson Microwave Anisotropy Probe）。
　——译者注

洞中，M87 是离我们最近的一个。

不过实际上，这些星系移动得太快了。早在 1933 年在加州理工学院做研究时，瑞士天文学家弗里茨·兹威基（Fritz Zwicky）就注意到这一点了。星系中的恒星的引力不足以将星系固定在原地——事实上，恒星应该向各个方向分散开来。但它们并没有这样做。所以，一定存在某种神秘的力量在阻止它们、压制它们。如果这种力量是引力，那么在那里一定有一些看不见的神秘暗物质，而且它们的质量还比我们知道的正常物质多出 5 到 10 倍。

在 20 世纪 70 年代，天文学家维拉·鲁宾（Vera Rubin）利用光学望远镜和多普勒效应来测量星系的移动速度。它们的旋转速度似乎比理论上预计的要快一点。在用韦斯特博克的新射电干涉仪调查了这一现象时，荷兰科学家阿尔伯特·博斯马（Albert Bosma）也证实了这一点。通过射电望远镜，他看到了尚未形成恒星的气体，这些气体比用光学望远镜看到的星系延伸得更远。但是，同样地，一切都旋转得太快了。星系中必须充满暗物质。没有它，星系无法维系，而是会像中餐馆里的转桌一样，转得太快时，上面的汤碗就会向外飞散。

时至今日，我们还不知道暗物质是怎么回事。一些天文学家认为该理论是无稽之谈，声称它根本不存在。他们说，相反，引力定律在银河系范围内根本就是错误的。然而，大多数天文学家现在认为，暗物质是由一个尚不清楚的基本粒子族组成的。

在 20 世纪 90 年代，系统性巡天测量得到了全天区的超新星亮度数据，但事情却变得让人更加摸不着头脑了。测量结果显示，超新星的光芒远没有人们根据宇宙膨胀和哈勃－勒梅特定律所预期的那么亮。超新星比我们估计的距离更远吗？如果是这样，宇宙的膨胀速度就得比之前估计的要快。从那时起，暗能量也成为我们物理天文学世界观的一部分：一种未知的、神秘的能量，正在推动宇宙越来越快地膨胀。起初，这种黑暗的力量已经作为宇宙学常数隐藏在爱因斯坦的方程里了，但后来，他又把它作为他"最大的愚蠢"抛弃了。

对宇宙的最新模拟和测量证实，在宇宙的所有物质中，大约85%属于暗物质；15%是正常物质，即我们所熟知的所谓重子物质。此外，暗能量中的能量比暗物质和正常物质加起来的能量多一倍以上。毕竟，根据爱因斯坦的著名公式 $E=mc^2$，质量等价于能量。因此，宇宙总能量中只有百分之五是以我们在地球上所知的物质形式存在的（即元素周期表上的原子和元素）。对其余绝大多数能量的来源，我们简直两眼一抹黑。

天文学家也经常把这一发现描述为另一场哥白尼革命：人不在宇宙的中心，也不在银河系的中心，也不在我们的太阳系的中心。论及构成的物质，他和他的全部世界相对于整个宇宙来说，也堪称异类。但我更愿意反过来看：这说明我们是由非常特殊的纱线编织而成的。

暗物质、暗能量与黑洞没有直接的关系，尽管它们可能看起来同样神秘和黑暗。然而，暗物质当然可以落入黑洞，并导致其增长。这可能只发生在非常小的范围内，因为暗物质非常稀薄，广泛分布在星系的中心。暗能量也只能在宇宙的大尺度上读取，原则上不应该改变黑洞的结构——就像一股空气不可能在短期内真正推倒珠穆朗玛峰，尽管地球上的整个空气质量比那座山重10000倍。然而，暗能量和暗物质的未知性质给我们指出了我们对物理学理解的差距。一个将暗物质和暗能量考虑在内的新的空间和时间理论也可能改变黑洞的方程式。

第三部分
为黑洞拍照

通往事件视界望远镜获得第一张黑洞照片的旅途中的个人经历。

7
银河系中心

迷人的垃圾槽

　　我的童年是在科隆的南城区（Südstadt）附近度过的。这个地方只要走十分钟就能到科隆大学的物理研究所，现在到处都是学生。长大后，我会在这个研究所里选修我人生中的第一门课，甚至还当过一段时间的临时讲师。但在我小的时候，我的世界是我们家门口的人行道。那里总有一帮孩子在玩耍。那时的街道上铺的还是鹅卵石，而每周的亮点是穿着橙色工作服的垃圾工。他们灵巧地将大垃圾桶从后院滚过中间的小道，再滚到大厅里的大垃圾车上。我毕生的愿望就是成为一名垃圾工，好去驾驶那些装着巨大的垃圾桶并吞下垃圾的卡车。人只需要一个杠杆就可以移动如此强大的机器，这让我着迷。我的职业愿望很明确：有压倒性的大型机器就行！

　　后来我决定学习物理学，还打算把黑洞作为毕业论文的主题。这样的选择与童年时的向往惊人地相似。黑洞是宇宙的垃圾槽，具有难以置信的吸引力——不仅对恒星，而且对年轻的大学生也是如此。我跟从彼得·比尔曼（Peter Biermann）教授写了我的硕士论文。他对学生的态度特别人性化，还总是有疯狂的想

145

法，喜欢和我们讨论。比尔曼了解整个世界，经常旅行，知道哪些是天文学中的热门话题。更重要的是，他的多次出访使我们可以不受干扰地工作！我自己的博士生现在已经非常了解这种感觉——我也经常旅行。然而，比尔曼仍然是一个老派的物理学家，他可以用一支粉笔迅速将所有重要的计算和估算写在黑板上，也可以口算对数。他的父亲路德维希·比尔曼（Ludwig Biermann）曾是慕尼黑马克斯·普朗克物理学和天体物理学研究所的主任，并在太阳磁场方面做出过重要的贡献。维尔纳·海森堡和奥托·哈恩[i]（Otto Hahn，当时年轻的比尔曼只叫他"奥托叔叔"）等名人都曾在比尔曼家做客。

然而，我初次领略黑洞的吸引力并不是在课堂上，而是在阅读《科学之声》（*Spektrum der Wissenschaft*）杂志的一篇查尔斯·汤斯（Charles Townes）和赖因哈德·根策尔（Reinhard Genzel）的文章时。在这篇文章中，作者推测在我们的银河系中心也可能存在一个超大质量黑洞[ii]，其质量约为 200 万个太阳质量。

我的心立即被抓住了，因为这篇文章让我意识到，现在的天体科学领域中有很多令人兴奋的事情正在发生。我对粒子物理学也很感兴趣，但当时，在这一领域并没有什么进展。人们能做的无非是建造大型加速器，但要想看到工程完成的结果，却又得再等个几十年。在我们的银河系中心有一个黑洞——这个有点神秘的想法立即吸引了我。

---

i 德国放射化学家和物理学家，曾获 1944 年度诺贝尔化学奖。——译者注

ii 原文见：Charles H. Townes and Reinhard Genzel, "Das Zentrum der Galaxis," *Spektrum der Wissenschaft*, June 1990, https://www.spektrum.de/magazin/das-zentrum-der-galaxis/944605。

另一个动机是，引力是最后一种不被理解的力量。它坚定地抵制任何与量子物理学和其他自然力的统一。引力是通向统一理论道路上的巨大绊脚石。当然，我也不知道统一理论长什么样，但留意一下也无妨。也许我可以为物理学的大厦添一块小砖。在计划建房时，知道你想建什么样的房子有很大帮助。职业规划也不例外：你需要知道你想去哪里。我的想法是，如果有什么令人兴奋的事情发生在任何地方，那肯定是在黑洞的边缘。

那是一个冒险的时代。我搬到了波恩的马克斯·普朗克射电天文研究所，在那里我和另外两名同事挤在一间狭小的单人办公室里。我们的一张桌子甚至凸到了走廊上。在我做毕业课题的研究时，彼得·比尔曼向我提出了一个理论问题：我们都知道恒星会发出星风，类星体的吸积盘是否也会向太空发射类似的东西？这种相似性其实是非常令人震惊的：超大质量黑洞周围的旋转物质盘具有与炽热、扁平的恒星类似的特性。这样说来，光的高辐射压力应该吹走圆盘的外层。在极热的恒星上，这一类极端的风可以将大量的物质抛入太空。在黑洞周围，人们还必须考虑到光会被空间的曲率所偏转和聚焦。因此，我计算了气体在类星体的光线下是如何移动的，以及其中心的黑洞是如何偏转光线的。

这个话题果然很有趣，而且后来这个效应真的被发现了；但在那时，这纯粹是理论上的噱头。1992 年，我以同一主题开始了我的博士论文。亚利桑那州斯图尔德天文台（Steward Observatory）台长、我论文导师的好同事彼得·斯特里特马特（Peter Strittmatter）有次来拜访我们，计划与波恩的团队一起在亚利桑那州建立一个新的亚毫米波射电望远镜。我自豪地向他介绍了我的项目。他有礼貌地听着，忍住了呼之欲出的哈欠。我的话题似乎没能吸引任何一个人。

不管怎么说，1992 年是令人兴奋的一年。在这一年里，我的生活有了新的方向。我们的女儿见到了这个世界，在银河系的中心，一个新的世界也突然变得清晰可见。

银河系的黑暗之心

差不多在发现类星体和提出黑洞的概念的同时，人们就已经在更深入地思考它们背后的东西了。如果在数十亿光年之外，在宇宙早期的动荡年代，在星系的中心已经有了巨大的黑洞，那么它们肯定不可能这么容易就消失了？如果有一些星系有黑洞，为什么其他星系不应该也有黑洞？

天文学家很快注意到，在我们附近的一些离我们仅 5000 万光年的星系也发生了奇怪的事情。这些星系的核心似乎正在放射出明亮的光芒，喷出在射电波段非常醒目的等离子体。发光的热气体正围绕着它们的中心旋转。这些不同凡响的星系从 20 世纪 40 年代起就为人所知，并以其发现者的名字命名为赛弗特星系（Seyfert galaxy）。这一切的背后也是黑洞在捣鬼吗？在 20 世纪 70 年代和 80 年代，天文学家们编制了一整套名录，把所有他们怀疑有中心黑洞的星系都写了进去。这类天体都被称为活动星系核（AGN）。那时候，这一整个研究领域都生气勃勃。在我们自己的银河系中心是否也有这样一个大质量怪物？

英国天体物理学家唐纳德·林登-贝尔和马丁·里斯（Martin Rees）早在 1971 年就准确地提出了这个猜想，并且预测，跨大洲级别的射电干涉仪（即 VLBI 实验）可以探测到诸如银河系中心黑洞这样的紧凑的射电源。

射电天文学家立即着手寻找，仅仅三年后，布鲁斯·巴利克（Bruce Balick）和罗伯特·布朗（Robert Brown）利用西弗吉尼亚州绿岸的射电干涉仪，在我们的银河系中心确实发现了这样一个物体。他们以一线之差击败了格罗宁根大学的罗恩·埃克斯（Ron Ekers）和米勒·戈斯的团队。埃克斯和格斯的团队将来自加利福尼亚欧文斯谷的干涉仪的数据与来自荷兰韦斯特博克前集中营遗址的全新射电干涉仪的数据结合起来，同样确认了这个神秘的射电源的发现。

　　这个新发现的射电源位于一个被称为人马座 A 的区域中间，该区域被认为是银河系的心脏区域，也就是所谓银心。人马座 A 是人马座中最亮的射电源，第二亮的叫人马座 B。在巴利克和布朗发现的几年后，各种文章里一提到它，还总是称它为"银河系中心的紧凑射电源"。最终，罗伯特·布朗厌倦了这种说法，将其缩写为人马座 A*（Sagittarius A*）——星号只是为了表明这是一个非常令人兴奋的天体。因为天文学家们懒得打字，他们一般会把它进一步缩写，说成 Sgr A*[i]。科学记者们一想到天文命名就会绝望地捂起脑袋，但对我们天文学家来说，这是很自然、很正常的。

　　很快，人们也开始对 Sgr A* 进行 VLBI 测量，希望得到更清晰的图像，但结果却令人大失所望。该物体看起来无聊透顶：一个几乎是圆形的、略微扁平的圆球。想象中的黑洞可不是这样毫不起眼。在接下来的几年里，人们使用了越来越高的频率，冀求获得更清晰的图像，但仍然只能看到一个圆球，不过现在是一个更小的圆球。然后，射电天文学家们恍然大悟：对于射电辐射

---

i　读作"人马座 A 星"。

来说，银河看起来就像一块巨大的磨砂玻璃，模糊了细小的结构。他们只看到了银河系中心发生的模糊图像——银河系盘中的热气体和尘埃遮挡了我们的视线。多么令人失望啊！

这对可见光来说更是如此。我们银河系圆盘中密集的气体－尘埃云不仅像在射电范围内一样散射可见光，甚至完全吸收了它，阻挡了这个幕布后面的所有视线。银河系会永远保持其秘密吗？

在我刚刚开始博士论文时，这层面纱突然揭开了。在一个临时的小型研讨会上，来自德国各地的专家聚集在波恩，报告了他们关于我们银河系中心的最新的、尚未发表的发现。我激动了起来。

1988 年，当时的波恩马普所主任彼得·梅茨格尔（Peter Mezger）和他的合作者罗伯特·齐尔卡（Robert Zylka）领导的小组首次在 1.3 毫米波长处对 Sgr A* 进行了测量。这正是我们后来用于图像的毫米级波长范围。虽然他们只有一台望远镜，无法拍摄到清晰的图像，但似乎 Sgr A* 在那里的辐射出奇地强烈。但更令人惊讶的是，在更高的频率下，在远红外线中，辐射急剧下降，什么也看不到。那么是什么产生了这种毫米波辐射？黑洞附近的超热气体，还是只是更遥远的温暖尘埃云？

在 20 世纪 90 年代，波恩马普所和波士顿麻省理工学院的海斯塔克天文台的小组已经率先开发了毫米波 VLBI 技术。我在波恩的同事托马斯·克里希鲍姆（Thomas Krichbaum）刚刚对人马座 A* 在 43 千兆赫（即 7 毫米）的波长进行了首次 VLBI 测量，并解释了他的全新结果。这些是迄今为止在最短波长下对该物体拍摄的最清晰的图像。射电波段的毛玻璃效应随着较短的波长而呈 4 次方递减。看起来，我们终于可以看清更多的东西，而不仅仅是一个无聊的圆球。在一个方向上，这个圆球凸出了一些。这个凸起是小型等离子体喷流的模糊轮廓吗？就和大型类星体的情形差不多？

然而，小型会议的亮点是来自慕尼黑附近加兴（Garching）的马克斯·普朗克地外物理研究所的赖因哈德·根策尔小组的非凡成果。他与安德烈亚斯·埃卡特（Andreas Eckart）一起，将一台近红外相机对准了银河系中心。人们使用这种相机作为夜视设备，因为通过它们能够看到人眼不可见的热辐射。红外光的波长比我们眼睛看到的光要长得多，但它也更容易穿过我们银河系的尘埃面纱。突然，在中心的黑暗中看到了一些东西——一道亮光。这是黑洞的光辉吗？

这个光点非常模糊，没有焦点，因为地球的大气层扭曲了星光。恒星的光在经过漫长的太空旅行后穿过重重大气时就会闪烁。这种效果在炎热的夏天很常见：空气在加热的沥青路上方上升、闪动并形成条纹，扭曲所有图像。同样地，大规模的扭曲在大气中上演。在地球上，我们的印象是星星在闪动。另一方面，从太空看，它们根本没有闪烁。而这正是空间望远镜对研究如此重要的原因。不过，对于近红外光来说，地球造成的失真作用没有对于可见光来说那么糟糕。

根策尔和埃卡特想出来一个妙招，从此在地球上也能获得清晰的图像。他们不再进行长时间曝光，而是拍了一部银河系中心的"慢动作电影"。这使他们能够捕捉到光斑的狂舞。在每一帧中，恒星就像被冻结了一样，然后在计算机中，他们可以通过巧妙地叠加许多帧来纠正光斑来回的弹跳。这个近红外的圆球变得越来越清晰，分解成了 25 颗单独的恒星。所以，这些光不是来自黑洞。然而，这些微弱的光点中，有一个非常接近射电源 Sgr

A*。这会是人们热切期待的射电源的对应物吗？我们都很兴奋。

长期以来，天文学家在不同的波长范围内寻找黑洞，但一次又一次，被认为是人马座 A* 的东西只是一颗恒星。多年后，事实证明，这个例子也是如此。如果人马座 A* 是一个黑洞，那么它在几乎所有的波长下都是非常黑暗的，唯一的例外就是射电光。

尽管那天会议上的很多内容只是猜想，而且并不完全正确，但我仍然深深感到有些特别的东西正在发生，一扇通往黑洞的新门户打开了。此刻，我们还是通过黑暗的镜子看到它们，但很快会有一天，我们将能够与它们面对面相望。

初步猜测

当我们看到银河系中心的新 VLBI 图像时，比尔曼教授问我的同学卡尔·曼海姆（Karl Mannheim）（他后来成为维尔茨堡大学的教授）和我能否用类似类星体的喷流来解释银河系中心。"你只需要一两个星期就可以了。"他嬉皮笑脸地补充道。这个话题似乎引起了我这位见多识广的博士生导师的浓厚兴趣，甚至连又一次从亚利桑那州来到波恩的彼得·斯特里特马特也开始认真地听起了我的讲话。

所以我把类星体的盘风搁置一侧，投入了人马座 A* 的研究中。两个星期一转眼就变成了三十年，而我仍然没有完成这项研究，再也没能回到我的博士论文的原始课题。

什么是人马座 A*？这是首要的问题。它是如何发光的？它真的是一个黑洞，一个超小类星体吗？但人马座 A* 只是一个微弱的光点！如果把类星体 3C 273 放在我们的银河系中，它的射电核心将比我们现在从人马座 A* 测量的亮度高 400 亿倍。它们俩有任何可比性吗？

我们使用了理论天体物理学泰斗罗杰·布兰福德（Roger Blandford）早在 1979 年与他当时的博士生阿里耶·柯尼格（Arieh Königl）一起开发的一个简单模型，以描述类星体中喷流的射电辐射。然而，我们增加了调节这些等离子体喷流的功率的可能性。可以说，我们给类星体模型加了个油门。

宇宙喷流有点像是飞机上的喷气发动机。对于二者，都是热气体被加速并高速射出发动机。飞行员给的油门越大，这些发动机就越有能量，它们的声音也越大，亮度也越高。在我们的类星体模型中，强磁场塑造了发动机，而能量则由多少物质落入黑洞决定。如果我们只取物质坠落产生的能量的百分之十左右，并将其投入到磁场和喷流中，我们就可以解释类星体中明亮的射电辐射。由于黑洞是相对简单的造物，我们并不认为人马座 A* 应该与它更明亮的兄弟姐妹有根本的不同。

类星体每年吞噬大约一个太阳。现在，如果我们的黑洞吸走的质量是它的一千万分之一，那么能量就足以产生人马座 A* 的射电辐射。因此，我们的银河系中心将是一个禁食的黑洞——这么比较显得有些滑稽，因为即使只有类星体的一千万分之一，这仍然意味着它每年吞噬三个月亮。如果把这样的质量喂给银河系中有数亿个的小型恒星级黑洞，它大概会噎住[i]。

我们还能够说明射电源的大小，因为由于其功率较低，射电

---

i 过多的物质落向黑洞时会产生大量的辐射，使得气体不能被吸积，而是被辐射压吹走。因此得到的吸积质量的最大极限被称为爱丁顿极限。

辐射体小于克里希鲍姆的 VLBI 测量所能够达到的尺度。如果把射电喷流放在太阳系中心，它都超不出地球轨道——与类星体相比，这是一个名副其实的小不点。难怪在 27000 光年的距离上不能看清楚它。

在克里希鲍姆的 VLBI 观测的同时，我们向《天文与天体物理》（*Astronomy & Astrophysics*）杂志提交了我们的理论论文。但还有一些奇怪的事情让我印象深刻。在我们的模型中，射电辐射像彩虹一样发光——不同的射电颜色从不同距离的中心出现。该模型预测，波长越小，其发射源头就越接近黑洞。在 7 毫米的波长，也就是克里希鲍姆刚刚用于测量的波长上，等离子体离黑洞还有一个天文单位的距离，但在 1 毫米波长和更短的范围内，等离子体应该是直接来自事件视界附近。对应彩虹，这将是来自最内环的射电辐射的"紫光"。

梅茨格尔和齐尔卡发现的毫米波辐射是否直接来自事件视界？辐射似乎在更短的波长上断裂的事实支持了这一点。是不是因为气体已经在事件视界后面消失了，所以那里不再有辐射？

我向克里希鲍姆表达了我的怀疑，并询问是否有可能在这些频率下做 VLBI 实验，然后看到事件视界。他微笑着说："是的，我们当然打算这么做，但不幸的是，地球不够大。"

1979 年，马克斯·普朗克协会与法国国家科学研究中心（CNRS）和西班牙国家地理研究所（IGO）一起，在格勒诺布尔成立了一个新的研究所，即毫米波射电天文所（IRAM）。它运营着西班牙的两台新的毫米波望远镜，波恩的马普所在亚利桑那与当地大学一起建造了第三台望远镜。射电天线也许可以连接在一起，进行一些 VLBI 试验。但是，望远镜数目还是太少了，拍不了照。此外，克里希鲍姆说，银河系中心的黑洞以及所有其他黑洞都太小了。即使是像地球那么大的望远镜，也不会锐利到足以看到那些波长的事件视界。"太糟糕了。"我想。但看到黑洞事件视界的想法始终纠缠着我，而且从未彻底放过我。

沉默的大多数

我的博士论文由五篇论文组成。经过两年的拼命努力，我终于在 1994 年夏天以"饥饿洞和活动核"为题完成了论文。是的，"饥饿"的黑洞，因为与流行的看法相反，一般来说，黑洞并不是狂饮滥嚼的贪婪怪物：它们只是温文尔雅地吃完送到嘴边的东西。星系中心黑洞在我们的想象中可能是巨大的，但与整个星系相比，它们只是小鸡仔。而且，就像窝里的小鸡一样，黑洞必须等待食物，并由它们的母星系喂养灰尘和恒星。如果不这样做，它们就会丧失生机，变得暗淡，并停止生长——就像人马座 A*一样。但它们不会死亡。

在我的博士论文中，我曾提出并阐释了这样一个论点，即各种黑洞的密集的射电辐射是由同一原理引起的——磁场作用于吸积盘最内部边缘的热气体，形成了喷流，辐射即产生于这种喷流。向外的喷流和吸积盘的下落气体是紧密耦合的，实际上完全共生。在吸积盘和喷流中吹出的东西之间应该有一个普遍的耦合常数。简单地说，如果没有什么东西掉进去，就没有什么东西出来[i]。

---

i　论文见：Heino Falcke and Peter L. Biermann, "The Jet-Disk Symbiosis. I. Radio to X-ray Emission Models for Quasars," *Astronomy and Astrophysics* 293 (1995): 665–82, https://ui.adsabs.harvard.edu/abs/1995A&A…293..665F。

黑洞将像火龙一样出现在射电图像上。有些是强大的，用它们巨大的喷流吹出伸向远方的火焰；另一些则弱小无力，从它们的喉咙里漏出来的只有一些无精打采的青烟。但几乎所有的黑洞都会产生喷流：在这个意义上，不论是类星体这样的外向的贪食者，还是银河系及其相邻星系的禁食隐士，都是差不多的。是的，甚至小型的恒星级黑洞的射电辐射也可以用这些喷流来解释。只是，需要集中精力关注直接从喉咙处发出的辐射，不要被大型等离子体喷流的巨大火光所刺激。你必须清楚地知道在哪里寻找目标。

最后，我在博士研究中发现，对类星体、恒星级黑洞和银河系中心，适用着同一个物理学机制。或者，用更具有物理学味道的术语来说，黑洞是尺度不变（scale invariant）的，不管是大是小，黑洞在事件视界附近看起来总是基本一样的。黑洞事实上是彻头彻尾的无聊。它们没有头发，没有神经衰弱，也没有痘痘。那么，在望向各种黑洞的邻近区域，特别是直接看向它们咽喉处时[i]，有什么理由会发现什么不同呢？

大多数黑洞都不太起眼。我曾称它们为"沉默的大多数"，因为它们的行为模式与大多数人类一样。很少有人不顾一切，成为古怪的超级明星，过着令人兴奋的生活，并吸引所有的注意力。因此，在 20 世纪 90 年代，在对类星体的炒作之后，对黑洞的关注焦点也转移到了它们在宇宙中的平均形态上。甚至媒体也开始了相关报道。走在这一转变最前面的是哈勃空间望

---

i 参见论文：Heino Falcke and Peter L. Biermann, "The Jet/Disk Symbiosis. III. What the Radio Cores in GRS 1915+105, NGC 4258, M 81, and SGR A* Tell Us About Accreting Black Holes," *Astronomy and Astrophysics* 342 (1999): 49–56, https://ui.adsabs.harvard.edu/abs/1999A&A…342…49F.

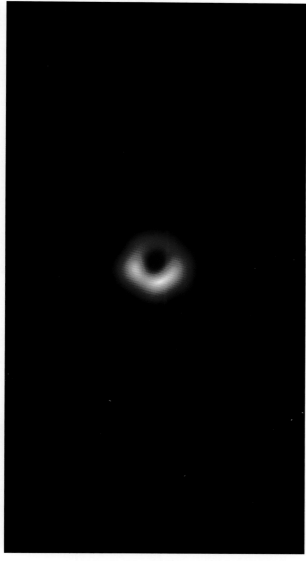

图 1：黑洞 M87* 的图像——这个光环的直径为 1000 亿千米，距离我们 5500 万光年。© EHT（事件视界望远镜）

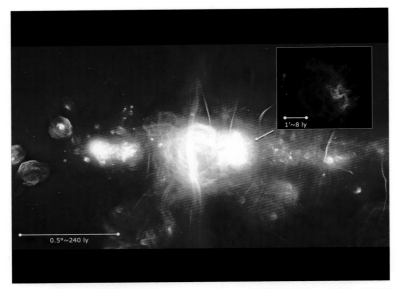

1'~8 ly

0.5°~240 ly

图 2：银河系中心在射电波段的辐射（南非 MeerKAT 望远镜和美国 VLA 拍摄）。我们在 27000 光年外看到银河系圆盘中的热气体和磁场的光芒。中间右侧的小亮点是人马座 A*，银河系的中心黑洞。© 海诺·法尔克，SARAO（南非射电天文台），NRAO（美国国家射电天文台）

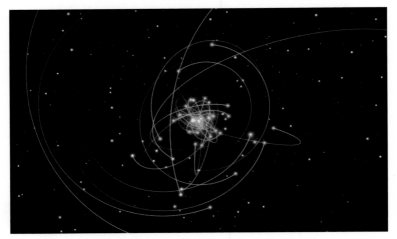

图 3：银河系中心黑洞周围的星体舞蹈。图片基于实际测量的恒星运动的模拟。这些恒星以每秒几千千米的速度围绕着一个点狂奔，这个点就是人马座 A* 的辐射源。© ESO（欧洲南方天文台）

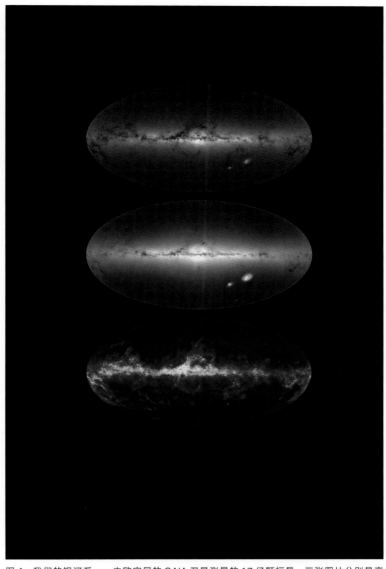

图 4：我们的银河系——由欧空局的 GAIA 卫星测量的 17 亿颗恒星。三张图片分别是亮度（顶部）、数量分布（中间）、星际尘埃（底部）。整个天空尽收眼底。哈勃空间望远镜（HST）拍摄。© NASA（美国航天局）& ESA（欧空局）

图 5：距离 450 光年的原恒星 HL Tauri 周围的尘埃环。在这里，一个新的太阳系正在形成。这个圆盘的大小大约是海王星绕太阳轨道的 3 倍。这里所看到的是用 ALMA 望远镜记录的毫米波辐射。

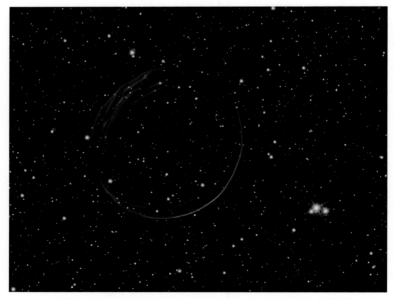

图 6：一个直径为 23 光年的超新星残余物。恒星爆炸后，在中心会形成一颗紧凑的中子星，甚至是一个黑洞。

图 7：银河系的姐妹——仙女座星系。它的直径为 10 万光年，由数千亿颗恒星组成，距离我们大约 250 万光年。在圆盘的褐色尘埃云中，新的恒星正在形成。© 亚当·埃文斯（Adam Evans），Flickr，知识共享署名 2.0 许可协议（Creative Commons Attribution 2.0 Generic）

图 8：大型椭圆星系武仙座 A 位于 21 亿光年外的一个星系团中。在那里，一个黑洞向太空发射出 160 万光年长的等离子体射流。红色：甚大阵（VLA）拍摄的射电图像。黑白／彩色：哈勃空间望远镜。© NRAO & NASA

图 9：使用 GRMHD 完成的对黑洞的详细计算机模拟：红色为吸积盘，灰色为
等离子体喷流。在中心，可以看到黑洞的影子，光在那里消失于事件视界。©
约尔迪·达弗拉尔（Jordy Davelaar）/ 奈梅亨大学（Radboud University）

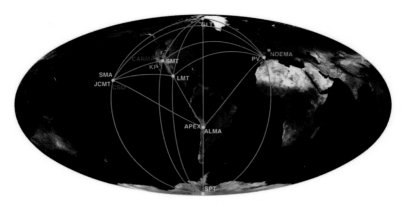

图 10：事件视界望远镜（EHT）。© EHT，《天体物理学报通信》（*Astrophysical Journal Letters*）

图 11：IRAM30 米，EHT 的望远镜之一，位于韦莱塔峰。图为 2017 年观测活动后的工作人员合影（从左到右：S. 桑切斯，R. 阿祖莱，I. 鲁伊斯，H. 法尔克，T. 克里希鲍姆）。© 萨尔瓦多·桑切斯（Salvador Sánchez）

图 12：JCMT，EHT 的望远镜之一，海拔 4200 米，位于夏威夷莫纳克亚。© 威廉·蒙哥马利（William Montgomerie）

图 13：ALMA，EHT 的望远镜之一，海拔 5000 米，位于智利查南托高原。© ESO

远镜。

这架空间望远镜耗资数十亿美元，于 1990 年发射到太空，最初因为其反射镜的打磨不正确而成为负面头条。在一次戏剧性的救援行动中，宇航员给这座太空天文台戴上了矫正镜。现在，该望远镜能够以前所未有的清晰度观测我们邻近星系的中心，并通过测量证实了地面望远镜找到的诱人的蛛丝马迹：其他星系的恒星也以异常高的速度围绕各自的星系中心旋转。这些星系的中心是否也有黑洞呢？

研究人员谨慎地称它们为"大质量黑暗物体"（Massive Dark Object），即 MDO，但美国航天局运转良好的新闻机器定期向我们提供新闻稿，称哈勃望远镜又发现了一个——而且总是第一个——星系中心黑洞。后来，美国航天局一次又一次地首次发现的对象还有火星上的水和类似地球的行星。当然，哈勃望远镜并没有确定黑洞的位置，只是确定了它周围很远的气体和恒星。

1994 年 5 月底，美国航天局最初的某次成功发现后，我被邀请到西德广播电台（WDR）演播室的青年节目《暗礁：破浪者》（*Riff: der Wellenbrecher*）中谈几句。直播时间与我的博士答辩在同一天，也就是说刚刚作为射电天文学家毕业，我就必须直接赶到广播室，在广播开始前抵达。年轻的主持人有点紧张，因为她以前从未做过关于物理学的采访，而我以前也从未在电台做过现场采访。但采访很顺利，而且很快就结束了，事后我们都感到很欣慰。

这次采访是由哈勃对 M87 的观测引起的。这个星系是夏尔·梅西叶从巴黎的克吕尼酒店发现的"星云"之一。宇宙岛理论的捍卫者希伯·柯蒂斯在那个星系的中心位置发现了一条指向外侧的奇怪亮线。20世纪70年代和80年代的射电望远镜发现，这条线是一种几乎以光速前进的等离子体喷流。它和类星体以及射电星系中的类似，只是暗淡得多。

在广播采访中，我讲述了哈勃空间望远镜如何发现M87的中心有20亿个太阳质量的物质不可思议地凝聚和结合在一起的，而这个质量体可能是一个黑洞。这使得它重达银河系中心黑洞的1000倍。主持人有些目瞪口呆，而这个数字在我自己看来也大得惊人。好吧，美国人喜欢夸大他们的结果，可能这次也是如此。但我也觉得，M87中心肯定是个非常大的家伙。

没错，M87中的黑洞将比人马座A*大1000倍，但由于与该星系的距离是我们距离银心的2000倍，在我们看来，它的事件视界最多也只有银河系中心的视界的一半。而就算是后者也已经太小了。"真是大事不妙，"我想，"但它总归也跑不掉。"因为M87也有一个明亮、紧凑的射电核心，可以很容易地在短波段观测到。

一旦你想看到黑洞，你就必须用光线照亮它们的周围。那么，了解光线来自哪里，什么光线最好，肯定会有帮助。然而，对于饥饿洞的射电辐射的确切源头，突然出现了激烈的争议。美国哈佛大学的天体物理学家拉梅什·纳拉扬（Ramesh Narayan）研究过不"暴饮暴食"的黑洞是什么样子。他声称，与类星体不同的是，那里的大部分能量甚至从未被辐射出来，而是随着高度加热的气体几乎不被人察觉地消失在了黑洞中。

在这一点上，我还是同意拉梅什·纳拉扬的意见的。然而，在另一点上，我们有相当不同的看法。在他的模型中，银河系中心的射电辐射应该来自吸积盘中的气体，产生于它们消失在黑洞中之前的时刻。在我们的模型中，射电辐射来自刚刚以喷流的形式从黑洞边缘逃出的物质。在 M87 中，喷流甚至可以在射电图像中直接看到。为什么我们双方设想的银河系中心的运作方式会有这样大的不同呢？同一个模型应该适合所有的黑洞。

争论双方的地位是不平等的：那里是著名的哈佛大学教授，这里是年轻的博士生。幸运的是，会议组织者最喜欢的往往是一场漂亮的学术争论，而我总是被邀请过去讨论这个话题。但到底谁是对的？如何解决这一争端？有一件事是明确的：我们需要新的射电数据，特别是来自其他饥饿的巨人的数据！

遗憾的是，可用的射电数据很少，还有一些已经过时。因此，我逐渐开始自己进行观测，以检验我的模型。我为新墨西哥州的甚大阵、甚长基线阵（VLBA）以及我们自己在埃菲尔斯伯格的望远镜写了观测申请，试图猎取其他星系的黑洞。这是与我的理论计算完全不同的工作，但同样令人兴致盎然。

我使用位于埃菲尔斯伯格地区的大型 100 米望远镜第一次聆听到了太空。那时，巨大的白色天线在我的按钮操纵下向输入的天空坐标方向移动，3000 吨的钢铁服从于我的手指动作，崇高的感觉笼罩我心头。我睁大眼睛，惊叹于这一工程和科学的奇观，感觉自己就像一个小男孩，终于坐上了自己梦寐以求的最大的"太空垃圾车"。在那一刻，我立刻明白了，我不只是想坐在办公桌前发展我的理论，我想亲自通过实验测试这些理论，并测试我的模型。

其后，我和家人一起搬到美国，在马里兰州宁静的劳雷尔（Laurel）镇度过了两年美好的时光。在马里兰大学还有巴尔的摩的空间望远镜研究所（STScI），我使用哈勃空间望远镜和各种射电望远镜，继续追踪和狩猎黑洞。

围绕黑洞跳舞的恒星

在欧洲，赖因哈德·根策尔的小组现在正在用欧洲南方天文台在智利的望远镜寻找 Sgr A*——先是用 3.6 米的望远镜，后来用 8 米的甚大望远镜（VLT）。但根策尔很快就有了竞争对手。后来，两个研究小组为银河系中心的霸主地位相互竞争的故事变成了一段传奇。

第一次对决是在 1996 年，在智利拉塞雷纳（La Serena）举行的关于银河系中心的会议上[i]。我在那里做了一个关于人马座 A* 以及它与其他星系中心黑洞的射电辐射的相似性的演讲。但真正令人兴奋的结果是由根策尔的小组提出的。他们几年来拍摄的高分辨率图像现在显示，银河系中心的恒星移动了位置！如果这是真的，它们前进的速度必须极其之快。

我们习惯于群星看起来一成不变的夜空，但实情并非看上去的那样，因为所有的恒星都在相对于彼此以每小时数万千米的速度冲过银河系。然而，由于它们离得很远，几乎没有人在自己的有生之年注意到这一点。

人马座 A* 周围的恒星在短短几年内就改变了位置——尽管它们比我们周围的恒星要远得多。一定有什么东西在让这些恒星高速飞转。根策尔认为，只有具有大约 250 万个太阳质量的黑洞

---

i 会议论文见：Roland Gredel, ed., *The Galactic Center*, 4th ESO/CTIO Workshop, ASPC 102(1996), http://www.aspbooks.org/a/volumes/table_of_contents/?book_id=214。

的引力才能做到这一点[i]。

图像上的偏移是极为微小的。稍后，安德烈娅·盖兹（Andrea Ghez）介绍了她的小组的成果[ii]。她是加州大学洛杉矶分校的一位年轻教授，最近得到了夏威夷莫纳克亚山上的 10 米凯克望远镜的使用时间。她的望远镜更大，承诺的观测结果更好，但由于她起步较晚，暂时还没测量到恒星的移动。还要等几年才能见到最后的分晓，但很明显，真正的竞争已拉开序幕。这两组人互相怀疑地注视着对方，并小心地藏起己方的数据。最后，两人都来到了讲台上，犹豫着把印有各自图像的幻灯片放在了对方的上面。测量结果似乎相互吻合。对我们来说，这真是让人长舒了一口气。

这次会议还在其他方面产生了震动。一天，巨大的撞击声忽然响起，大厅的天花板不祥地摇晃起来。这感觉就像往肚子上打了一拳。一些参会者跑到外面，生怕大楼塌了。这是我第一次经历地震。对智利人来说，这使他们回忆起以前发生过的导致许多人死亡的地震。只有顽强的加利福尼亚人仍然坐在原处。很难想象，如果地震更强烈，还会发生什么。

会议结束后，我很清楚，一些令人兴奋的事情即将发生。冲向新发现的发令枪已经打响，但这也将是一场持续 20 多年的竞赛。科学需要检查和平衡。竞争是确保这种控制实际发生的一种

---

i 参见论文：A. Eckart and R. Genzel, "Observations of Stellar Proper Motions Near the Galactic Centre," *Nature* 383 (1996): 415–17, https://ui.adsabs.harvard.edu/abs/1996Natur.383..415E。

ii 参见论文：B. L. Klein, A. M. Ghez, M. Morris, and E. E. Becklin, "2.2 μm Keck Images of the Galaxy's Central Stellar Cluster at 0.05 Resolution," *The Galactic Center* 102(1996): 228, https://ui.adsabs.harvard.edu/abs/1996ASPC..102..228K。

方式。就像在一个压力锅里一样，竞争能让科学发展得更快。竞争也确保各研究团队互相检查，但也造成了巨大的身体和心理压力。当对手处于相似的水平时，竞争就会发挥作用。要做到这一点，你需要有良好的神经、健康、充足的资金，以及多年来正常运作的基础设施。这里的情况就是如此，我们对星系中心的黑暗力量的理解也因此能飞跃性地前进。如果不在这样的场合，那么在哪里能够产生对于黑洞是否真的存在的理解？如果不在这样的环境，我们应该在哪里探测黑洞？

三年后，安德烈娅·盖兹公布了更多关于恒星运动的测量结果。两年后，她成为第一位用大型望远镜发现恒星在弯曲轨道上运动的天文学家 [i]。

但这些恒星要去哪里呢？所有的恒星似乎都在围绕一个点运动。但就在这一点上偏偏什么都没有。人马座 A* 在图像中仍不可见。只有将近红外数据与波恩的卡尔·门滕（Karl Menten）和波士顿史密森天体物理观测站（SAO）的马克·里德的射电测量数据进行密切比较，才能显示出所有运动的锚点确实是射电源人马座 A* [ii]。一切都以每小时几百万千米的速度围绕着不祥的射电源旋转，而射电源在中心位置一动不动 [iii]。现在很清楚了：如果那

---

i 参见论文：A. M. Ghez, M. Morris, E. E. Becklin, A. Tanner, and T. Kremenek, "The Accelerations of Stars Orbiting the Milky Way's Central Black Hole," *Nature* 407(2000): 349–51, https://ui.adsabs.harvard.edu/abs/2000Natur.407..349G。

ii 参见论文：Karl M. Schwarzschild, Mark J. Reid, Andreas Eckart, and Reinhard Genzel, "The Position of Sagittarius A*: Accurate Alignment of the Radio and Infrared Reference Frames at the Galactic Center," *The Astrophysical Journal* 475 (1997):L111–14, https://ui.adsabs.harvard.edu/abs/1997Ap…475L.111M。

iii 参见论文：M. J. Reid and A. Brunthaler, "The Proper Motion of Sagittarius A*. II. The Mass of Sagittarius A*," *The Astrophysical Journal* 616 (2004): 872–84, https://ui.adsabs.harvard.edu/abs/2004ApJ…616..872R。

里有一个黑洞，那么它真的必须隐藏在人马座 A* 的射电光中的某个地方。

安德烈娅·盖兹还指出，其中一颗恒星的轨道非常密近，在短短 15 年内就围绕人马座 A* 一周。盖兹告诉我们，很快它将再次绕过一圈，并且与可能的黑洞格外近。

然后又轮到了赖因哈德·根策尔，他在位于阿塔卡马沙漠的欧南台甚大望远镜上安装了一台新的红外相机。智利境内尘土飞扬的荒芜地区是可以想象的最荒凉的地区之一。天文学家们通常下榻在未来派风格的 ESO 酒店，这个地方看起来就像一个大反派的秘密基地。事实上，该酒店曾作为外景出现在邦德电影《007：大破量子危机》（*Quantum of Solace*）里。有了新的仪器，天文学家们立即获得了迄今为止最清晰的银河系中心的图像。他们使用了自适应光学技术，其关键在于有一面可变形的镜片在几分之一秒内对大气的干扰进行补偿。天文学家们测量了那颗后来被称为"S2"的恒星，而且得到了不错的结果 [i]。与旧图像的比较表明，在几年内，它已经移动到了与人马座 A* 仅仅相距 17 光时的近处。这只比冥王星离我们太阳的距离远 3 倍。

就像开普勒描述的行星围绕太阳的轨道一样，这颗恒星围绕着强大的射电源运动的轨迹也是个椭圆。太阳和月亮来回扯动地球的海洋导致了潮汐，黑洞经过恒星时也会拉扯它的热气体海洋产生类似的现象。然而，当 S2 在轨道上运动时，人马座 A* 的潮汐力还不算太强。只有当 S2 进入到距离黑洞少于 13 光

---

i 参见论文：R. Schödel, et al., "A Star in a 15.2-Year Orbit Around the Supermassive Black Hole at the Centre of the Milky Way," *Nature* 419 (2002): 694–96, https://ui.adsabs.harvard.edu/abs/2002Natur.419..694S。

分的地方时，才有被撕裂的危险。但即便如此，人马座 A* 的引力对这颗小星来说还是冷血无情的。它的轨道运动速度达到了令人难以置信的每秒 7500 多千米——在一个小时内，它走过了 3800 万千米。利用开普勒和牛顿的古老定律，人马座 A* 的质量就可以从这颗恒星的速度和距离中计算出来，得到 370 万个太阳质量的数值。这次的计算结果比以前的测量结果要高。我的心欢呼雀跃，因为这也会使事件视界变得更大，更容易看到——但这次测量的不确定度仍然非常大，它可能上下偏差 150 万个太阳质量。

从唐纳德·林登 - 贝尔和马丁·里斯在 20 世纪 70 年代的预测，到得到这些测量数据，中间经过了整整 30 年时间。现在，科学界看到了疑似黑洞周围的恒星之舞，他们慢慢开始相信这里正在发生的事情。这个黑洞成为银河系的顶流明星，天文学家们成了狗仔队，热情地播报人马座 A* 的一举一动。

在那段时间里，安德烈娅·盖兹的团队发现了另一颗围绕着银河系中心转的恒星，甚至比 S2 离中心更近一点。它用了不到 12 年的时间围绕银河系中心转了一圈，以光速的百分之一在其轨道上飞驰[i]。根策尔小组后来终于用他们的近红外望远镜在射电源的确切位置探测到了一个微弱的闪烁[ii]。现在我们不仅可以用射电光探测人马座 A*，还可以在近乎可见光的近红外波段中探测

---

i 参见论文：L. Meyer, et al., "The Shortest-Known-Period Star Orbiting Our Galaxy's Supermassive Black Hole," *Science* 338 (2012): 84, https://ui.adsabs.harvard.edu/abs/2012Sci…338…84M。

ii 参见论文：R. Genzel, et al., "Near-Infrared Flares from Accreting Gas Around the Supermassive Black Hole at the Galactic Centre," *Nature* 425 (2003): 934–37, https://ui.adsabs.harvard.edu/abs/2003Natur.425..934G。

到。空间 X 射线望远镜也开始测量黑暗边缘的闪烁[i]。辐射在几分钟内变得更亮，然后又变暗。这样的辐射只可能来自一个最多只有几分钟光程的区域——因此它不会比事件视界大多少。黑洞仿佛被包裹在雷鸣般的风暴云中，不断发出闪光，这就是这个宇宙奇观在我看来的样子。但是，单面望远镜的分辨率不足以确定那里到底发生了什么。

于是，加兴的马克斯·普朗克地外物理研究所的根策尔小组与来自法国和德国的其他同事一起，在才华横溢的仪器制造者弗兰克·艾森豪尔（Frank Eisenhauer）的指导下，设计了一个光学望远镜组项目中最困难和最复杂的技术怪胎。它被称为 GRAVITY。以往，人们通常只使用智利的 8 米望远镜中的一个，而它则将同时连接山上的所有 4 个巨型望远镜。GRAVITY 在 2016 年终于实现。

在 2017 年底访问慕尼黑期间，我第一次亲眼看到了恒星 S2 是如何一天天向前运动的。对于一个天文学家来说，这一奇景的动人心魄难以言喻！观测数据证明，人马座 A* 的质量确实是 400 万个太阳质量。现在的测量误差不到百分之一。好好想想：我们现在知道了银河系中间的黑洞的质量，比我们任何人知道自己的体重还要精确！

从那时起，GRAVITY 团队一直定期提供几乎近到黑洞视界面的图像，将人马座 A* 中迷人的辐射爆发向世界展示。图像中，那里像一座令人眼花缭乱的旋转木马，带着剧烈闪光的热气体似乎差不多达到了光速，围绕着看不见的东西飞驰。这正是人们期

---

i　参见论文：F. K. Baganoff, et al., "Rapid X-Ray Flaring from the Direction of the Supermassive Black Hole at the Galactic Centre," *Nature* 413 (2001): 45–48, https://ui.adsabs .harvard.edu/abs/2001Natur.413…45B。

待中黑洞边缘的模样[i]。

400 年前，我们发现我们的行星绕着太阳运行，100 年前，我们发现太阳绕着银河系的中心运行，10 年前，我们看到恒星像行星一样围绕人马座 A* 运行，现在我们看到气体以近乎光速的速度围绕 27000 光年外的黑洞旋转。引力一次又一次地把天体和气体云拉到它的魔力之下，迫使它们进入固定的椭圆轨道。这是一次多么了不起的向宇宙深处进发的旅行啊！

但中间那个看不见的东西——它真的是一个黑洞吗？我们离这个神秘的实体如此之近，却又止步于此，无法窥视这个似乎是永恒的深渊的最终面目。我们需要一台更大的望远镜。

20 世纪 90 年代时我在美国，我在那时获得了深入参与哈勃空间望远镜项目及其可能的后续项目的机会。但我想做射电天文学。1997 年，安东·岑苏斯（Anton Zensus）刚刚开始担任波恩马普射电天文研究所的新主任，领导 VLBI 小组，并主动向我提供了一份工作。我抓住机会，和家人一起回了老家，回到世界上最大的望远镜运行的地方。

正是在 1999 年的波恩，我认识了我的同事杰夫·鲍尔（Geoff Bower）、塞拉·马尔科夫（Sera Markoff）和袁峰。杰夫·鲍尔在伯克利完成了他的博士学位，是一位 VLBI 专家。我们研究了银河系中心的射电特性，后来我们证明，这个黑洞确实

---

i 参见论文：Gravity Collaboration and R. Abuter, et al., "Detection of Orbital Motions Near the Last Stable Circular Orbit of the Massive Black Hole Sgr A*," *Astronomy and Astrophysics* 618 (2018): L10, https://ui.adsabs.harvard.edu/abs/2018A&A···618L..10G。

是非常"饥饿"的、甚少获得物质补充的[i]。塞拉是一位理论家，在亚利桑那州读的博士，我们两个人将小型和大型黑洞的辐射合并用一个模型描述[ii]。与中国同事袁峰一起，我们将拉梅什·纳拉扬的热盘想法与我们的喷流模型结合起来[iii]。长期而富有成效的合作开始了，从此，我们可以真正了解大大小小的饥饿黑洞的天体物理基本原理。

i 参见论文：Geoffrey C. Bower, Melvyn C. H. Wright, Heino Falcke, and Donald C. Backer, "Interferometric Detection of Linear Polarization from Sagittarius A* at 230GHz," *The Astrophysical Journal* 588 (2003): 331–37, https://ui.adsabs. harvard.edu/abs/2003ApJ…588..331B。

ii 参见论文：H. Falcke, E. Körding, and S. Markoff, "A Scheme to Unify Low-Power Accreting Black Holes: Jet-Dominated Accretion Flows and the Radio/X-Ray Correlation," *Astronomy and Astrophysics* 414 (2004): 895–903, https://ui.adsabs.harvard.edu/abs/2004A&A…414..895F。

iii 参见论文：F. Yuan, S. Markoff, and H. Falcke, "A Jet-ADAF Model for Sgr A*," *Astronomy and Astrophysics* 383 (2002): 854–63, https://ui.adsabs.harvard.edu/abs/2002A&A…383..854Y。

8

可以拍到黑洞

奇异恩典

  20 世纪 90 年代中期，包围猎物的网正在慢慢收紧，但仍有一些窟窿。用法律的术语说，要想声称是黑洞在星系的中心造成了破坏，我们还只有旁证。而正如科学研究中经常遇到的那样，这些间接的证据绝非充分。为了证明一个假设，需要收集许多事实，直到没有其他结论可以成立，或者假设被推翻为止。因此，对于超大质量黑洞，许多天文学家仍然持怀疑态度，尤其是经历过多次炒作的老一辈人。"没有足够的证据，"他们觉得，"我们仍然离得太远了。"不断有文章出现，声称超大质量黑洞是不可能存在的。在我们天文学家看来，最理想的是当场抓住罪犯——拍下他手里拿着赃物的照片。

  这就是为什么我想要确定性！我想看看黑洞！我非要看到它不可！

  渴望看到隐藏的东西可能是人类最原始的需求，它深深地扎根于我们体内。作为一名科研工作者，我只相信我所看到的东西，但我必须首先相信我最终会看到它们。

  每当我唱起《奇异恩典》这首古老的赞美诗时，这种渴望看到的愿望就会紧紧抓住我的灵魂。很少有歌曲能像这首歌一样深深地触动我，也很少有哪一句歌词像这一句一样，总是让我泪流满面——"曾经盲目，如今又能看见"。

突然开眼掌握真理的时刻是无比珍贵的。有幸认识一条新的真理，从黑暗走到光明中，这是我们生命中最宝贵的经历。有时我想，能让我感到"我终于看见了"的光照时刻，就是我活着的动力，也是我生命的目的。正是因为相信这一刻将出现在未来，给了此时此地的我力量和激励。

希望，拥有发现新事物的希望，可能就是信仰和科学的归宿。"那没有看见就信的有福了"[i]，这是耶稣对这种信仰态度的表述。我一直把这句话理解为："那些还未曾看见的人是幸运的……"

在日常生活中，有时用心灵比用眼睛看得更清楚，但在科学中，我们需要仪器——庞大的仪器。当今时代，天文学中最清晰的图像是用甚长基线干涉测量法（VLBI）产生的，这正是我在波恩的同事克里希鲍姆、我本人以及和其他许多射电天文学家一起使用了几十年的技术。

从 20 世纪 60 年代开始，科学家们将多个射电望远镜组合成干涉仪，以提高图像的分辨率。一下子，这种方法使任何单台望远镜都无法成像的细节变得清晰可见。干涉技术产生的结果是一台等效的大型望远镜，其虚拟的天线盘面与地球一样大。利用这面等效望远镜，射电波可以储存在计算机中，并在之后叠加与组合。

为了实现射电信号的相位精确叠加，必须以毫米级的精度

---

i 《圣经·约翰福音》20:29。

确定各个测量站的位置，并以原子钟测量信号的到达时间。这种时钟的精度为皮秒，每30000年才出一秒的错。传入的射电波被转换为数字信号，并记录在存储介质上：早期是录像带，后来是大型磁带，而现在是一盒盒的硬盘，里面存着比特和字节形式的光。能存储的数据越多，单次能记录的光线越多，存储和备份的数据就越好。虚拟望远镜在计算机上以数码形式组装。当有足够的数据时，就能用计算机算法（algorithm）从中重建一个图像。

测量要求极其精确，因此也提供了极其细致入微的图像。这就是为什么不仅天文学家使用横跨大陆的干涉仪来测量天空，大地测量学家也使用 VLBI 望远镜来探索和测量整个世界。另一方面，我们也需要大地测量的数据，因为地球对于我们的目的来说还不够稳定。地球表面的变化使虚拟望远镜变形，而大地测量学家测量这种变形。

因此，在巴伐利亚森林的"Wettzell"大地测量天文台、MIT 的海斯塔克天文台，连同世界各地的其他站点，科学家们定期瞄准大约300个适合进行大地测量的类星体。这些站点是全球大地测量网络中重要的节点。在波恩或波士顿，大地测量学家与天文学家使用相同的方法对数据进行关联——这两个学科因此紧密合作。

如果对 3C 273 和 3C 279 这样的明亮类星体进行观测并作为校准源，VLBI 甚至可以用来校正原子钟或精确测量望远镜的位置。使用这种方法，大地测量员可以发现地球表面的变化。例如，大陆板块之间距离的不同（美洲和欧洲每年多分开几厘米）。夏威夷的所有望远镜都在莫纳克亚山上，这里是世界上所有测量点中移动最快的地方，以每年近 10 厘米的速度向亚洲飞奔。自冰河时代结束后，由于冰块的融化，斯堪的纳维亚半岛一直在上升。甚至科隆大教堂每天都会因潮汐而上下摇摆约 35 厘米。幸运的是，这种情况在各地都是均匀发生的，否则教堂的塔楼早就倒在我们头上了。我们的地球望远镜在晃动！

地球的轴线也会摆动：地球就像一个生鸡蛋，其旋转轴会因内部不平衡而发生轻微的移动。其他行星对地球的拉扯也会导致地球两极的晃动，幅度达数百米。来回流动的海洋和在大气层中围绕地球移动的气团也对地轴的摆动有所贡献。这些因素导致南北极每年偏移几米，而且没有办法预测它们确切的变化。确实，许多位置是可以使用 GPS 测量的，但其他行星的拉扯也会使 GPS 卫星抖动。我们在宇宙空间的绝对位置只能通过 VLBI 测量，也因此，我们需要望远镜的确切位置。

用 VLBI 网络可以实现的图像分辨率 [i]，由公式

$$图像分辨率 = \lambda/D$$

计算。图像分辨率即以角度计量单位表示的图像像素大小。它等于射电辐射的波长 λ 除以望远镜间的最大距离 D。分辨率的数值越小，能分辨出的物体就越小。当观测波长为 1.3 毫米，并且使用地球 12700 千米的直径作为基线时，得到的最佳分辨率为 20 微角秒，大约相当于从科隆去看放在纽约的半颗芥菜籽的大小。如果按照当时的估测，假设人马座 A* 的质量为 250 万个太阳质量，那么就可以计算出它的事件视界直径为 1500 万千米，比太阳直径的 10 倍还多。然而，由于位于银河系的中心，我们看到的它的大小只相当于四分之一粒纽约的芥菜籽，也就是 12 微角

---

i 望远镜的图像分辨率以角度单位表示，这里使用的是弧度（rad）：2π 弧度（rad）等于360°。这个公式计算的是两个光点之间需要多大的角距离才能将它们区分开。

秒。即使是对一个横跨整个地球的望远镜来说，这个尺度也还是太小了。

而在我看来，甚至这一估计也还算是乐观的，因为当一个黑洞以最大的、接近光速的速度旋转时，事件视界又缩小为原来的一半。通常相信，每个黑洞都或多或少地旋转着，就像每颗恒星和行星一样。这岂不是使黑洞看起来更小了吗？

20 世纪 90 年代中期一个阴沉的下午，我坐在波恩的大学图书馆里，竭力思考这一切。在阅读时，我偶然发现了詹姆斯·巴丁（James Bardeen）的一篇小文章。早在 1973 年，这位美国天体物理学家就曾探讨过，如果一个小黑洞从一颗遥远的恒星前面经过会是什么样子。在当时，这仍然是一个纯粹的学术噱头，今天也是如此——因为要想看到这个外太空星座，我们所需要的光学望远镜的口径至少得是地球直径的 100 倍。不管怎样，我在脑海中已经出现了一个黑色的影子，像金星凌日一样从这个遥远的太阳前面经过。

但有件事让我很困惑。文章结尾处画了一个圆圈，表明事件视界内的光被吞噬所导致的暗点会有多大。这个圆圈太大了。这不是一个旋转的黑洞吗？它不是应该小得多吗？应该只是画上的五分之一？

黑洞的旋转速度越快，光就能越接近黑洞。就像旋转木马一样，它因为时空的曲率带有动量，因此仍然可以逃脱；如果没有动量，它就已经被困住了。正是因为这样，我认为旋转的黑洞应该显得更小。但是这个黑洞在观察者看来要大得多——比事件视界大得多。

我突然意识到：黑洞能够让自己显得更大！它们是巨大的引力透镜，因为就算什么别的都干不了，它们至少肯定能偏转光线。即使是黑洞的旋转也不会导致什么问题，因为光线必须从黑洞的两边通过。在一边，它随着黑洞的旋转飞行，接近事件视界，几乎接触到它，但在另一边，它不得不逆时空飞行，远远地就被抓住。因此，当光试图飞过黑洞时，黑洞有一张宽大的捕捉网。

我恍然大悟。如果文章里画的是对的，而且也适用于我的那个黑洞，那么黑洞产生的黑点就必须比我自己之前假设的大多达2.5倍。它是否旋转对观测没有任何区别——只有质量才算数，而我们很清楚这一点。

这将使作为基线的地球变得刚刚够大。奇异恩典！我也许终究能看到"我的"黑洞。不仅仅是我，每个人都能看到它！这个认识像闪电一样击中了我。慢慢地，一个具体的图像从黑暗的太空中出现在我的脑海里，现在在我有了一个明确的目标：我要看到黑洞的喉咙！我坐立不安，站起来跑来跑去。

黑洞投下阴影

一个没有被分享的想法就像一颗没有被播种的种子。因此，我开始在会议上反复散播喜讯："是的，我们可以看到黑洞。"只有当我们设法让世界各地的同事对这样一个项目感到兴奋时，黑洞的形象才会存在。这需要许多人的意志，需要许多人追求一个共同的目标——但他们都必须首先被说服。

然而，到现在为止，一切都只是理论。理论是好的。但被实验证实的理论会更好。反过来说，只有当实验的结果可以在理论的帮助下进行分类和解释时，实验才有意义。好的实验可以改进理论，激发新的想法，但也要花费大量的金钱和精力。为了筹集必要的预算，又需要可信的理论来预测将会看到什么。科学始终是理论和实验的探戈，有时这个引领那个，有时相反。

所以现在我们得在望远镜上下功夫，观测越来越高的频率，或者说是越来越短的波长。我们能看到离黑洞多近的地方呢？在波恩的 7 毫米波长测量之后，来自波士顿海斯塔克天文台的一个美国小组，包括年轻的射电天文学家谢普·多尔曼（Shep Doeleman），在 1994 年进行了第一次波长为 3 毫米的 VLBI 试验[i]。我在波恩的同事托马斯·克里希鲍姆甚至成功地用西班牙和法国的 IRAM 望远镜在 230 千兆赫[ii]，即 1.3 毫米的波长上，进行了第一次 VLBI 测量。然而，仍然无法判断目标天体的模样。我们银河系的毛玻璃效应[iii]仍然掩盖了真正的结构，数据质量很差，望远镜太少，测量灵敏度太低。

我在 1996 年组织了一次联合观测活动，第一次用不同的望远镜在不同的波长上同时测量人马座 A* 的亮度。日本、西班牙和美国的同事们也加入了进来。我们无法拍摄任何照片，但对我们数据的分析确认，毫米波辐射确实应该来自事件视界。我们在文章中明确预测，通过 VLBI 实验，我们应当看到这种辐射背景

---

i 参见论文：Alan E. E. Rogers, et al., "Small-Scale Structure and Position of Sagittarius A* from VLBI at 3 Millimeter Wavelength," *Astrophysical Journal Letters* 434 (1994): L59, https://ui.adsabs.harvard.edu/abs/1994ApJ...434L.59R。

ii 参见论文：T. P. Krichbaum, et al., "VLBI Observations of the Galactic Center Source SGR A* at 86 GHz and 215 GHz," *Astronomy and Astrophysics* 335 (1998): L106–10, https://ui.adsabs.harvard.edu/abs/1998A&A···335L.106K。

iii 或者也被比喻为"云雾遮罩"。银河系的中心被尘埃遮挡。虽然射电波可以穿透尘埃，但在沿着地球视线方向，它们会被太空中湍动的带电等离子体散射，这种效应就像毛玻璃或者雾模糊远处的灯光一样。——译者注

下的事件视界ⁱ，但全世界的研究人员仍需要相当多的讨论。

会议是讨论的最佳场合。因此，在 1998 年，我与来自亚利桑那州的同事安杰拉·科特拉（Angela Cotera）组织了一个关于银河系中心的研讨会ⁱⁱ。来自世界各地的专家来到图森市。我们特意选择了一家沙漠旅馆，这样晚上就不会有人跑掉，我们有足够的时间互相交谈。

"比会议上的讲座更重要的往往是茶歇和一起吃饭的时间。"一位有经验的同事曾开玩笑地告诉我，"我不是来参加会议的，我是来喝酒的。"人类是社会性的动物，在一起吃喝的时候，你会从对方身上学到很多东西，这在任何期刊上都找不到。

不出预料，会场爆发了激烈的辩论。我们没有激光剑，但当时激光笔的价格刚刚降得比较亲民，几乎人人都有一根。所以偶尔会有三或四个红色激光点同时在屏幕上跳舞。所有这些都是在我们的嘉宾查理·汤斯面前发生的，他坐在前排，我在学生时代就读过他关于银河系中心的黑洞的科普文章。

有没有人注意到这一幕的讽刺性？汤斯毕竟不是普通人。我们在这里用廉价的激光指示器对决，而坐在那里的是 1964 年因发明激光而获得诺贝尔奖的人，比我出生还早两年。但查理与我们不同，他仍然使用传统的手指和教鞭组合！看起来，我们对他的激光的幼稚的喜悦把他逗乐了。如果有人停顿片时，思考这种

---

i 参见论文：Heino Falcke, et al., "The Simultaneous Spectrum of Sagittarius A* from 20 Centimeters to 1 Millimeter and the Nature of the Millimeter Excess," *The Astrophysical Journal* 499 (1998): 731–34, https://ui.adsabs.harvard.edu/abs/1998ApJ…499..731F。

ii 参见论文：H. Falcke, et al., "The Central Parsecs of the Galaxy: Galactic Center Workshop" (proceedings of a meeting held in Tucson, Arizona, September 7–11, 1998), https://ui.adsabs.harvard.edu/abs/1999ASPC..186.....F。

变迁，一定会大为惊讶地发现，仅仅在一个人一生的时间内，基础研究就变成了日常用品走向千家万户。

在讨论中，克里希鲍姆与我再次强调，在高频率下，我们可以用 VLBI 探测黑洞并看到其结构。另一方面，我们的同事谢普·多尔曼仍然很谨慎，认为高频辐射可能来自尘埃云，而不是黑洞本身。忽然，汤斯注意到了什么："这东西的中间难道没有一个洞吗？"他问道[i]。"没错，"我回答说，"如果有更高的分辨率，我们就可以在发射区看到一个黑乎乎的洞。"很明显，我们还没有为这个东西找到一个合适的名字。

不知为何，我关于看到黑洞的可能性的好消息仍然不够吸引人。我们需要多做些什么。人们喜欢看到描绘自己无法想象的东西的图画，这样他们就可以大致了解这个东西应该有的形态。到现在为止，我只展示过方程式、图表和一张黑洞示意图。现在正是给人们看看模拟出来的照片，让他们知道我们将要看到什么东西的时候了。这就需要计算黑洞周围光线的偏转，并证明如果它的周围环绕着透明的发光薄雾（也就是纳拉扬的吸积盘模型或我们的喷流模型假设的情形），它会是什么样子。

几个月后，我收到了德国研究基金会（DFG）的资助，让我在 1999 年的几个月休假期间作为客座教授去亚利桑那州。我们最小的儿子刚刚出生，我妻子用上了产假。带着三个年幼的孩子，雅娜、卢卡斯和尼克拉斯，以及我们托运的八个行李中的一个，我们到达了图森。人要是过上几天什么都没有的日子，就会为生活中最微小的事情感到高兴——孩子们尤其如此。

---

i 参见论文：J. A. Zensus and H. Falcke, "Can VLBI Constrain the Size and Structure of SGR A*?," *The Central Parsecs of the Galaxy*, ASP Conference Series 186 (1999): 118, https://ui.adsabs.harvard.edu/abs/1999ASPC..186..118Z。

接待我的人帮我与埃里克·阿戈尔（Eric Agol）取得了联系。他当时在巴尔的摩，是约翰斯·霍普金斯大学的博士后研究员。他写了一个计算机程序，可以优雅地计算广义相对论中的光的偏转——比我自己硕士论文中的程序更好。我们一起计算了黑洞在各种情况下会是什么样子，以及是否可以用 VLBI 看到它。我们焦急地等待着结果。而实际上：在我们的每一个模型中，我们都看到了一个明亮的环和中间的一个大小始终相同的黑点。

引人注目的光环来自各个方向。这是黑洞的特殊属性造成的：由于空间的弯曲，光在靠近黑洞的地方飞行的轨道几乎是一个封闭的圆圈。这一现象可以在以正好的距离瞄准它时看到。这种封闭的光路被称为光子轨道[i]，因为光子就像行星围绕着太阳运行一样绕转，不同仅在于光的轨道离黑洞的距离是精确定义的。对于不旋转的黑洞，光子轨道距离质心的距离是事件视界的 1.5 倍——但由于引力透镜效应，它在我们看来比视界的 2.5 倍还多。

如果一个灯泡正好挂在黑洞上方的光子轨道上，它的一半光线会落入黑洞，另一半则会逃逸。还有极少一小部分光线是平行于事件视界发出的，它们会绕圈飞行。当灯泡接近事件视界时，更多的灯泡光线被吞噬，更少的光线挣脱黑洞魔爪。此外，灯泡光线被拉长，发生红移，并失去能量。在事件视界，来自灯泡的光就完全消失了。可以说，光子轨道和事件视界之间的空间是黑洞的黄昏地带，落入其中的一切都迅速变得黑暗。

在光子轨道附近，光可以沿着非常疯狂的轨迹飞行。小时候，我有时会和朋友一起用纸板筒和透镜做一个"超级秘密间谍筒"，在角落里偷看。黑洞是最高级的"超级秘密间谍筒"，因为

---

i　也就是"光子层"（photon sphere）。——译者注

它可以同时在各个方向偷看许多角落！对于黑洞，你不仅要多角度思考它，还要以各种角度观看它！

如果我们有像超人一样的激光眼，激光束的路径会让我们知道我们在看什么。例如，如果我们看向黑洞的左侧，视线激光束就会转到右边，并且消失在拐角。如果我们稍微再向右瞄准一丁点，光线就会弯曲得更厉害并向着我们飞回来，我们因此看到黑洞前面的东西。要是瞄准更往右的地方，光线会先移动一圈，然后我们将直接看向黑洞中心。如果我们向黑洞的右侧看过去，实际看到的是黑洞的左边、后面、右边的东西。如果我们看的是黑洞的上方，光线就会向下弯曲，我们就会看到黑洞上面、后面、下面的一切。光线可以围绕黑洞在光子轨道附近飞行四分之一、一半甚至一整圈——有时它的飞行轨迹甚至是许多紧密的、螺旋式的近圆[i]。

如果我们偷看黑洞的距离太近，视线就会在事件视界处结束，我们就会看到一片黑暗。黑洞的真实性质简直就是"黑暗"一词本身，明亮的光只在它周围的区域闪耀。

如果我们绕着黑洞飞行，我们就总是能从四面八方看到同样的光环——因此可以说黑洞周围到处是透明的辐射星云。这个星云的光线被偏转和聚焦，在黑洞周围形成一个薄薄的充满光线的球形外壳。从各个方向看，我们就总能看到一个中间有一个黑点的环。这个点是黑暗的，因为视线在黑洞处结束。但它并不是完全黑色的，因为视线还必须穿过前景的发光云。

然而，围绕黑点的环并不总是具有完全相同的形态。如果我

---

i 一个不错的将光线路径可视化的视频见此处：T. Müller and M. Pössel, "Ray tracing eines Schwarzen Lochs und dessen Schatten," Haus der Astronomie, http://www.haus-der-astronomie.de/3906466/BlackHoleShadow。

们让气体在计算机模拟中几乎以光速旋转，就像我们所期望的黑洞周围的情形那样，只会有一个半环产生。在气体向着我们运动的一侧，光得到加强，在另一侧则被削弱。此外，如果黑洞本身也在旋转，那么这个环就会缩小百分之几，甚至几不可见地变得稍稍平坦了些。

20 年后，我了解到，德国数学家大卫·希尔伯特（David Hilbert）在 1916 年[i]就已经研究出了光路的数学原理——在爱因斯坦和史瓦西为黑洞奠定基础后仅几个月，当时还不知道黑洞是否存在以及它们到底是什么。希尔伯特的工作可能也因为他过于超前而被遗忘。

甚至在 20 世纪 70 年代和 90 年代，已经有一些关于黑洞应该是什么样子的计算结果[ii]，但由于没有现实的机会看到它们，这些论文几乎无人问津。直到我们的文章发表后，它们才慢慢被重新发现。2014 年的电影《星际穿越》（Interstellar）塑造的黑洞给许多人留下了印象——但这部电影中的模型并不适用于 M87

i 参见此书：Tilman Sauer and Ulrich Majer, eds., *David Hilbert's Lectures on the Foundations of Physics 1915–1927* (Springer Verlag, 2009)。以及：M. von Laue, *Die Relativitätstheorie* (Friedrich Vieweg & Sohn, 1921), 226。

ii 参见论文：C. T. Cunningham and J. M. Bardeen, "The Optical Appearance of a Star Orbiting an Extreme Kerr Black Hole," *The Astrophysical Journal* 183 (1973): 237–64, https://ui.adsabs.harvard.edu/abs/1973ApJ…183..237C；以及：J.-P.Luminet, "Image of a Spherical Black Hole with Thin Accretion Disk," *Astronomy and Astrophysics* 75(1979): 228–35, https://ui.adsabs.harvard.edu/abs/1979A&A....75..228L；以及：S. U.Viergutz, "Image Generation in Kerr Geometry. I. Analytical Investigations on the Stationary Emitter-Observer Problem," *Astronomy and Astrophysics* 272 (1993),https://ui.adsabs.harvard.edu/abs/1993A&A…272..355V。其中，第一篇论文的计算和绘图都是手工完成的，第二篇论文使用电脑完成了计算，但图片是手绘的，第三篇文章的计算和绘图都是使用电脑完成的。

或银河系中心的形态。电影里的黑洞没有被发光的炽热气体所包裹，也没有喷流。包围它的是一个薄而不透明的圆盘，中间有一个洞。当然，电影里这个形状像磁盘的结构是事先设计好的，因此它的中间有个窟窿也不怎么令人惊讶。即使没有中心黑洞，那里也会空出一个黑色的洞。但是，只有在这个洞的位置本应该充满光明的时候，那里的一片黑暗才变得有意义。

当我和我的两位同事写关于预测黑洞图像的文章时，我们还讨论了如何称呼"那个东西"，即中间的黑点。能让人激动的名字对于表述科学概念很重要。如果不带着"爆炸"这个字眼，大爆炸会是什么呢?！但"大爆炸"这个词每个人都一听就懂，尽管没有人能真正听到爆炸声。具有冲击力的术语往往更能传达抽象的信息。

因此，我们组织了一次多方远程会议。我们不能称其为黑洞，因为一旦使用这个称呼，它就必定同时包括中心的质量和时空的曲率。"空心""斑点""丘疹"——所有这些词不知为何也不适合。然后我们突然想到把它称为黑洞的"阴影"（shadow）[i]。因为我们不能直接看到黑洞，而只能看到它的影子，即丢失的光。黑洞躲在这个阴影后面，并没有透露出它的所有秘密。黑洞的确只是自己的阴影。这个影子也不像剪影那样尖锐和黑暗：它是三维的，因此即使在这种黑暗中，仍然可以看到一些光——来

---

i 无巧不成书，几周之后，一位当时正在设法帮我忙的教授的学生也完全独立于我们将这个称呼写入文献。不过，他们发表的是一篇非常抽象的数学论文。这位费迪南德·施密特－卡勒（Ferdinand Schmidt-Kaler）教授还曾推荐我获得柏林－勃兰登堡科学院的学院奖，我对此深为感激。论文见：A. de Vries, "The Apparent Shape of a Rotating Charged Black Hole, Closed Photon Orbits, and the Bifurcation Set A_4," *Classical and Quantum Gravity* 17 (2000): 123–44, https://ui.adsabs.harvard.edu/abs/2000CQGra..17..123D。

自黑洞前面的气体[i]。

当然，在我们的文章中，我们希望以一种令人印象深刻的方式展示我们模拟的射电图像。如何呈示肉眼看不到的东西？很明显，黑洞阴影的图像将只由射电望远镜的数据组成。这不是传统意义上的照片，因为我们的数据不是来自人眼可见的波段。这样的光该是什么颜色？我们已经计算了亮度，但没有计算颜色。理论上讲，可以使用等高线图或灰度图。这也会以一种有意义的方式映射数据，但看起来会很无聊。

进入新千禧年后，越来越多的作者在天体物理学刊物中发表带有彩色图像的文章——尽管，在专业期刊中使用彩印服务仍然必须要额外付费。但这是值得的，因为我清楚地知道，对于我们的项目，形象的设计对其读者的影响至关重要。射电天文学家们通常热衷于使用虚拟调色板，他们更喜欢选择彩虹色作为射电天体的图像表现，但黑洞毕竟不是一个快乐的地方。

一种叫作"热"（heat）的色标似乎更合适。这类颜色代表熔化的铁。黑洞的阴影现在被一圈火环所包围，不知为何让人想起日食时分的热日冕。对于这样一个围绕着黑洞的发光怪物，我认为这种颜色选择非常合适，但这只是一种艺术效果。

2000 年 1 月，我们在《天体物理学报》（*The Astrophysical Journal*）[ii] 上发表了这项研究，题目是"查看银河系中心黑洞的阴

---

i 将黑洞影像的黑暗部分称为"阴影"（shadow）是通过本书作者及其合作者的工作所确立的。也有一些其他的科研人员将其称为"剪影"（silhouette）。——译者注

ii 参见论文：Heino Falcke, Fulvio Melia, and Eric Agol, "Viewing the Shadow of the Black Hole at the Galactic Center," *The Astrophysical Journal* 528 (2000): L13–16, https://ui.adsabs.harvard.edu/abs/2000ApJ⋯528L..13F。

影"，我们描述了有可能看到黑洞的方式。这是一封简短的"通信"，根据该杂志的规定，必须在四页以内——因此，一些计算机模拟的内容等到稍后的会议论文中才出现[i]。许多同事仍然认为我们的预测过于理想化，但这篇短论文却是我被引用得最多的论文之一。我在一份新闻稿中自豪地宣布[ii]："很快我们就能看到黑洞了！"——实际上，这还需要 20 年的时间。

i 参见论文：Heino Falcke, Fulvio Melia, and Eric Agol, "The Shadow of the Black Hole at the Galactic Center," *American Institute of Physics Conference Series* 522 (2000): 317–20, https://ui.adsabs.harvard.edu/abs/2000AIPC..522..317F。

ii 新闻稿见："First Image of a Black Hole's 'Shadow' May Be Possible Soon," Max Planck Institute for Radio Astronomy in Bonn, January 17, 2000, http://www3. mpifr-bonn.mpg.de/staff/junkes/pr/pr1_en.html。

9

建造全球性望远镜

寻找望远镜和资金

没有望远镜的天文学就像没有乐器的交响乐团。要用全球干涉仪拍一张简单的照片，至少需要五架望远镜，分布在不同的位置。十架会更好。但问题是，怎样才可以搞到它们？在 21 世纪初，根本没有足够的这类望远镜，那些已经存在的望远镜由于缺乏资金而面临关门的威胁。期待已久的新望远镜建造计划也被推迟。对于我们这个雄心勃勃的项目来说，事情是棘手的[i]。

---

i 波恩的马克斯·普朗克射电天文研究所和斯图尔德天文台在亚利桑那州的格雷厄姆山上联合建造了海因里希·赫兹望远镜（HHT），一台口径 10 米的单天线望远镜。几年后，德国人撤出了项目，它被重新命名为亚毫米波望远镜（SMT），亚利桑那大学维持着它的存在。在夏威夷的莫纳克亚山上坐落着麦克斯韦望远镜（JCMT），它具有 15 米口径的天线。今天，来自中国、韩国和日本的天文学家们在 JCMT 并肩工作。另有两台由欧洲的毫米波射电天文所（IRAM）管理的望远镜分别位于西班牙韦莱塔峰（Pico de Veleta）和法国阿尔卑斯山布尔高原。它们已经站稳脚跟，将继续长期运行。其他的天文台只处于规划阶段，其中包括墨西哥的大型毫米波望远镜（LMT），它的地理位置对我们来说非常理想。这是一台 50 米口径的超级望远镜，但是它的启用时间被推迟到了 2011 年，而且直到那时候它也没有彻底完成。甚至在南极也有一台专门为宇宙学研究建造的望远镜在规划中，该望远镜在 2007 年开始运行。但是又过了 8 年，我的同事、来自亚利桑那州的丹·马罗内（Dan Marrone）等人才成功地将这台位于荒僻的南极洲的望远镜联入甚长基线干涉网。

计划中，主宰该领域的"800磅大猩猩"将是智利的阿塔卡马大型毫米波阵列（ALMA）。这是一个全球项目，耗资10亿欧元，由欧洲、美国、日本三个地区共同建设。这个巨大的望远镜由66个口径达12米的独立天线组成。整个网络加起来将具有等效于80米望远镜的测量灵敏度和16千米望远镜的图像分辨率。早在写关于黑洞阴影的文章的时候，我们就很清楚ALMA将是这样一个横跨世界的实验中的决定性的王牌。因此，带有ALMA的VLBI是我们愿望清单上的首要项目[i]，而ALMA的科学家们也很快就有了和我们一样的打算[ii]。但这个ALMA的建设被推迟到了2011年，进行VLBI看起来也不那么有希望了："我们没有钱来实现你的项目，但我们会确保它不会成为不可能。"这还是我收到的最有希望的回复。

2003年在奈梅亨的拉德堡德大学的开学演讲中，我谈到了我捕获黑洞图像的梦想，以及为何对宇宙的了解越多，我们就越能意识到自己的局限性。一家荷兰报纸的标题写道我在"敲响地狱之门"[iii]。我喜欢这句话。

2004年，我们离地狱之门又近了一点。杰夫·鲍尔与我和其

---

i 参见论文：H. Falcke, et al., "Active Galactic Nuclei in Nearby Galaxies," American *Astronomical Society Meeting Abstracts* 200 (2002): 51.06, https://ui.adsabs.harvard.edu/abs/2002AAS⋯200.5106F。

ii 参见论文：P. A. Shaver, "Prospects with ALMA," in: R. Bender and A. Renzini, eds., *The Mass of Galaxies at Low and High Redshift: Proceedings of the European Southern Observatory and Universitäts-Sternwarte München Workshop Held in Venice, Italy, 24–26 October 2001* (Springer-Verlag,2003), 357, https://ui.adsabs.harvard.edu/abs/2003mglh.conf.357S。

iii 报道见：*De Gelderlander*, April 2003。

他四位同事合作，成功地用甚长基线阵（VLBA）[i] 在长毫米波段对银河系中心进行了到那时为止最好的 VLBI 测量。这些数据终于具有了足够的精确度，使我们可以通过计算抵消图像中由银河系中的热气体造成的模糊现象。我们第一次看到了射电源的真实尺寸，就像我们的模型所预测的那样，它随着波长的缩短而变小，由此类推，最短的波长实际上应该来自事件视界边缘。千真万确，在黑洞近邻区域发出的光确实是毫米波。德意志新闻社（*Deutsche Presse-Agentur*）援引我的话说："三十年后，在射电望远镜的帮助下，迷雾终于被揭开。"

同年，美国西弗吉尼亚州绿岸天文台的射电天文学家们庆祝了一个周年纪念日[ii]。正是在这里，在 1974 年，整整 30 年前，首次发现了人马座 A* 的踪迹。在一个庄严的仪式上，我们为纪念这一发现的牌匾揭幕。当晚，我即兴组织了一个特别的活动，参加揭幕式的科学家聚在一起，听谢普·多尔曼、杰夫·鲍尔还有我谈论人马座 A* 的阴影以及我们将使用的测量技术。最后，我请大家投票：现在进行这种努力的时机是否已经成熟，还是说不确定性仍然太大？观众的回应很明确。在场的大多数专家都相信应该摄制黑洞的图像，现在剩下的只是真的去拍到它。

研讨会结束后不久，我邀请多尔曼和鲍尔参加了一系列远程

---

i 参见论文：G. C. Bower, et al., "Detection of the Intrinsic Size of Sagittarius A* Through Closure Amplitude Imaging," *Science* 304 (2004): 704–8, https://ui.adsabs.harvard.edu/abs/2004Sci…304..704B。

ii 参见文章：S. Markoff, et al., eds., "GCNEWS–Galactic Center Newsletter," vol. 18, http://www.aoc.nrao.edu/~gcnews/gcnews/Vol.18/editorial.shtml。

会议[i]，共同推进实验。我想，我们需要全球性的合作，像粒子物理学家喜欢组织的那种合作。在项目中，谁也用不着当独行侠，工作的计划、实施和发表都会由许多研究人员共同合作完成。实验、数据分析和建模都会被整合到同一个项目里。

我们已经明确制定了我们的科学目标。我们想在一个有针对性的实验中证明或推翻我们的假设。就像粒子物理学家寻找希格斯粒子一样，我们也在寻找黑洞的阴影。那个影子或是就在那里，或是不在。我们只想研究一个天体，但研究它需要整个世界的力量。然而，使整个世界联手并非朝夕之事。

麻省理工学院（MIT）的海斯塔克天文台是 VLBI 研究的领先中心，坐落在波士顿附近富有田园风情的树林中。那里正在开发新的硬件，使其能够同时存储比以往多得多的数据。谢普·多尔曼在那里推动了这个项目。他在麻省理工学院读完博士之后，来到波恩做了一段时间的博士后，那时我们匆匆见过一面。回到美国后，他又在海斯塔克天文台工作。多尔曼可以使用夏威夷、亚利桑那州和加利福尼亚州的四台望远镜，手头至少可以组建一个小型网络。就像我一样，他想做第一轮测试实验。

与此同时，我正在 LOFAR 射电望远镜工作，先是作为项目科学家，后来又担任委员会主席。我获得了关于大型物理实验和国际合作的运作方式的一手体验。此外，我也在继续研究银河系中心，并参与了一些 VLBI 实验。但是，在荷兰使用毫米波望远镜的机会不多。我不得不等待 ALMA。

多尔曼小组首先继续在他们的三个观测点使用四台望远镜。2006 年，他们将所有的天线同时对准了银河系中心。起初的结果并

---

i 我的私人记录。智利同事尼尔·纳加尔（Neil Nagar）有时也会参与讨论。

不理想，但在 2007 年，他们成功地在波长为 1.3 毫米的频段进行了测量，并在一年后自豪地展示了这一成果[i]。天文学家还不能得到图像，但已经能够在最短的波段里确定人马座 A* 的大小，精确度比 10 年前的克里希鲍姆实验高得多。确实正如人们所期望的，算上阴影和光环部分，人马座 A* 的大小和预测完全一致！我兴奋异常，由衷地欢呼——理论再次得到了证实。只差阴影还没看到！

多尔曼在美国卖力地拉赞助，我在大西洋的另一边也做着同样的尝试。对于募集大笔资金，你需要大量而广泛的支持。2007 年，欧洲天文学家首次就天文学的未来编制了一份联合战略文件[ii]，我们的阴影实验被列入其中。从此，我们的想法被正式确认为欧洲未来十年的重要科学目标之一，而同样的事情稍后在美国也会发生。在那里，一个美国的十年计划，即《Astro2010：天文学和天体物理学十年调查》(*Astro2010: The Astronomy and Astrophysics Decadal Survey*)，以"天文学和天体物理学的新世界和新视野"这个动人的标题面世。

就在《十年调查》公布之前，多尔曼在加州长滩的美国天文学会（AAS）年会上组织了一次研讨会，我被邀请参加。研讨会的目的是争取对美国的十年计划的广泛国际支持。

在一次茶歇时间，我与多尔曼和丹·马罗内坐在一起。马罗内当时在芝加哥，后来搬到亚利桑那州。在过去的几年里，我越来越意识到良好的营销在我们这种规模的大项目中是多么重要，即使是在科学领域也是如此。但迄今为止，我们甚至没有一个与众不同

---

i 参见论文：Sheperd S. Doeleman, et al., "Event-Horizon-Scale Structure in the Supermassive Black Hole Candidate at the Galactic Centre," *Nature* 455 (2008): 78–80, https://ui.adsabs.harvard.edu/abs/2008Natur.455…78D。

ii 即：*A Science Vision for European Astronomy* (Garching: ASTRONET, 2010), 27。

的项目名称。除了一些书呆子之外，谁会真正对"亚毫米 VLBI 阵列"有什么想法呢？"现在是改变这种状况的时候了！我们需要一个有吸引力的名字。"我对大家说。我提议叫它"事件视界阵列"。经过热烈的讨论，我们同意采用"事件视界望远镜"这个名字，简称 EHT。一个名称、一个符号、一个品牌诞生了——事实又一次证明，茶歇时间有时能比长达数天的演讲催生更多的行动和进展。

后来，一些与会者发表了十年调查的战略文件[i]。其中，我们的项目首次以新名称"事件视界望远镜"正式登场。

现在在美国涌入了更多的资金。与此同时，波恩的射电天文学家也进一步深入参与新的 VLBI 实验，使用着西班牙和法国的 IRAM 望远镜，以及智利的新 APEX 望远镜。2011 年，荷兰的好消息也到来了。在一个美丽的初夏，我接到了约斯·恩格伦（Jos Engelen）的惊喜电话。他是欧洲核子研究中心（CERN）的前首席科学家，现在是"荷兰科学研究组织"（NWO）的负责人。我们通过我在天体粒子物理学方面的工作相识。"请坐下来。"他开始说道。惊讶之余，我站了起来。"亲爱的海诺，我打电话是因为我想亲自告诉你，你因为在 LOFAR 和黑洞可视化方面的工作而获得了今年的斯宾诺莎奖。"他郑重地说道。诚然，这听起来相当出色，但斯宾诺莎奖是什么？作为一个外国人，我的知识有一个令人尴尬的断层。"这有点像荷兰诺贝尔奖！"我还没来得及发问，他就解释说。有一瞬间我想问他，这种说法是否就像在说"荷兰全国世锦赛"，但还是在心里扼杀了这句话。他继续说：

---

i 参 见 论 文：Sheperd Doeleman, et al., "Imaging an Event Horizon: submm-VLBI of a Super Massive Black Hole," *Astro2010: The Astronomy and Astrophysics Decadal Survey* 68 (2009), https://ui.adsabs.harvard.edu/abs/2009astro2010S..68D。

"这个奖获得的资助比诺贝尔奖要好得多。"他说："你将得到250万欧元。"现在我坐下来了。他补充说："你可以随心所欲地使用这笔奖金——当然，不是私自使用，而只能用于研究目的。"我立即就知道这笔钱要拿来做什么。

事件视界望远镜诞生

几个月后，我带着"装满钱的手提箱"前往亚利桑那州图森市参加事件视界望远镜的第一次国际战略会议。位于智利的大型ALMA望远镜终于完工了，现在关键的研究机构和天文台的主要代表就聚集在这里。我又见到了许多熟悉的同事。

我们详细讨论了最新的科学成果，比如在理论方面的最新进展。在过去几年，用所谓的超级计算机进行计算的能力已经取得了很大的进步。就像为天气预报预测地球周围空气团的运动一样，这些巨大的计算机模拟了气体如何围绕黑洞运动。这种方法被称为GRMHD模拟，是"广义相对论磁流体动力学"的首字母缩写。这听起来很复杂，而且确实如此。这是因为GRMHD模拟涉及高度复杂的模型，用以模拟弯曲、旋转时空中的磁化等离子体流。其他还有一些程序计算光和射电辐射是如何在黑洞周围的热气体中产生、偏转和吸收的。这些计算的广度远远超过了我们在2000年前后算得的所有东西。巨型计算机不断地输出着美丽而令人兴奋的图像，而所有的同事现在都在利用它们的计算能力来寻找黑洞的阴影，试图证实我们的基本假设。一个真正的"影子产业"出现了。几乎所有的模型中都可以看到阴影和光环，所以在理论上我们达成了一致。

一位名叫莫妮卡·莫希齐布罗兹卡（Monika Mościbrodzka）的年轻科学家的能力和态度给我留下了深刻印象。她曾在华沙的尼古拉·哥白尼天文中心跟随著名的吸积盘专家博热娜·切尔尼（Bożena Czerny）完成了博士学位，并在美国向数值模拟领域的主要专家查尔斯·甘米（Charles Gammie）学习技艺。现在，她正在为人马座 A* 做一些最好的"天气预报"[i]。在这之前，这一研究领域一直由男性主导，但莫妮卡想做出自己的成绩。我在奈梅亨为她提供了一个职位，并要求她成立一个数值模拟小组。攻克这一领域是坎坷而艰难的，因为编程、运行和分析模拟需要非常多的时间和精力，需要抱有坚韧不拔的精神在电脑后面度过许多孤独的时光。在这个领域发表的每一篇文章都来之不易。这就像逐个细节、逐个功能地在计算机中重建我们用来收集数据的望远镜。随后，她还会改进我们 20 世纪 90 年代的旧喷流模型[ii]，并为 EHT 的后期图像制作异乎寻常地准确的预测[iii]。

---

i   参见论文：Monika Mościbrodzka, et al., "Radiative Models of SGR A* from GRMHD Simulations," *The Astrophysical Journal* 706 (2009): 497–507, https://ui.adsabs.harvard.edu/abs/2009ApJ···706..497M。

ii 参见论文：Monika Mościbrodzka, Heino Falcke, Hotaka Shiokawa, and Charles F. Gammie, "Observational Appearance of Inefficient Accretion Flows and Jets in 3D GRMHD Simulations: Application to Sagittarius A*," *Astronomy and Astrophysics* 570(2014): A7, https://ui.adsabs.harvard.edu/abs/2014A&A···570A···7M。

iii 参见论文：Monika Mościbrodzka, Heino Falcke, and Hotaka Shiokawa, "General Relativistic Magnetohydrodynamical Simulations of the Jet in M 87," *Astronomy and Astrophysics* 586 (2016): A38, https://ui.adsabs.harvard.edu/abs/2016A&A···586A..38M。无独有偶，在 Dexter 的工作中，也根据 GRMHD 模拟做出了很好的预测：Jason Dexter, Jonathan C. McKinney, and Eric Agol, "The Size of the Jet Launching Region in M87," *Monthly Notices of the Royal Astronomical Society* 421 (2012): 1517–28, https://ui.adsabs.harvard.edu/abs/2012MNRAS.421.1517D。

会议上另一个备受讨论的新进展是对黑洞质量的最新估算。人马座 A* 的质量实际上比之前预计的大，M87 的黑洞近年来也变重了。现在 M87 的质量应该是 30 亿个太阳质量，而不是 20 亿。另一个小组甚至声称，这个黑洞比太阳重 60 亿倍。如果那是真的，它的阴影就大得可以看到！我们现在是否有了两个候选观测对象？M87 中的黑洞仍然会比人马座 A* 略小，但它位于北天球，从大多数望远镜所在的北半球更容易看到。另外，银河离 M87 也有段距离，所以不会模糊其中的黑洞的图像。和银河系中心相比，这边就少了一个问题。啊，这恐怕好得不能再好了！我很警觉。我不是在用心愿指挥思考吧？对其他星系中的黑洞的质量测定经常显示出系统误差，但 M87 肯定值得一试。

在图森的战略会议上，科学家们在会议室里进行了辩论。同时，在闭门会议室里，各天文台和主要研究所的领导人讨论了科学政策。我的位置在两者中间。最后我们商定了一个共同的行动方案。一项全球性的行动的基础已经奠定。

现在到了干正经事的时候了。必须筹集更多资金。如果各自为政，没有哪一台望远镜或是主要的天文台，哪怕是 ESO 或国家射电天文台（NRAO），能为 EHT 项目提供资金、进行科学的运作并进行充分的评估。天文台需要让自己的资源和工作人员维持自己的望远镜的运行。现在，我们必须为自己的需求采取行动。但该怎么做呢？

有时帮助不期而至。2012 年，在从德文格洛的 LOFAR 会议回来的路上，我在火车上遇到了同事米夏埃尔·克拉默（Michael Kramer）。我们在同一时间完成了博士学业，但从未更密切地接触过对方。这些年里，他已当上了波恩马克斯·普朗克射电天文研究所的第三任所长，并成功地利用脉冲星从根本上检验了爱因斯坦的相对论。我们很快就聊到了同一个频道上。我们两个都是五年前第一批从欧洲研究委员会（ERC）获得大量资金的天文学家之一。我用那笔钱资助了利用 LOFAR 对宇宙粒子的先驱性测量，他建立了一个类似 VLBI 的网络，用脉冲星测量引力波。我们都对引力很着迷。这两个项目及其资助都行将结束，而我们都渴望启动一项新的事业。

我给他讲了 EHT 的事情，他介绍了如何利用黑洞周围的脉冲星以难以置信的精度测量时空。我们决定向欧洲研究委员会提交一份联合申请，与欧洲所有学科的最佳研究小组竞争——哪怕获得 1500 万欧元巨额经费的成功机会只有 1.5%[i]。为了让小组有第三名成员，我们争取到了卢恰诺·雷佐拉（Luciano Rezzolla）。他是个意大利人，先在波茨坦的阿尔伯特·爱因斯坦研究所从事引力波和黑洞并合的研究，然后作为教授在法兰克福大学任教。

彼此熟悉了之后，我们很快就全力以赴地投入了工作。我们三个人就联合提案工作了六个月，并将该项目称为 BlackHoleCam[ii]。世界上的望远镜都需要照相机，EHT 也不例外。我们想提供的就是这种照相机。对于事件视界望远镜而言，相机就是数据记录器和分析软件二者之和。

在等待的头几个月里发生了一个小奇迹。如果能用 ALMA 在银河系中心进行脉冲星搜索，会对我们的提案很有帮助。但是，这是

---

i 最终，因为竞争太过激烈，在我们这一轮实际上只有一半人提交了申请，因此成功的概率实际上是 3%。

ii 欧洲研究委员会的项目照片和视频资料可见：https://blackholecam.org。以及论文：C. Goddi, et al., "BlackHoleCam: Fundamental Physics of the Galactic Center," *International Journal of Modern Physics D* 26 (2017): 1730001–239, https://ui.adsabs.harvard.edu/abs/2017IJMPD..2630001G。

一项风险极大的投机活动。几十年来，天文学家一直在寻找银河系中心的脉冲星。那里应该有数千颗脉冲星，但直到那时还没有检测到哪怕一颗。无巧不成书，就在我们的提案提交给评审委员会的这几个月里，一颗全新的、年轻的脉冲星首次在银河系中心爆发了。我们第一个发现这颗脉冲星，并使用埃菲尔斯伯格的 100 米望远镜测量了它。2013 年 9 月，《自然》杂志发表了我们的工作[i]，我们受到了极大的关注。这一结果表明，还是有可能在银河系的超大黑洞附近找到脉冲星的。大自然帮了我们一个大忙，因为这一发现对我们的申请肯定是有利的。银河系中心到底还藏着多少脉冲星呢？

令我们惊讶的是，尽管进行了密集的搜索，但迄今为止在银河系中心还没有发现第二颗脉冲星。为什么会这样？这仍然是银河系的不解之谜。为什么这颗脉冲星恰恰在我们需要它的那几个月里吸引了我们的注意？这对我们来说同样是令人费解的。但我们并没有捏造数据。其他天文学家证实了我们的测量结果。我有没有说过，科学中有时候必须要有点运气？

选拔流程就像一个选秀节目，我们的提案必须在一轮又一轮的选拔中脱胎换骨。每一轮，评委小组都无情地竖起或放下拇指。我们杀入了决赛，受邀前往布鲁塞尔，向评委当面展示。这一刻我们绝不能失败。我们为演讲排练了好几天，为各种问题做准备。时间一到，我们就去了位于欧洲首都的欧洲研究委员会总部。

我们三个人情绪饱满地来到了准备室。排在前面的一组已经在那里等待了。那是来自世界著名的牛津大学的教授。他们或呆坐着，或紧张地来回踱步。

---

i　论文见：R. P. Eatough, et al., "A Strong Magnetic Field Around the Supermassive Black Hole at the Centre of the Galaxy," *Nature* 501 (2013): 391–94, https://ui.adsabs.harvard.edu/abs/2013Natur.501..391E。

20 分钟后，另一组人结束面试回来，他们的所有人看起来都像是受到了打击。"他们非常具体地询问了预算问题！"一个人呻吟道。慢慢地，我们的心情滑入谷底。这里聚集着欧洲最有经验和最优秀的科学家，可他们都觉得自己像在学校里等着接受口试的可怜学生。当我们步入房间做报告时，一个由 20 人组成的委员会坐成 U 形迎接我们。像罗马角斗士一样，我们大步走进竞技场，紧盯着科学上的死亡。但是角斗的号角声在哪里呢？

演示进行得非常顺利。米夏埃尔、卢恰诺和我衔接得十分完美，最后我们在规定的时间内准时结束，精确到秒。委员会提出问题，作为团队精心排练过的我们滴水不漏地应对了这些问题。委员会中唯一的天文学家凯瑟琳·塞萨尔斯基（Catherine Cesarsky）曾是欧空局的前局长，相当了解她的工作领域。"你们与事件视界望远镜是什么关系？"她问道。她的问题击中了我们提案的弱点，即 EHT 的组织结构仍不明确。如果发生了纠纷，一切都崩溃了怎么办？"我们想成为其中的一部分，并帮助建设它，使资源相互补充，"我们说，"但要想更好地协调各项工作，我们需要钱。当然，在紧要关头我们也可以独立进行实验。"凯瑟琳·塞萨尔斯基笑了；显然，我们对最重要的问题之一给出了正确的答案。委员会将站在我们这边。

时间快到了。"我还有一个问题，"另一位委员会成员开口了，"我不明白预算电子表格中这两笔用于公共关系的款项，你能解释一下吗？"我的心怦怦直跳。他在询问数字！我的脑袋仿佛忽然变成了一个黑洞。我结结巴巴地泛泛而谈了几句。面谈结束了；我们心情忐忑地回了家。我们的演示成功了吗？它打动了委员会吗？还是我们在最后五分钟里失败了？

两周后，我们收到了欧洲研究委员会主席的信。我经常收到这样的信。你只需要阅读前四个字，就能知道你需要知道的一切。"我很高兴……"信上说。申请通过了！我站了起来，幸福而平静地在书房里走着。然而，由于我在最后五分钟里磕磕巴巴，委员会给我们减掉了一百万欧元——我从来没有在这么短的时间里赌输这么多钱。尽管如此，我们还是成功了！我们是第一组为 EHT 募集到大量资金的人——金额是 1400 万欧元。现在我们可以与美国人成功地合作了吧？

同一天，我给多尔曼写了一封电子邮件，告诉他我想在波士顿与他见面。我订了机票。三天后，我和他以及海斯塔克天文台的主任科林·朗斯代尔（Colin Lonsdale）已经坐到了一起，朗斯代尔以其平和而不偏不倚的态度居间促成了双方的合作。两天来，我们讨论了下一步的工作，并同意就合作建设事件视界望远镜签署一份意向书。

谢普·多尔曼还拉上了来自亚利桑那州的引力理论专家迪米特里奥斯·普萨尔蒂斯（Dimitrios Psaltis）和其他美国同事，向美国科学项目的主要资助者国家科学基金会（NSF）提交了他那边的经费申请。我们写了一封支持信，在信中我们写了与多尔曼的团队的合作意向。他的申请也得到了批准。弗吉尼亚州的国家科学基金会总部向 EHT 拨款 800 万美元。现在我们凑够了钱，开始计划新的实验。

在波士顿举行的会议是不够的。回到欧洲后，我们建立了自己的团队。我设法招募了经验丰富的天文学家雷莫·提拉努斯（Remo Tilanus）作为项目经理。他曾为荷兰在夏威夷管理詹姆斯·克拉克·麦克斯韦望远镜（JCMT）多年，直到他们在 2015年撤出。他还曾为那里的 VLBI 实验做出了许多贡献。

与此同时，五个年轻的硕士生出人意料地出现在我在奈梅亨的家门口。他们对 EHT 感兴趣，我能够为他们提供博士生职位。一个奇妙的群体自那时起慢慢形成。虽然其中多数人来自奈梅亨地区，我却感觉他们仿佛从天而降。最终，我们的团队有了来自七个国家的成员 [i]。

"我们将征服世界，但是要以友好的方式。"——这是我们的座右铭，我把它灌输给每个人。我的学生和员工享有很大的自由。我的目标是让他们自己找出驱动他们的因素。我不想劝说或强迫他们做任何事情。每个人最终都必须找到自己的位置，因为只有这样，才能用心去做自己渴望做的事。重要的是，每个人都有与自己的实际才能相匹配的目标并为之奋斗。同时，团体中的人才应该相互补充，而不是相互竞争。

2014 年 11 月，在加拿大滑铁卢的圆周理论物理研究所（Perimeter Institute）召开了另一次研讨会。密室外交在这里达到了顶峰，会议本身几乎成了无关紧要的事情。几十位天文学家争夺在 EHT 中的角色。谁应该成为领导层的一部分？组织结构是什么？在最后一个晚上，我们必须得快刀斩乱麻。谈判一直拖到了晚上；这是一场没有拳头的战斗，尽管有一两个人确实时常用拳头敲打桌子。到了午夜，我们终于就 EHT 的未来应该是什么样子达成了协议。我们握手言和，同意就此作罢；但第二天早上

---

i 其中有博士生：米夏埃尔·扬森（下莱茵地区）、萨拉·伊萨恩（加拿大）、弗里克·鲁洛夫斯（Freek Roelofs）、约尔迪·达弗拉尔、托马斯·布龙兹瓦尔（Thomas Bronzwaer）、克里斯蒂安·布林克林科（Christiaan Brinkerink，荷兰）、拉克尔·弗拉加－恩西纳斯（Raquel Fraga-Encinas，西班牙）、赵杉杉（中国）；博士后：科尔内利娅·穆勒（Cornelia Müller，德国）；资深科研人员：奇里亚科·戈迪（Ciriaco Goddi，意大利）、莫妮卡·莫希齐布罗兹卡（波兰）、达恩·范罗苏姆（Daan van Rossum，荷兰）；项目经理：雷莫·提拉努斯（荷兰）。

已经有人试图重新谈判了。

　　在又召开了 50 次远程会议之后，EHT 才在 2016 年夏天成为一个临时性的合作组织。又过了一年后，所有的文件才终于得以签署，而那时所有实验已经都完成了。该合作由 13 个机构伙伴组成：4 个来自欧洲，4 个来自美国，3 个来自亚洲，另外还有墨西哥和加拿大。在作为最高机构的项目董事会中，所有机构都有平等的代表权。

　　一个由主任、项目经理和项目科学家组成的 3 人小组负责日常管理，而由 11 名选定成员组成的科学委员会则负责决定和监督科学计划。

　　项目主任是谢普·多尔曼，项目科学家是迪米特里奥斯·普萨尔蒂斯，而项目经理由雷莫·提拉努斯担任。我被选为科学委员会主席，我的长期同事杰夫·鲍尔被选为副主席。他那时已经搬到了夏威夷，为中国台北的天文与天体物理中心工作。波恩 VLBI 小组的主任安东·岑苏斯和海斯塔克天文台的科林·朗斯代尔接任董事会主席。

　　因此，权力得到了分配，但在领导岗位或董事会中没有一个女性。我认为这是 EHT 的先天缺陷，不是什么值得骄傲的好事。只有科学委员会有两名女性，包括现在在阿姆斯特丹教书的塞拉·马尔科夫。

探访亚利桑那

　　在进行紧张而艰难的谈判的同时，我们早已忙着进行下一步的准备工作和首次考察了。ALMA 望远镜终于为首次 VLBI 测量

做好了准备 [i]，该测量将于 2015 年 1 月进行。现在我们必须证明我们在技术上和组织上能够掌握一项大型实验。所有望远镜都将配备相同的最新一代 VLBI 设备。

2014 年 9 月 1 日，欧洲研究委员会的第一批资金流入。在同一天，雷莫·提拉努斯为 VLBI 设备下了必要的订单，以便特别重要的、脆弱的部件能够按时到达望远镜台站。人称"马克六号"（Mark 6）的数据记录器是向波士顿的一家公司订购的。格罗宁根的技术人员在波恩的帮助下，在短时间内根据海斯塔克的设计图，自己制造了电子滤波器。

数以百计的最新硬盘将通过海斯塔克观测站发往望远镜台站。但订单无法按期交付。在 2015 年的冬天，一场暴风雪过后，新英格兰各州连日来都躺在厚厚的冰雪覆盖之下，一切都停滞了。一位同事在冰上滑倒，造成复合骨折。我们无法在美国买到我们需要的大量硬盘，而且美国的资金还没有周转起来。雷莫·提拉努斯不得不随机应变。他设法在五天内通过奈梅亨的拉德堡德大学的订购系统下了大量的订单，然后将硬盘从荷兰空运到波士顿，再从那里分发到世界各地。

他是如何做到这一点的，至今没有人知道。这不仅仅是全球化的奇迹，也是一个项目经理几乎不被人注意到的特殊的壮举。最后，所有订购的必需部件都及时到达望远镜台站，并由当地技术人员在现场安装和测试。

一切准备就绪，我们在 2015 年 3 月底蜂拥而出，为第一次

---

i 参见论文：L. D. Matthews, et al., "The ALMA Phasing System: A Beamforming Capability for Ultra-High-Resolution Science at (Sub)Millimeter Wavelengths," *Publications of the Astronomical Society of the Pacific* 130 (2018): 015002, https://ui.adsabs.harvard.edu/abs/2018PASP..130a5002M。

大型联合远征前往各个目的地。我们希望尽可能多地连接世界各地的望远镜。我前往美国亚利桑那州，考察坐落在格雷厄姆山山顶的亚毫米波望远镜（SMT）。我驱车从图森出发，穿过美国西南部惊险刺激的地景，经过裸露的岩石、仙人掌、移动木屋组成的小镇、不可错过的"The Thing"纪念品商店，以及一个沙漠监狱，监狱周围到处都是警告不许越狱的标志。离上山的路不远有个叫萨福德（Safford）的小镇，我绕道去那里为未来一周储备了一些物资。只带一条毛巾[i]是不够的。在从亚利桑那州出发去银河系漫游的旅程中，你必须带上自己的全部行囊。

回到山脚下，我在大本营得到了一张通行证和一个对讲机，然后沿着亚利桑那州366号公路开车上山。冒险开始了。在机场时，我想租一辆四轮驱动的车，于是他们给我找了一辆巨大的红色道奇RAM皮卡。这感觉非常美国，包括太高的油耗。就这样，我从1000米的高原开往3200米高的格雷厄姆山。望远镜在山上的一小块平地上。在路上我看到了通往"亚利桑那基督教会圣经营"和"香农营地"的标志。路边的景色也在变化。起初是地道的美国西部风光，而后是白雪覆盖的山峰，还有像比利牛斯山上一样的冷杉林排列在我前进的路上。

铺好的道路到头了。过了一个路障之后开始了颠簸的旅程，直到一棵倒下的树挡住了去路。我错过了右转弯的路口，只好再折返回去。我已经很累了，可最后几米的高度特别陡峭和狭窄。这条道路因为太窄，每次只能由一辆车上行或下行。我用无线电询问道路是否畅通。"通道上有下坡车吗？"我问道，但

---

i 这个说法来自经典科幻小说《银河系漫游指南》。小说中提到"毛巾是对一个星际漫游者来说最有用的东西"。——译者注

没有得到回答。我宣布"有一辆车正沿着通道前进",然后踩下油门。越野车在扭曲的路上奋力前行,来回摇晃。我在狂野的碎石路上开往山的更高处,甚至不愿去想,在雨中经过这条路会是怎样的情形。突然,眼前一下子出现了宽阔的停车场(这算得上是美国建筑的固定配件)。我到了望远镜前,比山顶稍微低一点的地方。

这个重达 135 吨的结构是一个令人印象深刻的建筑。在底层是宿舍和厨房。建筑物的上部旋转的部分是望远镜和仪器。房子的前墙和天花板都可以打开。如果这里受保护的树木都不妨碍视线,这就为 10 米的天线开辟了一个清晰的天空视野。在不工作的时候,望远镜在建筑群中被严严实实地保护着。在天线的正下方有一个小平台和控制室,可以通过一个楼梯进入。当望远镜改变位置时,控制室和楼梯会随着建筑物的外部转动。这总是会导致混乱,因为在观测过程中,当瞄准天空中的一个新位置时,跟着望远镜的楼梯总是会再移动一点。每当我离开厨房或卧室时,我必须再次寻找楼梯才能到达顶部。楼梯总是在不同的地方,这真让人抓狂!

天线的主体结构主要由碳纤维增强塑料制成,并镀有一层薄薄的铝。这使得望远镜像一面巨大的镜子一样闪闪发光。它绝不能指向太阳的方向,否则它就会变为一个巨大的放大镜,并燃烧殆尽。第一批亚毫米望远镜中的一个已经以这种方式烧毁了它的接收机。

这座山是进行天空观测的理想地点,因为这里的大气中水蒸气含量要比一般的地方低得多,射电信号受到的削弱和污染也就少得多。对一些人来说,稀薄的空气会使他们呼吸不畅,需要花时间适应。我有点头痛,但幸运的是,走楼梯去控制室不成问题。我多年来的足球和排球训练在这里得到了回报。由于湿度低，我喉咙干燥，皮肤干裂。晚上，我一次又一次地醒来——睡不好觉是天文学家的宿命。甚至我的补给也注意到了低气压：薯片袋胀得老大，滚珠除臭剂在我打开它的时候发出一声巨响，向我射出滚珠。它与我擦肩而过，除臭剂在浴室里飞溅。希望未来几天不会太热——我想我最好不要出汗。

在格雷厄姆山的山顶，一片芬芳的冷杉林环绕。在一片空地上可以看到令人振奋的全景，下面是人烟稀少的广袤土地，上面是晴朗的天空。在亚毫米范围内工作的射电天文学家会希望天空万里无云，这样电波才能尽可能不受阻碍地穿过大气层到达天线。正常的无线电波会轻松地穿过云层；然而，我们想要观测的短波会被空气和云层中的水汽吸收。

格雷厄姆山被牢牢掌握在天文学家手中。在 SMT 以东 200米处，一个巨大的灰色肿块从树梢上升起。这就是 LBT 大型双筒望远镜，一个有两块 8.4 米口径镜片的巨大光学望远镜。德国研究机构占有这个望远镜的四分之一。采用蜂巢技术的望远镜是亚利桑那大学望远镜实验室（Mirror Lab）的特色产品。"你可以从我们这里得到你想要的任何镜子，"前斯图尔德天文台台长彼得·斯特里特马特在我开车上山前告诉我，"只要它的口径正好是 8.4 米。"斯特里特马特非常擅长销售望远镜。

在 SMT 的西边是一个不起眼但同样特别的小天文台。这里有梵蒂冈高新技术望远镜（VATT）。梵蒂冈天文台这座长方形的建筑几乎有点让人联想到教堂。一个拉长的中殿通向一个银色的圆顶。然而，下面没有祭坛，而是一个口径为 1.8 米的光学望远镜。

梵蒂冈的天文学家仍然在深深影响我们，因为他们在 16 世纪制定了我们现在的日历。他们的现代天文台于 19 世纪末在罗马建立，但当夜间路灯出现时，就搬到了邻近的冈道尔夫堡（Castel Gandolfo），然后又将一个分部放在了亚利桑那州。

在一个我们没有安排观测的夜晚，我去拜访了邻居们。在天主教会的天文台，目前有三名耶稣会士正在工作，侦察可能对地球造成危险的小行星。我很享受这种安静、友好的环境。理查德·博伊尔（Richard Boyle）神父在这里；他曾经在梵蒂冈为来自世界各地的天文学学生开办了一所暑期学校，我也参加了。今天，他似乎把所有时间都花在了望远镜上，几乎像一个隐士一样生活在山里。在天文台的生活真的有一种修道和冥想的感觉。观测中的天文学家将生活与天空结合。恒星和星系设定了节奏。没有什么能让你分心。我很享受在山上的这段时间，生活很简单，人更接近天空。

我们在亚利桑那州的团队由几位 EHT 的同事组成。他们包括来自海斯塔克天文台的文森特·菲什（Vincent Fish）和来自亚利桑那州的丹·马罗内。我接替丹在山顶的位置，他去图森远程协作。天文台没有足够的床位给这么大的团队，所以不是每个人都能同时在这里。在亚毫米望远镜这儿，我从一开始就有宾至如归的感觉。当然，我知道望远镜是什么样子的，也知道它是如何工作的，但自己用它工作还是另一回事。要想让一个图像从射电波中闪现出来，以便向其他天文学家、物理学家和世界公众展示它，这确实是一条漫长的道路。但看着宇宙揭示自身是一种特殊的体验。

望远镜的抛物面天线首先收集来自太空的射电波并将其聚焦。对于我们的波长，天线的碟形表面必须校准，精确到 40 微米以内。而这台天线的表面甚至更好。通过挂在望远镜前面的四根支柱上的副反射镜，射电波返回到天线后面的接收舱。在那里，它们通过一个金属馈源喇叭被送入接收机的波导。馈源喇叭的功能基本上类似于老式留声机的听筒。然后，高频信号在接收机中被混合成较低的频率，并送入电缆。这一套过程将自由的射电信号变成铜缆线中的电波。

下一步是储存这些波。如今，即使是光也能以数字方式存储——这是多么令人惊奇的过程！要做到这一点，首先必须再次滤波，并将其频率调整到我们器材的更低频率。这类设备最早出现在丹·沃西默的 SETI 计划中，用于搜索来自外星人的射电信号。现在，它将反复滤波的射电波转换为比特和字节。可以将虚拟塔序列想象为一列由虚拟的积木或乐高堆成的塔形，这些塔的高度要么是 0，要么是 1 块，要么就是 2 或者 3 块。塔的高度只能非常粗略地代表射电波的振荡，但我们有很多塔和很多振荡。

我们记录的数据量是巨大的：每秒 32 吉比特——这就是每秒 320 亿个 0 和 1。如果我们要在纸上用毫米级的细笔画出我们的数据塔，我们需要的纸条在两秒多一点的时间内就能绕过整个地球。幸运的是，纸条现已经被硬盘所取代。因此，数字革命也对我们 EHT 的工作起到了作用。

结束后，存在硬盘上的"光"用邮寄这种简单的方式送到波士顿和波恩，在那里对数据进行进一步处理。只有在经过漫长的过程后，才会从大量的数据中出现一个微小的图像——这真的是数据"缩减"！事实上，我们真正记录的是噪声。天空噪声、接收机噪声，以及来自黑洞边缘的一小部分射电噪声。幸运的是，许多天空噪声和接收机噪声在事后处理数据时被过滤掉了。这样的望远镜在一个晚上从我们的宇宙射电源中收集到的噪声总能量小得惊人。它相当于一条一毫米长的毛发在真空中从半毫米的高度落到玻璃板上的能量。这样的冲击不太可能划伤玻璃板，但我们可以测量它。

为了事后准确地合并数据，每台望远镜都需要一台绝对精确的时钟，而这些时钟当然是在瑞士制造的。物理学家用的时钟不是众所周知的机械杰作，而是来自量子物理时代的高精度计时器。此类设备的中心之一位于伯尔尼附近的纳沙泰尔（Neuchâtel）。伽利略卫星中使用的许多原子钟是在这里建造的（伽利略卫星导航系统是欧洲的，用以替代全球定位系统）。我们还有纳沙泰尔制造的原子钟：单价在五位数欧元范围内的氢原子钟（hydrogen maser clock）。

如果你想作为一个天文学家使用望远镜工作，有一个人你永远不应该与之为敌：望远镜操作员。他操作着望远镜，像船长一样站在掌舵人的位置上。他对他的望远镜了如指掌，他坐在指挥室的一堵屏幕前，控制着天线。在亚毫米望远镜的台址，总是有两个操作员同时在山上，交替进行 12 小时的轮班。他们来自该地区，习惯了格雷厄姆山的孤独生活，格雷厄姆山在阿帕奇语中被称为"大个头的、坐着的山"。

在测量过程中，操作员也可以把虚拟舵交给在场的天文学家，但如果出现问题或强风阻碍了进一步的操作，就立即把它收回。

在 VLBI 实验中，每台望远镜都有一个严格的时间表，我们必须遵守——它基本上是自动化的，毕竟，望远镜都应该在完全相同的时间对准同一个射电源，精确到秒。为了避免时区的混淆，所有时间都以世界时为单位，即英国皇家格林尼治天文台的时区。该天文台本身早已成为一个博物馆。

在测量过程中，我们不仅要观察银河系中心或 M87 星系的核心，在这之间，射电天线还要反复摆动指到校准源，以确定我们望远镜的测量灵敏度。我们经常使用著名的类星体或星系来实现这一目的。例如，其中有一个位于英仙座星系团的 3C 84 星系，距离银河系 2.4 亿光年，赫歇尔在 18 世纪末已经在天空中探测到了这个星系。3C 84 是一个可靠和强大的射电源。

我们甚至经常在这中间指向三或四个不同的类星体。这是我们能够很好地校准我们整个系统的唯一方法，因为即使是原子钟对于 VLBI 来说也太不准确了；我们在这些宇宙源的帮助下对它们进行校正，从而确保，回过头来看，所有的时钟都按照相同的节拍振荡。

改变天线的观测朝向可能需要几分钟时间。对于这一点，亚利桑那州的操作员想出了一个小小的调剂[i]。当望远镜移动时，澳大利亚电影《不简单的任务》（*The Dish*）中欢快的曲子《古典汽油》（*Classical Gas*）在控制室和厨房中播放。这部电影讲述了帕克斯的 64 米天线和接收阿波罗 11 号登月发回的第一批电视图片的故事。一旦你在亚利桑那州的格雷厄姆山上观测过恒星或黑洞，你将永远无法摆脱这种耳边风。

倒班测量有时会有压力。通常，望远镜或我们的测量仪器需要重新调整。大气折射使光源略微偏移，在其他地方出现。而温度变化使巨型望远镜的观测方向发生的变化虽然很小，但很明显。这些都是我们致力于识别和避免的错误来源。我们必须在休息时利用明亮的校准源——几乎所有的校准源都是黑洞——来校正这个指向，并定期对望远镜进行聚焦。有时，当天气不好时，

---

i 使用这段旋律可能是首席操作员 Bob Moulton 的主意，但为整个 SMT 编写了操作系统的 Tom Folkers 是将其付诸实践的人。

我们也不能马上找到所需的源，或者有可能再次跟丢它。然后，就像在暮色中用光学望远镜搜索一样，我们必须重新瞄准，直到成功。

在任何情况下，天空中的源都在不断地改变它们的位置，毕竟，地球在不断地旋转。因此，我们总是要用望远镜跟踪射电源的这种迁移。恒星和黑洞在西班牙上空升起和落下的时间也比在亚利桑那州上空早。这给在世界各地有几台望远镜的 VLBI 实验带来了困难，因为并不是所有地方的望远镜都能在完全相同的时间从它们的视角观测到一个天体。有时，共同的观测期只重叠了很短的时间。

望远镜本身也总是闹脾气。就像我常说的那样，望远镜和人一样。2015 年 3 月 21 日，我们报告："天气看起来不错。"所以我们可以准时开始观测。不到一个小时后，技术问题突然出现。望远镜的工作不顺利。我们报告说："操作人员必须进行计划外的修复。"

还有一次，望远镜不得不停下来，因为电缆不够长，无法再旋转。望远镜通常被设计为最多旋转一圈半。它只能向同一方向移动并跟踪一个天体那么久。当达到最大限度时，操作员将整个系统完全转回一次，以解开电缆的纠缠。然后，《不简单的任务》中的调子几分钟又几分钟地响着。我恼火地等着它继续，因为我们至少错过了一系列的测量，必须直接跳到测量时间表上的下一个项目。

本周结束时，我带着复杂的心情离开格雷厄姆山。很多事情都成功了，我们学到了一些东西，天气也很好。虽然很累，但还是很满意，我往山下走去。几个月后，我们听说一些组件还没有调整到最佳，数据质量也不好。

第二次大型彩排在 2016 年春季进行。在此期间，一些望远镜已经收到了技术更新。尤其重要的是，我们将首次把智利的 ALMA 望远镜纳入我们的网络进行测试。如果我们现在表明 ALMA 一切顺利，我们就可以在 2017 年开始进行测量实验，这将不再是一场彩排，而是我们大型项目的真正首演。

在我们可以开始之前，一个科学重磅炸弹将在 2016 年年初爆出。LIGO/Virgo 合作组织已宣布于 2016 年 2 月 11 日举行新闻发布会。我们期待着一场轰动。这个秘密已经在专家圈子里泄露了，然而我们还是站在大学礼堂的大屏幕前，和许多人一起目不转睛地看着这个了不起的新闻[i]。人类首次成功地直接测量了两个黑洞合并时产生的引力波。在这个过程中，在地球上检测到了一个令人难以置信的微弱的空间震颤。合并的黑洞比我们的太阳重 30 倍，尽管仍只是银河系中心黑洞的二十万分之一。"我们第一次能够听到黑洞，"我兴奋地说，"现在我们想看到它！"

令我惊讶的是，这些同行们是如此的幸运。在他们的测量之前，还不能确定这种规模的黑洞合并是否会存在。引力波信号比预期的要强得多，而且更重要的是，这一发现是在一次测试运行的最后。只要早几个小时把它关掉，他们就根本不会收到任何相应的数据[ii]。之后他们也没有再发现如此强烈的信号。"我们永远不会那么幸运，"我心含酸意地想，"当我们明年做大实验时，我

---

i 2016 年 2 月 11 日，在论文答辩后，我们在拉德堡德大学的礼堂观看了 LIGO/Virgo 合作组织的新闻发布会。当天的推文和图片见：https://twitter.com/hfalcke/status/697819758562041857?s=21；https://twitter.com/hfalcke/status/697805820143276033?s=21。

ii Deutchlandfunk 在 2016 年 2 月 12 日对 Karsten Danzmann 的采访见：https://www.deutschlandfunk.de/gravitationswellen-nachweis-einstein-hatte-recht.676.de.html?dram:article_id=345433。

保证天气会很糟糕，望远镜会坏掉，M87 中的黑洞会比我们想象的小很多。"我为自己准备好了漫长的耐心考验。

两个月后，我再次开车沿着狭窄的道路前往亚利桑那州的亚毫米望远镜。这一次，我的博士生米夏埃尔·扬森（Michael Janßen）和硕士生萨拉·伊萨恩（Sara Issaoun）[i]也成了团队的一员。米夏埃尔来自莱茵河下游宁静的卡尔卡镇，刚刚和我一起写了一篇优秀的硕士论文。萨拉来自阿尔及利亚的一个柏柏尔人家庭。她的父母都是工程师，在她小的时候，在动乱中移民到了加拿大的法语地区。后来，她的父母搬到了阿纳姆（Arnhem），在当地的一家高科技公司工作。

萨拉在加拿大麦吉尔大学攻读物理学，并在学期结束时找到了我。她问我是否有一些任务给她。我把 2015 年亚利桑那州的测量数据递给她，她对这些数据的看法令我很惊讶。在很短的时间内，她已经改进了校准曲线或从头开始创建了它们。她甚至发现了望远镜软件中的错误，我意识到萨拉是一个异常有天赋的天体物理学家。2016 年，我带她去位于亚利桑那州的望远镜，三天后几乎失业：米夏埃尔实现了软件操作的自动化，而萨拉作为最年轻的员工，几乎完全控制了望远镜的操作。同时，她还在改进我 2015 年的旧校准测量结果，而且她在未来几年内不会放弃对望远镜的控制。而她甚至还没有开始她的博士学位。最后，整个 EHT 都从中受益，因为米夏埃尔和萨拉后来接管了所有天文台的校准程序，并且都获得了合作的特别奖。

从技术上讲，测试测量的结果是成功的，也使得期待已久的

---

i 采访见：Mickey Steijaert, "The Rising Star of Sara Issaoun," *Vox: Independent Radboud University Magazine*, June 21, 2019, https://www.voxweb.nl/international/the-rising-star-of-sara-issaoun。

ALMA 最终敲定。但是，测试从未进行过详细的评估，也没有科学的工作发表。这两次测量对 EHT 和我们的团队提出了考验：如果我们想获得成功，来自各大洲和国家的一群杂牌科学家和技术人员最终将不得不学会共同工作。而我们现在知道：如果一切顺利，那么明年原则上是可以成功的——只要我们非常走运。

10
踏上征程

宏大的实验

现在，我们的伟大实验开始倒计时。种子已经种下，小植物已经成长为一棵庄严的植物。现在，收获的时候到了。

整个 EHT 都在热切地期待着 2017 年 4 月的到来。经过多年的准备，科学与政策层面的磨合，以及解决技术问题，我们的梦想现在已经可以实现了。2017 年 4 月初，8 个 EHT 观测站[i] 将对准天空中的相同目标。两台望远镜在智利，两台在夏威夷，西班牙、墨西哥、亚利桑那州各一台，还有一台在南极。此外，塞拉·马尔科夫和一大批天文学家组织了一支由地面和太空中的其他望远镜组成的舰队，将与我们平行观测。从近红外到伽马射线的所有望远镜都已准备就绪，以覆盖整个光谱，这样我们就不会错过任何射电信号。

---

i 关于参与 EHT 实验的望远镜，可参见本书插图和词汇表。这些望远镜包括：智利阿塔卡马沙漠的 ALMA 和 APEX、亚利桑那州格雷厄姆山上的 SMT、夏威夷莫纳克亚山上的麦克斯韦望远镜和亚毫米波阵（SMA）、IRAM 的韦莱塔峰 30 米望远镜、墨西哥的休眠火山内格拉上的大型毫米波望远镜（LMT），以及南极洲阿蒙森－斯科特站附近的南极点望远镜（SPT）。SPT 无法观测 M87，因为 M87 位于北天球。

这将是一次极端的远征。在智利，天文学家们必须应对海拔5000 多米的干燥和稀薄的空气。而在南极洲的现场，他们必须勇敢面对寒冷和孤独，那里的年平均气温几乎为零下 50 摄氏度。我们计划中的太空之旅有点让人想起天文学的旧时代，当时研究人员在世界各地旅行，从所有可能的最佳观测点探索天体，以图更接近宇宙的奥秘。当时和现在一样，失败和胜利仅一线之隔。就像纪尧姆·勒让蒂在 18 世纪花了数年时间在印度追寻金星凌日但没有成功一样，我们对黑洞的摄影计划很容易最终成为一张废纸。如果天气和技术不配合，我们就会失败。

在春天，我的许多同事正处于最后的计划阶段。我们送出了设备，写下了无数的邮件，召开了视频会议，还组织了一次预先测试。为了方便相互沟通，我们建立了一个聊天组，越来越多的成员加入。2017 年 3 月 5 日，在南极的冰层上度过了几个冬季的德国天文学家丹尼尔·米哈利克（Daniel Michalik）从南极点望远镜发来了消息。米哈利克实际上为欧空局工作，已经参与了盖亚计划，并将在这几个月中与一位同事一起进行 EHT 测量。他们住在离南极点很近的地方，从厨房的窗户就能看到极点标记。网络信号非常差，从南极传来的第一个生命迹象是像平克·弗洛伊德的歌《习惯麻木》（*Comfortably Numb*）中的歌词的一句话："喂？有没有人在那里？如果你能听到我，就点点头。有人在家吗？"[i] 我们很高兴有一个人在地球仪的下端为我们坚守岗位。

大多数同事在 2017 年 3 月底前往望远镜台站。在几天的时间里，世界各地的研究人员都来到了这些站点，迎接这一重要

---

i 平克·弗洛伊德的这首歌曲参见：Pink Floyd, "Comfortably Numb," track 6 on *The Wall*, Harvest Records, 1979。歌词可参见：https://de.wikipedia.org/wiki/Roger_Waters。

时刻的到来 [i]。

　　神奇的是，这些日子表明，EHT 已经真的成为国际性的合作。每一张出现在我们的聊天频道的新面孔，都会受到团队其他同事的问候。喜悦与兴奋混合在一起，紧张感增加。但每个人都有自己的任务要关注——否则项目就不会成功。

　　即使在今天，每当我看到不同团队在望远镜前的照片时，都会很高兴。虽然并非有意，我们毕竟成功地将这么多不同的人聚集到了一起，彰显了国际的理念。爱因斯坦和爱丁顿这两个和平主义者会喜欢这样做。而事实上，在 EHT 项目持续期间自始至终都保持着相当的和平，虽然之前和之后的情况并不总是如此。

　　4 月 3 日，我在杜塞尔多夫坐上了前往马拉加的飞机。从那里我坐车去格拉纳达，去 IRAM 的西班牙分部。该市正在为复活节游行做准备。在圣周（Semana Santa）之前，街上有一种特殊的气氛。春天已经到来，气温在舒适的二字头范围内。我很想在格拉纳达停留更长时间，观看庆典活动。但我没有时间让安达卢西亚的美景在心头逗留。我已经可以在地平线上看到我此行的目的地，内华达山脉白雪覆盖的山峰在东南方向拔地而起。从格拉纳达出发，你可以在早上去海边，下午上山滑雪。

　　IRAM 望远镜位于韦莱塔峰下。这座山海拔 3396 米，是西班牙第三高的山。在中世纪，摩尔人已经从著名的阿尔罕布拉宫看向山顶。上升的路让骑行者着迷，因为它是欧洲最高的公路的

---

i 这次，米夏埃尔·扬森和麻省理工学院的计算机科学家凯蒂·布曼（Katie Bouman）去了墨西哥。我的意大利同事奇里亚科·戈迪与海斯塔克天文台的杰夫·克鲁（Geoff Crew）一起去了智利的 ALMA。雷莫·提拉努斯飞往夏威夷，与本间希树（Mareki Honma）和其他来自亚洲的同事一起在 JCMT 工作。弗里克·鲁洛夫斯和金俊瀚（Junhan Kim）在圣诞节期间做了南极点望远镜的准备工作。这一回，再次负责亚利桑那州的望远镜的萨拉·伊萨恩也与他们同行。

上升段。去亚利桑那州的望远镜台站的旅行很特别，但是在 4 月份到 IRAM30 米望远镜的时候，又是另一番景象。

我们的小组中包括来自波恩的托马斯·克里希鲍姆，他以前曾多次在这里进行过观测。我们一起用面包车驶向山区。在前往望远镜台站的路上，我们在 30 千米内提升了 2000 米的海拔高度。从这里到格拉纳达的景色非常壮观。为了适应高海拔地区的空气，我们的司机停了几分钟——这是他喝咖啡的好机会，也是我欣赏壮丽景色的好机会。

在山顶上，我们已经可以看到雄伟的望远镜。到达缆车出口后，我们艰难地穿过雪地，经过一所滑雪学校，来到一辆印有巨大白色 IRAM 贴纸的红色压雪机前。我们把行李箱放在一个黑色的金属篮子里，然后爬上驾驶室。履带式压雪机穿过最后几米的雪地，在明亮的阳光下到达望远镜前。最后一片泥泞的积雪仍然躺在山坡上，蓝天在我们头上展开。这一切看起来很有希望。

在地球上最偏远的地方，用混凝土和钢铁制成的重达数吨的研究站总是令人印象深刻。为了探索和扩大自己的视野，人们会付出多么大的努力啊！ IRAM 望远镜就是这样一座好奇心的纪念碑：它耸立在 2920 米高处，几乎与德国最高峰楚格峰一样高。

该望远镜是 20 世纪 70 年代在马克斯·普朗克研究所当时的主任[i]的推动下在此建造的，同时还建造了第一座滑雪缆车。主任是一名热情的滑雪者，有人传言这影响了地点的选择。

今天，这里充斥着升降机和滑雪者。但是，没有哪座建筑能像这座建筑一样大。该设施比亚利桑那州墙体拉开的旋转屋要大

---

i　彼得·梅茨格尔是马普射电天文研究所亚毫米波小组的主任。他的《寒冷宇宙》（*Blick in das kalte Weltall*）一书出版于 1992 年，其中写了一些望远镜的故事，并着重介绍了 SMT/HHT。

得多。IRAM 望远镜的雪白表面看起来就像你想象中的经典射电望远镜的样子。这个直径为 30 米的天线位于一个圆锥形的建筑物顶部，可以通过一个大车库门进入。由于是在室外，反射器可以被完全加热，以保持其不受冰雪影响。

就在望远镜旁边，一座三层楼高的混凝土建筑伸向天空，从窗户可以看到内华达山脉的壮丽景色。这里是我们生活和工作的地方。有时，当云层挂得很低时，视线就像从飞机上扫过云层的阴霾。但每隔一段时间，整个望远镜就会消失在云雾中，以至于你从控制室里甚至看不到它的尖端。当我们到达时，任何地方都没有一丝云或雾。

韦莱塔峰的 EHT 团队有五个人[i]。只缺少黑尔格·罗特曼（Helge Rottmann），他是来自波恩的技术专家，我在读博士时的同学。他首先在这里处理了技术问题，然后直接前往智利的APEX。

与亚利桑那州相比，IRAM 的 30 米望远镜是一个四星级酒店，尽管是 20 世纪 70 年代的风格。这座宽敞的建筑比亚利桑那州格雷厄姆山上的望远镜有更多的空间，而且楼梯总是在同一个地方。这里有一个公共厨房，我们可以从总是有库存的冰箱和储藏室里尽情地满足自己。不过，我们不需要太多，因为大家轮流组成厨房团队，烹饪安达卢西亚的食物。各小组的本地人士为做出最美味的食物进行了真正的竞争。一会儿，汤、烤辣椒肉丸和美味的甜点就上桌了。在任何时候，都有一条巨大的塞拉诺火腿，

---

i 来自波恩的托马斯·克里希鲍姆和在马普所工作的年轻西班牙博士后蕾韦卡·阿苏莱（Rebecca Azulay），以及来自 IRAM 的两位西班牙人巴勃罗·托尔内（Pablo Torne）和萨尔瓦多·桑切斯（Salvador Sánchez）。托尔内擅长天文观测，桑切斯专攻技术设备。站长 Carsten Kramer 在开始时也和我们一起工作。

你可以用一把锋利的长刀帮自己薄薄切几片。此外，还有西班牙奶酪和新鲜葡萄。难怪技术人员、清洁工和天文学家们的心情都很好。如果不注意体重，在这里会大大发胖，感觉就像亚利桑那州格雷厄姆山上的那个臃肿的薯片袋。

甚至还有一个小吉祥物，因为优质的伙食便宜了一只在这个地区的山上游荡的狐狸。据说，有一天它真的把塞拉诺火腿偷到手了。从那时起，它总是来到望远镜前，看看有没有什么东西会掉下来给它。即使有严格的喂食禁令，它仍然经常来。真的每个人都遵守了禁令吗？

这里没有无线网络，因为辐射可能会影响敏感的测量电子设备。对于像我这样的手机迷，这是一个问题。

山上经常有大约十几个人在操作望远镜。此外，还有另外两个研究小组，我们与他们共享观测时间。一个小时的观测费用约为 500 欧元。因此，该设施最好一天二十四小时都能使用。如果这里或者 EHT 其他观测地点的天气对我们来说太糟糕，那么另一个小组就会使用望远镜。

截至 2017 年 4 月 4 日，我们有 10 天的时间来进行测量。文森特·菲什和托马斯·克里希鲍姆一起，费尽心思地制订了所有日子、所有望远镜和所有源的观测计划。在这段时间里，至少有 5 个晚上，世界各地的所有望远镜的天气都必须足够好，以便我们执行我们的计划。经验告诉我们，这种情况极少发生。为了更好地协调，我在奈梅亨的同事达恩·范罗苏姆已经为 EHT 编程了一个在线解决方案。在这里，所有望远镜的数据都集中在一起，所以每个人都可以看到其他望远镜的状态。荷兰皇家气象研究所（KNMI）的天体物理学家格蒂·海尔瑟玛（Gertie Geertsema）在这个平台上为我们提供了欧洲中期天气预报中心

（ECMWF）的全球天气模型对所有望远镜的预测。首先看一下天气预报，就会发现一些令人吃惊的情况：在未来三天，几乎所有地方都应该有极好的无云天气。我有点担心，害怕我们的天气数据不是正确的。荷兰人能正确预测山区天气吗[i]？

在波士顿，谢普·多尔曼建立了一个模拟通信中心；所有的望远镜信息都应该在那里汇合。一个摄制组也随时准备在那里为一部纪录片录制镜头[ii]。我们是否真的观测，将在每次预定的观测会议前四个小时举行的远程会议上决定。近几年来，整个事情总是有点混乱。这次会是怎样呢？协调8个望远镜和几十个学者的工作，就像在天主教大斋节期间与学前班里骄纵又神经质的城里孩子一起走过糖果店一样难。前者与后者一样，都不听从命令。

4月4日，所有EHT望远镜将进行一次试运行。在VLBI网络内，技术故障时有发生。我们需要不停地让望远镜相互配合。然而，不管是操作望远镜还是操作计算机，问题通常出在操作者上。人，才是链条中的薄弱环节。最微小的错误也会阻碍成功：两根电缆混在一起，数据被错误地标记，或在不知不觉中输入了错误的命令。我们都很紧张。技术人员们再次检查他们的设备。"JCMT和SMA之间出现'条纹'。"在夏威夷的雷莫·提拉努斯兴奋地在聊天群写道。他在这句话上加了四个感叹号。他补充说："有个愚蠢晦涩的盒子需要重启了。"发现条纹意味着至少这

---

i 荷兰没有山。——译者注

ii 实际上最终摄制了两部纪录片：哈佛大学的彼得·加利森（Peter Galison）拍摄的《我们所知的边缘》（*The Edge of All We Know*），www.blackholefilm.com，以及亨利·弗雷泽（Henry Fraser）的《黑洞：宇宙最伟大的奥秘》（*How to See a Black Hole: The Universe's Greatest Mystery by Henry Fraser*，Windfall Films）。两部都是由哈佛团队发起的。

两台望远镜，即詹姆斯·克拉克·麦克斯韦望远镜和夏威夷莫纳克亚山上的亚毫米波阵列，在一起工作得很好。第二天的事情看起来很有希望。我要去睡觉，给自己的身体充电。看了看天气预报，我知道明天必须严阵以待了。托马斯·克里希鲍姆仍在控制室周围踱步。"你不想去睡觉吗？"我问他。"哦，我只是检查一下是否一切正常。"他心不在焉地回答说。

第二天，紧张气氛升温。每隔一段时间，在世界的某个地方，马克六号数据记录器就会出现一些小问题，动不动就宕机。来自波士顿的专家试图在网上提供帮助。这里的一切似乎都很好。托马斯·克里希鲍姆向小组报告：峰上的马克六号已经启动并运行。在晚餐期间，举行了关键的远程会议。奇迹已经发生。在世界各地，所有望远镜的天气都很好——设备也没什么问题！

"为 VLBI 加油，这不是一次演习"，多尔曼给大家写道。根据协调世界时（UTC），测量应该在晚上十点三十一分开始——在西班牙，那是午夜过后半小时。因为我们在最东边，不仅是太阳，而且是黑洞最先升起的地方，所以我们也是第一批被允许开始的望远镜之一。时间在流逝。

当然，我们的全体工作人员在正式开始前很长时间就在望远镜控制室。没有人愿意错过这个时刻。这里矗立着毒绿色和银色的控制板，控制着 30 米天线的运动。它配备了各种粗制滥造的开关，看起来像是从时间长河中掉出来的，也许又像 20 世纪 70 年代的詹姆斯·邦德电影。两个时钟显示当地时间和恒星时，一个大的红色按钮在紧急情况下停止设备的任何移动。只有控制台上的四个电脑屏幕提示人们，现在的技术已经达到了一个新的高度。

同事们越来越紧张，我也有同感。现在一切都应该——

不——一切都必须万无一失。我们一次又一次地检查设备。我们的硬盘程序是否正确？它们是否知道应该在什么时候记录？观测计划是否准备好了？它真的是正确的吗？望远镜接收机是否能传输数据？焦点是否已经对好？我经常看控制室里显示的大气湿度数据。我几乎无法相信它们有多好。为了安全，也为了安抚我的神经，我一直走到门外，抬头看清澈的星空。没有看到云层。

托马斯·克里希鲍姆接过来，在观测员的位置上坐在屏幕前。他利用中间的时间，已经进行了第一次校准测量。我在他旁边坐下。这感觉就像回到了我年轻的时候，那时我坐在他旁边，他向我解释如何操作射电望远镜。有些事情即使过了 25 年也不会改变。我舒舒服服地看着他将望远镜的视野移到一个宇宙射电源上。我们可以清楚地看到射电辐射是如何首先增加，然后减少的——我们两个人都松了口气。信号很强，我们的期待也很强。

我们名单上的第一个射电源是 OJ 287，一个位于巨蟹座的 35 亿光年外的类星体，它包含了一个最大的已知黑洞。有些人认为那里甚至有两个黑洞，相互围绕旋转[i]。从某种意义上说，OJ 287 是我们的热身项目，我们可以在显示屏上清楚地看到它的射电辐射。实际上，我们在屏幕上看到的只是两条钟形曲线——仅此而已。第一次 VLBI 扫描，我们称之为测量，应该是持续 7 分钟。现在是零点三十一分，我们终于开动了。屏幕上的显示切换，标志着望远镜已自动进入 VLBI 测量模式。

我走进相邻的机房。在那里，马克六号记录器站在一个人高的设备堆上，发出了过大的噪声。风扇呼呼作响，灯光闪烁。前

---

i 参见论文：M. J. Valtonen, et al., "A Massive Binary Black-Hole System in OJ 287 and a Test of General Relativity," *Nature* 452 (2008): 851–53, https://ui.adsabs.harvard.edu/abs/2008Natur..452.851V。

面的绿灯紧张地高速闪烁着——数据正在流转，记录器已经启动了。在前厅是显示将射电波转换为 0 和 1 的模数转换器的屏幕，以及原子钟显示。同样，一切都在有序进行。我松了一口气。

在智利，黑尔格·罗特曼登录了系统。"山上的四个记录器都在记录数据"，他向我们的聊天组报告。我们已经知道了。在今晚剩下的时间里，我将不断跑回来检查。这些硬盘上存储的东西将决定成功或失败。但是，分析数据需要好几个月的时间。在结果揭晓前，我们不会知道到底记录到了什么样的数据

现在，观测的单调部分开始了。托马斯·克里希鲍姆注意着望远镜的每一次指令，并把它写在他的手写记录本上。托马斯是一位优秀的老派观测家。坐在望远镜的控制室里，他的心情很好。"你还在手写所有的东西吗？"我惊奇地问他。他在埃菲尔斯伯格时也是这样做的，并要求我也这样做。但我曾偷偷写了一个程序，让它自动为我做这些事。"哦，这让你保持清醒，"他回答说，"在凌晨四点很容易犯愚蠢的错误，所以最好是忙起来。"叹了口气，我也拿起了笔。

在 EHT 网络的观测过程中，所有 8 台望远镜从未在同一时间进行测量。这是因为我们的扫描清单上的辐射源不可能从所有站点同时观测到。因此，测量的开始在我们看来是非常"西班牙"。智利的 ALMA 和 APEX，墨西哥的大型毫米波望远镜（LMT），亚利桑那州的 SMT——所有这些都是西班牙的前殖民地——以及我们在西班牙的 IRAM 望远镜都在 UTC 22:31 准时观测太空中的同一个类星体。夏威夷的两个设施和南极的望远镜将不得不等待。

我的兴奋之情正在慢慢消退。我们在正确的轨道上。现在的问题是，其他站点的情况如何？逐渐流入我们聊天频道的信息给

人以希望。"APEX 的一切都很顺利。"来自墨西哥的同事同时开始了他们的工作，他们写道："LMT 记录，扫描检查 OK。"多尔曼在波士顿报告说，亚利桑那州的一切也很正常。但重要的 ALMA 望远镜呢？在很长一段时间里，智利方面一直保持着无线电静默。但随后，令人欣慰的句子也从那里传来。"目前为止，ALMA 已经完成了全部扫描观测。"

总是有一些小问题，但这是正常的。墨西哥报告说，观测 OJ 287 有困难。焦点不能正常调整。就像相机一样，天线也会有对焦的问题。望远镜足够大，可以对此进行补偿，但校准小组将很难补偿这种信号损失。然后甚至还有紧急停止，因为电机在短时间内由于某种原因得到的动力太少。同事们不得不等待并重新开始。这些数据已经丢失，但我们仍有整个晚上的数据。

现在控制室里正接近紧要关头，对 M87 的第一次观测已列入日程。现在是凌晨三点到四点，我们必须用望远镜来捕捉来自 5500 万光年外的巨大星系中心的射电辐射——在那里一个巨大的活跃黑洞释放出它的力量，而我们仍然不知道这个黑洞到底有多大。

"目标源 M87"是我对计算机的指示。屏幕显示坐标赤经 12h30m49.4s，赤纬 +12° 23′ 28″。望远镜慢慢转向室女座，这是天空中第二大的星座。我们被迷住了，目光跟着显示屏上的回转。望远镜的水平角度（方位角）调整到正确的位置，而表示垂直角度的仰角现在也完全适合。依照惯例，在重大运动之后，我们需要重新调整一下。"韦莱塔峰的望远镜对准 M87 的源，并进行记录，之后指向附近的 3C 273"，克里希鲍姆报告。控制室里的绘图显示出合理的信号强度，硬盘转动着写入数据。一个令人放心的迹象。在我们的仪器上，我们看到望远镜是如何跟随 M87

的中心，并对地球的旋转进行补偿。几个小时以来，我们在 M87 和校准类星体之间来回摆动，进行长达一分钟的扫描。这就像它自己在运行。

在某些时候，我们都处于一种恍惚状态。这是个奇怪的状态。事实上，每个人都被疲劳所征服，但同时又想关注望远镜的哪怕是最小的运动。实际上，我应该在清晨时分让托马斯完全卸下任务，这样他终于可以睡个好觉了，至少我们是这样约定的。但他离不开自己的岗位。他在自己的观测岗位上一待就是几个晚上；他一定在体内储存了一个秘密的能量库，以应对这种情况。

清晨的曙光。早上六点五十分，夏威夷的望远镜也醒了，我们一起对 M87 进行了短时间的观测。我们之间相距 10907 千米——这是该 VLBI 网络中最远的距离！我们只是勉强看到了山的那边——这能行吗？15 分钟后，34 次扫描的最后一次出现在我们的记录仪上，灯也停止了闪烁。克里希鲍姆向聊天组发送了最后一条信息："所有 VLBI 扫描完成。现在我们有点累了，在观测了 38 个小时后将休息一下。"这个可怜的家伙前一天晚上没有睡觉。当我们倒在床上时，亚利桑那州的萨拉·伊萨恩和她在夏威夷的同事们继续了几个小时。作为中间的望远镜，亚利桑那州的值班时间最长，就像我们一样，萨拉无法离开屏幕。她将连续观测不到 19 个小时——加上准备时间。她还在工作，而我们已经在为第二天晚上做准备。她的休息时间会很短。

最后的倒计时

第一轮是成功的。如果它能像这样继续下去就好了！在波士顿，谢普·多尔曼也为第一个观测阶段异常的顺利感到高兴，并祝大家晚安——尽管我们中的大多数人只能在白天小睡上几个小时。

当其他人去睡觉时，全新的任务在等着我。就在我们的联合观测开始前，英国广播公司（BBC）的网站上突然出现了一篇关于我们的文章，声称天文学家现在正在拍摄第一张黑洞的照片。他们怎么知道的？我们还没有发布新闻稿，因为我们甚至还不知道是否会成功。如果我们看到的只是另一个模糊的圆斑呢？他们是不是把期望值提得太高了？万一我们的测量活动必须持续好几年该怎么办？我并不回避媒体，但现在这条新闻让我心神不宁。

不过，这篇文章已经足以掀起一场名副其实的媒体雪崩，我们随后发出了一份新闻稿。现在我的电话不断响起，因为世界上某个地方的记者想知道我们在西班牙的韦莱塔峰的情况如何了。我正在通过 Skype 为"天空新闻"（Sky News）和半岛电视台做现场采访，并与荷兰国际广播电台交谈。我们的社交媒体账号也闲不下来，以至于资深的射电天文学家开始在这些频道上抱怨它。我正在努力控制期望值。我说，如果我们看到类似于丑陋花生的东西，我们就会感到满意。

因此，我暂时还没有希望睡个好觉，话也说不清楚了。一些荷兰人在 Twitter 上抱怨我的语法。只有当他们听到我实际上是德国人时，他们才会感受更亲切一点。对我来说，这几乎是一种赞美。

傍晚时分，下一个天气决定即将来临。每个地方的观测条件都很好。在简短的远程会议之后，第二轮的开始信号如期而至："VLBI 加油"的口号再次响起。近百次扫描已列入日程。协作将面临更加艰苦的转变。我们比前一天晚了两个小时，在半夜开始。几个小时以来，我们每隔几分钟就在 3C 273 和 M87 之间来回摆动。幸运的是，天气保持不变。我们在早上七点半准时完成最后一次扫描。在这一点上，我们的 M87 星系的中心只在地平线以上 10 度左右。即使是最强的射电源也会落山。

观测过程很有娱乐性。聊天频道高潮迭起——夜越长，胡闹的人就越多。同事们显然心情很好。丹尼尔·米哈利克突然从南极发来一张照片，显示他和他的同事[i]站在南极点望远镜的巨大的反馈舱前，穿着厚厚的夹克，戴着滑雪镜。在他们身后，整个平坦的地貌向地平线敞开：数百千米的冰雪延伸到虚无之中。景观的白色直接与天空的蓝色相融合。这张照片有一种非常特殊的美感，在任何科技博物馆中都应该有一个特殊的位置。现在我对他们在下面工作的难以置信的条件有了一个印象。米哈利克写道，气温是难以想象的零下 62 摄氏度。

照片很好。能多些就更好了。不多说了，我立刻举办了一个 EHT 望远镜照片选美比赛。在一个单独的频道中，我请同事们张贴他们在自己的望远镜那里拍下的照片。这样，我们都能更好地了解彼此的工作场所及同事自身。EHT 中的一些人在项目开始前从未见过面。这种轻松的方式使团队的关系更加紧密。

我们不能确定第二天是否还能测量。一些望远镜的天气好坏参半，所以决定暂时推迟。西班牙的操作员正在变得不安。如果不尽快做出决定，另一个小组将使用该望远镜工作，我们将失去这个夜晚。他们在最后一刻决定开工。我们现在能够连续第三天晚上在所有站点工作，这一方面是非常幸运的，但通宵达旦的轮班对我们的身体状态造成了影响。多尔曼赞赏地写道，他意识

---

i　安德鲁·纳多尔斯基（Andrew Nadolski）是史上第二个踏上南极点的人。

到这对整个团队来说是多么大的压力。但是我们应该充分利用我们所拥有的日子。我们可以晚点再睡。

这次我们要到当地时间早上六点左右才开始。银河系中心终于被列入日程。现在我特别紧张，但一切都很顺利。第二天，走运的天气就结束了。在墨西哥，下雨了。在韦莱塔峰上，甚至预测会下雪。而且在亚利桑那州，天气多变，也有强风吹过。对于大型望远镜来说，在这种天气下运行可能有些勉为其难。因此，我们要休息两天。在未来的其他年份，我们可能会继续观测，但现在没有人为此伤心。两队人马已经完全疲惫不堪。

我利用这段时间开发了一个小的计算机程序，我们可以用它来自动准备和启动未来的测量。编程对我来说就像冥想一样，对分散注意力、缓解紧张有极好的效果。

两天后的晚上，又是"VLBI 加油"——关键站点的天气已经平静下来了。在我们的地区，那天晚上的情况非常好。这里的空气不能再干燥了。另一方面，在南极，望远镜发生了故障。同事们不得不跳过一些扫描，但随后系统又开始运行了。再过一个晚上，我们就可以告一段落了。我们的望远镜也照常运行，只有少数故障。早上八点左右，韦莱塔峰的巴勃罗·托尔内报告说："我们已经完成了。除了错过两次扫描之外，这里的一切都非常顺利。""已经完成了！"我们的项目经理雷莫·提拉努斯从夏威夷向我们报告，感谢我们所做的工作，并祝愿我们回家的路上平安。"或者在山上滑雪愉快。"他知道望远镜在滑雪场旁。

我们都换了个舒服的坐姿。控制室里有种庄严的气氛。大家都有些睡眠不足，然而这一刻仍然感觉像是胜利时分，至少暂时如此。我们在几个月内不会知道这些数据是否真的有用，但不管怎么说，我们已经做完了自己的工作。

随着最后一个班次的结束，其他望远镜小组的紧张程度也逐渐下降。现在我们庆祝一下，第一声干杯来自南极。在那里，他们准备了一瓶苏格兰威士忌，供测量活动结束后使用。它是如何到达那里的？在墨西哥，LMT 的情绪显然也很好。戈帕尔·纳拉亚南（Gopal Narayanan）发帖称，她的最后一次扫描时的背景音乐目前正在设定为皇后乐队的《波西米亚狂想曲》。播放列表中的下一首歌是《最后倒数》（*The Final Countdown*）。波士顿那边的精神状态也很好，他们正在演奏伊瑟瑞·卡玛卡威乌欧尔（Israel Kamakawiwo'ole）的《彩虹之上》（*Somewhere Over the Rainbow*）。但我在亚利桑那州的学生是最棒的。萨拉·伊萨恩报道："我们现在正在听一首'缪斯'（Muse）的歌。它被称为《超大质量黑洞》。"我看起来有点尴尬："我知道什么是超大质量黑洞，但请告诉我，'缪斯'是谁？"

回家的旅程

对于科学家来说，探险是他们职业生涯中最令人兴奋的经历之一。但由于天文学家总归是经常要出差的，每次工作完成后，我都很高兴可以尽快回到我的家人身边。我的妻子总是说她必须先把我禁足。这也是在西班牙的测量之后的情况。通宵达旦的工作让 EHT 测量小组的每个人都付出了代价。我现在需要睡觉，我相信其他望远镜的同事也有同样的感觉。当一群 EHT 研究人员从地球的偏远角落回到文明世界时，记录器的硬盘也开始了它们的旅程。其中约有 1000 块被装在大木箱中由快递员运走。

"现在不能出错，求你了。"我想。VLBI 数据已经不是第一次在运输中丢失了。EHT 的整个数据宝藏都存储在磁盘上。没有备份——数据量太大，无法备份。我们必须在没有网和双重备份的情况下工作。数据的丢失对我们和我们的项目来说将是一场难以想象的灾难。这场联合观测运动就白费了，谁知道下一次我们什么时候能在各地有这么好的天气。

装有硬盘的箱子一个接一个地到达海斯塔克天文台。一些数据将从那里被送到波恩的马普射电所。我们必须等待来自南极的硬盘，这一批是时间最长的。它们只能在半年后，即南极冬季结束后，通过麦克默多站飞出。南极的观测员也将不得不待那么久，他们的夜晚还远未结束。

在 5 天的观测中，8 个望远镜中的每一个都收集了大约 450 太字节（TB）的数据。因此，我们必须分析总共约 3.5 拍字节（PB）——一个 PB 是一个 1 后有 15 个 0 的数！第一步是将来自不同望远镜的数据做相关处理，即以高精度的机器将同一时刻的数据叠加和组合。马萨诸塞州和波恩的团队各自处理一部分工作，每个团队也将处理另一个团队的部分数据。这两个机构在这方面都有几十年的经验，但不管怎么说安全比遗憾好。

相关处理的目的在于把存储在数据噪声中的目标射电波"捞"出来，并把它们叠加起来。EHT 是一个干涉仪，信息总是存在于两台望远镜的波的组合中——在这里单独一个望远镜是没有价值的。你可以这样考虑这种干扰：把两块石头扔进池塘，形成圆形的波浪圈。如果两个波纹圈交叠，它们在某些点上会相互抵消，而在其他点上会相互放大，从而形成一个特征模式。射电天文学家随口将这些放大的图案称为"条纹"（fringe）——"条纹图样"（fringe pattern）的简称。从"条纹"的方向和强度，人们可以非常准确地读出撞击的相对方向和两块石头的大小。然而，射电天文学家并不是在平静的池塘里，而是在暴风雨的海洋中进行测量。他们必须在看到任何东西之前叠加很多很多的波峰和波谷，而要做到这一点，各种波必须精确地同步，否则它们就会发散。

为了实现这一点，射电波被相互移位，以便它们以相同的节拍振荡，可以说是如此。因此，数据相关中心的专家有点像DJ，他们通过调整两个唱片机的速度，将不同歌曲的节拍融合在一起。然后，它以完美的同步方式一起播放，因此，歌曲听起来就像一个单一的轨道。然而，射电天文学家面对的不是两个碟片，而是许多个望远镜的马克六号记录下的射电数据。只有当它们完全同步时，这些射电望远镜才会在 VLBI 模式下运作。

对我们来说，这意味着等待，而 DJ 则立即知道他的两个转盘是否在同步工作。如果他犯了一个错误，两段音乐中的一段节奏稍稍落后，他迟早会注意到这一点：舞者们会捂住耳朵，因为颠簸的节拍而匆匆离开舞池。但在我们的测量过程中，我们几乎无法检查一切是否同步。观测中的我们就像早期在公海上的探险家一样：在没有 GPS 和地标的情况下，他们在一望无际的大洋上掌舵，希望能到达他们伟大的目的地。我们所有的努力是否得到了回报，我们是否会安全抵达，我们只有在最后才能知道。条纹，即良好的叠加模式，并不总能被发现。在那之前，我们只能紧张地咬着手指甲等待着。

为了找到望远镜的共同步调，我们需要准确知道它们相对于天空的位置，以及来自太空的射电波的相对到达时间。为了估计这一点，VLBI 专家使用了一个地球运动的模型，该模型考虑到了地球的旋转、不平衡、海洋和大气层运动导致的地轴摆动。然后，在两台望远镜各自发出的射电波的噪声中，一台将数千个计算单元联网的超级计算机通过将电波相互移动并找到最佳的相关性来搜索共同的振荡。

寻找正确的数值是很辛苦的，而且出错的可能性很大。如果你只是偏离了一毫秒，你仍然必须在数百万个备选方案中进行筛选，而进行完整的数据相关工作往往比观测本身花费的时间更长。这就是为什么，作为一个测试，首先从两个望远镜观测一个非常明亮的类星体的简短数据集开始。

2017 年 4 月 26 日，第一条来自相关性海洋之岸的信息来了。麻省理工学院的数据相关专家迈克·泰特斯（Mike Titus）自豪地报告说，夏威夷的 JCMT 和墨西哥的 LMT 之间首次出现了类星体 OJ 287 的条纹。 这让我们感到很轻松。这就像陆地在望的呼声，喜讯不断传来。第二天，泰特斯报告了 JCMT、LMT 和 SMA 之间在射电源 3C 279 处更强的干扰模式。 几乎每天都有另一个成功报告，它们逐渐覆盖了整个网络。5 月 5 日，我通知 IRAM 所长 [i]，EHT 现在几乎在所有望远镜之间发现了条纹。这是令人难以置信的——真的一切都成功了！尽管我们不知道这些数据将向我们展示什么——但这是迄今为止此类实验中收集到的最好的数据。我们正在进入太空中的未知领域。

但是需要四分之三年的时间来做所有数据的相关处理——包括来自南极的数据。在我们还没有弄清楚数据会告诉我们什么之前，我们已经开始了第二次观测活动。

在 2018 年 4 月，运气不在我们这边。我们错过了前三天，因为一台望远镜的新接收机没有及时准备好，然后天气也不配

---

i IRAM 当时的所长是卡尔·舒斯特（Karl Schuster）。

合。在韦莱塔峰，我不再能看到望远镜的顶部——它消失在雾中。智利 ALMA 望远镜的天线突然结冰，而且在亚利桑那州和夏威夷，天气也相当平庸。但至少，中国台北的新格陵兰望远镜（GLT）第一次加入了团队。

然后是一个令人震惊的消息。据说在墨西哥的团队遭到了一个武装团伙的袭击。据说我的博士生米夏埃尔·扬森也受到了影响。我拼命地尝试与他联系，责备自己。我们让我们的年轻员工经历了什么？到目前为止，那里没有发生过任何事件，但我要对项目和我的员工负责。最后，我接通了米夏埃尔的电话。"当我们开车去望远镜台站时，一辆深色的皮卡车挡住了我们的去路，"他兴奋地告诉我，"六个带着重型武器的蒙面人包围了我们。我们举起了我们的手臂。一个人说了一些英语。当我意识到他很紧张时，我就更紧张了。"令人惊讶的是，米夏埃尔沉着冷静地讲述了他的冒险经历，但我可以看出他有多激动。"我试图解释，我们是天文学家。然后出现了巨大的兴奋。他们说他们会保护我们，然后离开了。凯蒂·布曼和林迪·布莱克本（Lindy Blackburn）已经在上面了，幸运的是他们没有出事，我现在很安全。"他总结道。"你回来吧，"我说，"一旦安全了就回来。"谢普·多尔曼和我心急如焚地通话，之后我与那边望远镜的台长也聊了[i]。我们决定撤出我们的团队，在没有这个重要观测站的情况下结束活动。

没有人知道这是否是一次失败的绑架企图，或者秘密警察是否在背后支持。我们也不是很想知道，因为在这段时间里，普埃布拉州的犯罪团伙与墨西哥中央政府之间关系紧张。在通往死火

---

i　即 LMT 当时的台长大卫·休斯（David Hughes）。

山内格拉山（Sierra Negra）的弯曲而糟糕的道路上，后来又发生了一次又一次的抢劫事件。因此，墨西哥国家天体物理学、光学和电子学研究所在 2019 年 2 月承担了后果，并在一段时间内关闭了 LMT 和邻近的高海拔水体切伦科夫天文台（HAWC）[i]。

由于这个原因和其他望远镜的技术困难，我们在 2019 年的下一次测量也无法进行。我们打算在 2020 年 4 月再次尝试，计划去 IRAM 在法国阿尔卑斯山布尔高原上的新望远镜 NOEMA。然后，新型冠状病毒阻止了我们的测量活动。大选前两周，封锁来了——同样没有测量。2017 年可能是我们的奇迹年。2017 年的数据必须向我们表明我们是否利用好了这个独特的机会。

---

i 参见文章：Lizzie Wade, "Violence and Insecurity Threaten Mexican Telescopes," *Science*, February 6, 2019, https://www.sciencemag.org/news/2019/02/violence-and-insecurity-threaten-mexican-telescopes#。

11

解析了一张照片

从噪声到图像

来自太空的图像并不是简单地从天而降。相反，每个天文学家都知道拍摄一张宇宙照片需要多大的努力和耐心——特别是当光波被储存在硬盘上时。原则上，一旦数据被记录下来，我们必须在计算机中组装一个跨越世界的望远镜，并重现一个巨大望远镜的天线或镜片对真实波的作用。

镜片在聚焦来自空间的光线时进行的数学运算被称为傅里叶变换。这种变换是以法国数学家让－巴蒂斯特·约瑟夫·傅里叶（Jean-Baptiste Joseph Fourier）的姓氏命名的，他在1822年提出了这种变换，现在它被用于我们日常生活中的各种领域。任何保存压缩JPEG图像或MP3音乐文件的人都会使用这些傅里叶变换的属性。我们的听觉也将振动转换为声音。我们的耳朵是数学天才，因为它们可以自动进行这种复杂的数学运算——在我们睡觉的时候——每个在晚上被设置错误的数字闹钟的嘟嘟声吓到的人都有这样的经历。在计算机中，我们首先要自己费力地对这些转换进行编程，也就是说，要一步一步地教计算机这种转换。

能够省略信息而不损失图片或音乐的整体印象是傅里叶变换的一个特殊功能。电子压缩方法每天都在利用这一优势。人们从图片或音乐作品中进行傅里叶变换，删除数据中不重要的部分，存储剩余的数据，并可以随时从这些数据中变换回图片或声音文件。差异几乎看不到或听不到，但数据量已变得相当小，这意味着，例如，存储卡上可以存储更多的图像。

当我们用有划痕的反射式望远镜看星空时，或者相机镜头上有灰尘时，也会发生同样的情况。我们因此失去了信息，而望远镜片只能不完全地进行傅里叶变换。尽管如此，我们并没有得到一个孔洞或穿孔的图像，其中洞中的星像不见了。每颗星看起来只是有点模糊。由于信息缺失而产生的干扰会不知不觉地扩散到整个图像上。镜面上的任何误差都会对图像中的所有星产生同样的影响。然而，可以使用计算机算法来消除这些错误中的大部分，并对图像进行抛光。

由于这个原因，全球射电干涉仪由许多小型望远镜连接在一起，而不是一个大型反射镜组成。镜面不需要完全填充。即使不是全世界都有望远镜，它也能发挥作用。这就相当于一面有许多划痕和孔的镜片，而不是一整块。只要有一点技巧和宝贵的数学知识，仍然可以重建一个准确的图像。这可以节省大量的天线，甚至更多的钱。用射电望远镜覆盖地球表面将是一种多余的行为。

图像的傅里叶变换可以很好地与交响乐相比。你看到的图像与你听到的音乐相对应。然后，图像的傅里叶变换就是交响乐的乐谱，而射电干涉仪则对应于记录音乐并将其再次分解为乐谱的音符的测量装置。

在我们的 VLBI 网络中，两台望远镜的每个组合在任何时候都正好测量一个图像音符，这是由相关器计算的。望远镜之间的距离是基线，你可以把它们想象成竖琴的琴弦，有不同的长度，它们负责不同的音符。只是这里又是反过来的：琴弦并不产生音调，而是倾听音调，时间越长，它们收到的图像音就越高。应用到交响乐中，短基线就会主要听到管弦乐队的定音鼓和低音提琴，而长基线只听到短笛和三角铁。

例如，在头部图像的傅里叶变换中，"低频"的图像色调将只捕捉到头部的形状，而不是面部的细节。另一方面，"高频"的图像色调显示了嘴和鼻子的突出轮廓，但没有显示头部。这里重要的是在射电源看到的望远镜之间的琴弦有多长。如果你从侧面看向琴弦，它将比你从上面看的时候显得更短。地球的自转改变了弦的投射长度和方向，必须在一个晚上的许多小时的观测过程中不断调整望远镜。

然而，为了从 VLBI 网络中获得良好的图像，必须首先将各个望远镜的测量灵敏度准确地对照起来，并对所有望远镜之间的相对延迟进行校正。这相当于对由许多部分组成的镜子进行调整和均匀抛光，或对钢琴进行精确调音。这项任务由我们的校准小组[i]在 2018 年春季执行，它确保正确的混合，调整有许多乐器的大型乐曲的音量，并在我们的音乐会开始之前进行声音检查。只有这样，数据的嘈杂声才会变成黑洞图像的和谐交响曲。

2018 年 5 月中旬，我像往常一样离开办公室，这时萨拉·伊萨恩走过来："你看到我们对 Sgr A* 和 M87 的第一个校准图了

---

i　校准小组的成员有哈佛大学的林迪·布莱克本和 Maciek Wielgus、亚利桑那的陈志均（Chi-kwan Chan）、我自己的博士生萨拉·伊萨恩和米夏埃尔·扬森，以及德文格洛台的伊尔莎·范贝梅尔（Ilse van Bemmel）。

吗——你可能感兴趣？"她说，异常平静。萨拉的心情总是很好，但这次她的眼睛特别顽皮地闪闪发光。我很好奇，看了一眼她的屏幕。然后我又看了看，不解地问："你相信你所看到的吗？"——"嗯，这是第一个数据，我们必须更仔细地检查它，当然……"她回答说。

校准小组所呈现的是一条由暗弱的点组成的曲线。它是M87的"音阶"，显示了该物体所有测量到的图像音调的响度，按频率排序。响度向高图像音调稳步下降，最终归于零。如果黑洞的图像是一幅肖像画，我们现在就可以确切地知道头部有多大。高音越少，头越大。但随后曲线又突然上升。我们还测量了很多响亮的高音。这个头颅也有一张脸，我们捕捉到了它！我们在最后几分钟测量了最高和最具决定性的音调，正是在西班牙和夏威夷团队同时进行观测的时候——真的非常令人吃惊！

我松了一口气，紧张地呼出了一口气。"这太好了，不可能是真的！""我们都从射电天文学教科书中知道这条曲线的形状[i]。我不想大声说出来，但这与环形物的傅里叶变换几乎是一致的。如果这是真的，那么M87真的像一些人所说的那样大，我们可以看到影子。"我说，几乎是带着敬畏之心。"是的，60到70亿个太阳质量。"萨拉笑着补充道。

"好吧，我们静观其变。"我以一种尖锐的方式回答，试图装出我的扑克脸。尽管如此，我一整天都在办公室里踱步，处于兴奋状态。仿佛一位非常特别的客人宣布了自己的到来，一

---

i 如：A. R. Thompson, J. M. Moran, and G. W. Swenson, *Interferometry and Synthesis in Radio Astronomy*, 3rd Edition, (Springer Verlag, 2017)。

位等待了几十年的客人，这就是我对这种情况的感觉。很快，我们就能第一次看到这次访问。一个感谢的祷告充满了这个原本清醒的房间。

大惊喜

我们没有用 VLBI 测量所有的图像细节，这意味着理论上有许多图像会与我们的测量结果相符。如果你不知道一部交响乐的所有音符，原则上你可以用口哨吹出很多曲子来配合它，尽管其中大多数可能听起来非常奇怪。

我关心的是，我们如何能够确保不欺骗自己。我们必须成为自己最严厉的批评者。幸运的是，团队中的每个人似乎都清楚地意识到了这种危险，我们至少用两种独立的方法进行每一步的分析。

校准团队在数据准备方面工作得非常辛苦。来自哈佛大学的此类任务的专家林迪·布莱克本编写了一条数据管道，米夏埃尔·扬森和一个团队一起编写了第二条管道。米夏埃尔称他的管道为 rPICARD[i]。我们所要做的就是像我最喜欢的电影《星际迷航》（Star Trek）中的船长那样说："让它变成这样！"而且数据

---

i 即拉德堡德高角分辨率数据校准管道（Radboud Pipeline for the Calibration of High Angular Resolution Data）的缩写。见：M. Janßen, et al., "rPICARD: A CASA-Based Calibration Pipeline for VLBI Data. Calibration and Imaging of 7mm VLBA Observations of the AGN Jet in M 87," *Astronomy and Astrophysics* 626 (2019): A75, https://ui.adsabs.harvard.edu/abs/2019A&A…626A..75J。Mark Kettenis 和伊尔莎·范贝梅尔领导的 JIVE 团队，以及来自博洛尼亚的 Kazi Rygl 和 Elisabetta Liuzzo 也参与了此项目。

处理是完全自动的。两个管道都给出了兼容的结果，现在仪器已经调好了，我们可以发布数据并从中制作图像。一个大型的、非常活跃的成像小组 [i] 在合作中，现在正在处理这个问题。

在我们拥有一个科学上无缺陷的图像之前，还有很长的路要走。来自世界各地的几十位 EHT 的同事参与了成像组的许多步骤。有相当多的方法来生成一个图像，这就是凯蒂·布曼的作用。她是电子图像处理方面的专家，在高中时就开始热衷于这个主题。布曼毕业后首先在麻省理工学院工作，然后转到哈佛大学。她知道图像处理的模糊性，以及如何安全驾驭这个过程中的最大陷阱。她定期组织比赛，测试 VLBI 专家和算法。为此，专家们从她那里得到了模拟的数据。有些看起来就像你想象中的黑洞，有些则显示出喷流，还有一些则像一个戴着帽子、围巾和胡萝卜鼻子的雪人。这些团队不知道数据背后是什么，必须提交他们重建的图像——实际上是一个小小的选美比赛。同事们的作品甚至由陪审团评判，我曾经是其中的一员。通过这种方式，我们不断让自己接受一种纯粹的数据分析的诘问，团队选择了一些既定的算法来进一步发展。

到目前为止，成像团队只用模拟图像数据或我们的校准器数据来工作。但现在在事情变得严肃多了，因为 M87 和 Sgr A* 的测量、调整后的图像分数被公布了。所有人都无比兴奋——我们的黑洞会是什么样子？我们觉得自己就像离圣诞礼物很近的孩子。

---

i 迈克尔·约翰逊（Michael Johnson）、凯蒂·布曼以及秋山和德（Kazunori Akiyama）领导的年轻团队负责成像小组，团队中还有哈佛大学的博士生 Andrew Chael。在欧洲方面，托马斯·克里希鲍姆和来自西班牙的何塞·路易斯·戈麦斯（José Luis Gómez）发挥了强有力的作用。总体而言，共有超过 50 名科学家参与项目，萨拉·伊萨恩也是其中之一，甚至理论工作者莫妮卡·莫希齐布罗兹卡也贡献了几分力量。

圣诞树下有一些巨大的礼物，现在我们要拆开它们。但是这样的礼物只能拆开一次，只会有一个第一次。在科学上，解开包装也是一种实验，而且会影响分析，因为它是由人完成的。

我和我的研究生萨拉、米夏埃尔和弗里克·鲁洛夫斯在第二小组，该小组横跨三大洲，由萨拉和我们的日本同事秋山和德领导[i]。

为了确保每个小组真正得出独立的结论，各个小组之间的所有交流都被阻止。当然，也不允许任何人向 EHT 以外的人展示在他们小组中创建的图像。我们要绝对确保没有任何东西泄露出去。我必须承认，对于我的妻子，我无论如何都不能瞒着她。

成像组的工作时间安排得相当精确。2018 年 6 月 6 日晚，M87 和 Sgr A* 的读数被公布给四个小组。我们都很兴奋。博士生们立即开始分析数据。每个人都先在自己的图上下功夫。此时，我再次参加在丹佛举行的美国天文学会会议，并发表关于我们的月球射电天线的演讲。我尽量不让自己的激动之情表露出来，偷偷地与弗里克和其他人保持电子联系。当晚，在世界各地，出现了第一批黑洞的图像。没有人知道谁是第一，这也并不重要。在机器运转的同时，我在前往德国的飞机上。在从丹佛返回的旅途中，我的紧张情绪几乎是无法忍受的。在机上节目中，我发现了凯蒂·布曼的 TEDx 演讲。"当我们着陆时，它已经过时了。"我想，在心里笑了笑。当我的飞机终于静静地停在法兰克福的停机坪上时，我从口袋里掏出我的智能手机，看看我的小

---

i 哈佛大学的布曼和约翰逊是一组，我自己和我的博士生弗里克·鲁洛夫斯、米夏埃尔·扬森、萨拉·伊萨恩在第二小组。托马斯·克里希鲍姆和来自西班牙的何塞·路易斯·戈麦斯以及他们的同事组成了第三小组，专门研究 CLEAN 算法。我们年轻的亚洲同事们在浅田圭一（Keiichi Asada）的带领下组成了第四小组。

组的照片。期待已久的访问将于今天抵达。

我的情绪状态相当于19世纪浪漫爱情小说中的俗气情形。这幅画就像我等待了几十年的远方情人，迄今只通过我们生动的书信接近我。在我的脑海中，我对她的长相有一个确切的概念，尽管我从未见过她本人。她是特别嘉宾，现在是第一次过来。看到第一张照片的时候，就像马车终于停了下来，车门打开，我第一次得以直视我的渴望。在这种期待中，夹杂着我的忧虑和恐惧。我的想象力欺骗了我吗？这一切都在我的想象中吗？现实是否更残酷、更丑陋？如果她并没有打动我呢？马车在一定距离内停下，车门打开。

我哆嗦了一下，打开了弗里克发给我的文件。它以天文学中常用的特殊文件格式存储[i]。现在我已经坐在火车上，我的笔记本电脑就在我面前。我小心翼翼地环顾四周。其他乘客没有注意到我。然后终于打开了窗口——可以看到一些灰色的、模糊的东西。我放大图像，调整对比度，选择我心爱的火彩比例，然后我看到了：不是一个封闭的环？一个马蹄铁？不，它更像是一个四分之三的戒指。这不是很美吗？！

我无法摆脱它，无法满足于这种景象。这是令人着迷的新事物，但不知为何又很熟悉，仿佛我们已经认识对方很长时间了。有一个小时，我在地面上来回踱步，直到怀疑主义再次出现。这仅仅是一瞥！明天会是什么样子？而如果明天第一印象得到确认，那么最终就会迎来建立关系的艰辛历程。它能持续吗？到婚礼还有很长的路要走。

此后不久，秋山和德发来了一封邮件。他计划在第二天与我

---

i 即 FITS 格式，代表"普适图像传输系统"（Flexible Image Transport System）。

们的团队举行一次远程会议。他希望第二小组的每个人都能比较他们的图像。他告诉我们，在将图像数据发送给他之前，一定要对其进行密码保护。他也非常兴奋。"呜呼！"他写道，"我今晚睡不着。"我很想直接去奈梅亨与我的学生们交谈。但我现在必须亲自去参加亚琛大学的 TEDx 演讲。在排练之前，我偷偷地溜进一个储藏室。在食品供应和椅子之间，我看着其他人的黑洞。解脱了！在他们的照片中还可以看到一个戒指。所以这终究不是我的想象。讲座期间我一句话都不能透露。我做演讲的时候其内容已经过时了，但我还是非常生动地讲完了 [i]。

6 月底，在波士顿的哈佛大学举行了决定性的成像研讨会 [ii]。这使来自合作各方的 50 多位同事聚集一堂，展示他们的图像：首先是校准源，然后是 M87。会议是在暑假期间举行的。我需要和我的妻子在波罗的海度假。晚上，我仍然在我的手机上查看结果。我不能完全断网，还不行。事实上，其他三组的照片也有确定的环，这并没有让我感到惊讶，但还是让我非常放心。这个如此熟悉而又神秘的青梅竹马终于来到了这个家庭，甚至立即就被接纳了。

因此，我们正在 EHT 的科学委员会中讨论如何进一步分析和公布我们的图片。在夏天，我们已经意识到，处理和利用人马座 A* 的观测数据要复杂得多。所以现在，我们只想分析来自 M87 星系的数据。我的好同事、科学委员会副主席杰夫·鲍尔说："让我们先做容易的事吧。"

---

i 讲座链接见：H. Falcke, "How to Make the Invisible Visible" (lecture, TEDxRWTH Aachen, 2018), https://www.youtube.com/watch?v=ZHeBi4e9xoM。

ii 2017 年在哈佛举行的 EHT 成像研讨会得到的图像见：https://eventhorizontelescope. org/galleries/eht-imaging-workshop-october-2017。

M87 中的大质量怪物对我们的图片来说是完美的，因为在它附近，发出辐射的等离子体几乎以光速在黑洞周围流动，但它巨大的体积意味着气体需要几天甚至几周的时间才能转好一圈。如果我们用我们的环球望远镜拍一张照片，大约 8 个小时，M87 的黑洞就像一只冬眠的胖熊一样静止不动。另一方面，人马座 A* 的中心只有 M87 的千分之一，热气体因此在同样的时间内旋转和变化的频率就大了 1000 倍。它在我们的图像中摇摆不定，就像一个在儿童生日会上的两岁小孩一样亢奋。任何长时间的曝光拍摄都会相当模糊，我们从测量数据中生成清晰明确的图像会有很大的困难。

在哈佛大学的研讨会结束后，为盲测成像建立的小组解散了。整个团队再一次聚在一起，重新开始计算图像。我们现在大致知道 M87 中的射电物体是什么样子的，现在我们希望计算机能够计算出最佳图像[i]。为此，一个团队再次模拟了类似被 VLBI 观测到产生的数据。产生这些数据的源图像与真实的东西有欺骗性的相似，但仍然是不同的。模拟图像有些是环状的，有些是片状的，有些只是两块布。算法自动地处理模拟数据，之后，成像团队再反算出成千上万的图像。最后，他们选择了最为适配的参数，使所有的模拟图像都呈现得一样好——甚至是中间没有阴影的图像。一个只对戒指进行良好重建的算法将是自欺欺人的。

只有这样，研究小组才会将这三种带有参数的算法应用于我们来自 M87 的真实测量数据，而我们得到了三种差异虽小但明

---

i 分别是两种正则化最大似然（regularized maximum likelihood）方法"eht-imaging"和"SMILI"，以及 CLEAN 算法。

显不同的图像。我从未想过图像会这么好。它们显示了一个红色的发光环，中间有一个黑点。这个颜色不是偶然的，而是受到我们的旧的阴影文章中的理论预测的启发。亚利桑那州的一位同事[i]对色阶进行了一定程度的调整和改进。虽然人眼看不到射电波束，但公众的看法很快将是黑洞发出红色的光。甚至美国航天局也会做出反应，将其黑洞的电脑动画染成红色[ii]。后来，当我向现代基督教歌曲作曲家洛塔尔·科塞（Lothar Kosse）讲述红色射电波的故事时，他着迷地说："我看到了我不知道的颜色。"我认为这句话很好地总结了这一点。

有了这些照片，我们就可以公开了。这就像秘密订婚的日子——婚礼的准备工作从此开始了。

分析小组之前已经开始为检查结果做准备。现在他们正在全速前进。理论小组[iii]正在无休止地加班工作。在超级计算机上，他们正在制作一个巨大的模拟黑洞库，以便与数据进行比较。黑洞以前从未被如此广泛和详细地模拟过。

另一个团队[iv]正在准备计算黑洞测量的结果。它有多大？我们能推断出质量吗？喷流的方向呢？

---

i 陈志均带领的小组确定了色阶。

ii 参见：Francis Reddy, "NASA Visualization Shows a Black Hole's Warped World," nasa.gov, September 25, 2019, https://www.nasa.gov/feature/goddard/2019/nasa-visualization-shows-a-black-hole-s-warped-world。

iii 以伊利诺伊的查尔斯·甘米、哈佛的拉梅什·纳拉扬、法兰克福的卢恰诺·雷佐拉和奈梅亨的莫妮卡·莫希齐布罗兹卡4人为核心，形成了EHT的理论团队。

iv 由亚利桑那州的Feryal Özel、日本的浅田圭一、德国加兴的Jason Dexter和加拿大圆周理论物理研究所的Avery Broderick带领。同时，法兰克福BlackHoleCam团队的Christian Fromm开发了一种新的遗传算法（genetic algorithm），以便通过比较图像和模拟结果来估计黑洞的参数。

那里在短时间内诞生的东西令人叹为观止。许多大大小小的英雄故事留名青史。每个人都开足马力全速前进，但肾上腺素和许多不眠之夜也让他们付出了代价。有些人达到或超过了自己的极限，有些人被甩在后面，也有些人经受极大的压力。团队中的英雄成员的全天候行动主义也暴露出咄咄逼人的一面，因为它引发了一个危险的漩涡，使英雄和战友们都身心俱疲。除了热切的全球合作，人们偶尔也会发现古老的原始部落行为，一个部落以一种排外的方式对付另一个部落，因为另一伙人的想法或方法不是"来自这里"。管理团队的关系恶化了，董事会和我们的科学委员会为了保持整个团队的团结而手忙脚乱。有些人是在火上浇油，有些人则是想把火扑灭，但在整个 EHT 中，每个人都仍然有动力去实现共同的目标，并尽可能地把工作做到最好。

迪米特里奥斯·普萨尔蒂斯作为项目科学家，试图将这场创意风暴引导到正道上，制订了出版计划。我们是否应该迅速在某一主要科学期刊上发表一篇短文——也许是在《自然》杂志上发表这幅图像？这将是不恰当的。这个黑洞形象是如此震撼人心，如此具有突破性，我们决不能让自己暴露在旋转的怀疑中。毕竟，EHT 已经创造了这么多的成果，都应该被记录下来！经过与协作组的多次讨论，普萨尔蒂斯提交了一份六篇技术论文的计划，并由科学委员会签署。我们希望系统性地描绘出 EHT 所需的整个科学过程。VLBI 技术、数据的校准、图像的形成、模拟，以及图像的测量，每个主题都有单独的文章。还有一篇评论文章对所有主题进行总结和分类。最终的结果将是 204 页——几乎是一整本书，只是关于一个单一的图像。

2018 年 11 月，EHT 团队在奈梅亨举行大型合作会议——

120 名科学家聚集在拉德堡德大学[i]，在这里，EHT 的所有议题都将被讨论。这是自观测和合作协议于 2017 年生效以来的第一次联席会议。我当时的助手卡塔琳娜·柯尼希施坦因（Katharina Königstein）以极大的爱心和精力为这个星期做了准备。会议将在伯尔各满学堂（Berchmanianum）举行，这是一座古老的耶稣会修道院，拉德堡德大学最近接管并翻新了它。在这里，在老礼拜堂里圣徒们严厉的目光下，讨论了 EHT 的主旨和我们的六篇文章。

周一早上，我在修院门外等待来自该地区酒店的同事们首次抵达的巴士。当大门打开时，看到其中有那么多熟悉的面孔，我的心都暖了。气氛是欢快的，轻松的。"我在屏幕上见过你"是一句经常听到的话。许多同事只在视频会议中见过对方——尽管他们在虚拟世界中度过了无数个小时，但他们从未见过面。

一年半后，新型冠状病毒危机爆发，使许多人被隔离，并完全改变了许多公司的工作文化。日夜视频会议对当时的 EHT 来说已经完全正常；我们的自我隔离在 2018 年的合作会议上被打破，一起度过了紧张的一周。这一经验对 EHT 的动态发展极为重要。它向我们展示了所有的情感和社会因素，当人们只通过屏幕、摄像机和麦克风进行互动时，这些因素就会丢失。奈梅亨的聚会就像周年纪念日的同学聚会，再次见到那些似乎非常熟悉但彼此之间有些疏离的人。

空闲时间，人们像蜂巢一样嗡嗡作响——到处都是自发形成的小组，到处都是讨论。这样令人愉快的好天气让我们想起观测期间的完美日子。但在荷兰每年的这个时候，实际上大多是灰

---

i 2018 年 11 月在奈梅亨举行的合作会议的照片和视频可见：https://www.ru.nl/astrophysics/black-hole/event-horizon-telescope-collaboration-0/eht-collaboration-meeting-2018。

色和潮湿。按照 VLBI 的老传统，我坚持进行一场小小的足球比赛——我甚至进了球，只是第二天爬楼梯时有些步履艰难。作为一个亮点，卡塔琳娜·柯尼希施坦因在奈梅亨的圣司提反大教堂组织了会议晚宴。起初我觉得这很奇怪，但在世俗化的荷兰，社会团体活动支付的费用是教堂维护的重要收入，而且这也可以带来一种情感上的共同体体验。当一个歌剧演员突然在观众席上随着管风琴音乐唱歌时，人们拿出手机拍照，拿出手帕擦眼泪。

在全体会议上，文章协调人提出各种出版物的计划。我被要求协调主要的摘要文章，我问合作者："我们要讲的故事是什么？我们敢于做出什么样的声明？"

在任何情况下，我们都会看到一个阴影——就像你对黑洞的期望一样。普萨尔蒂斯强调说，我们永远无法证明黑洞。我们只能说，我们的结果与广义相对论的预测相吻合——但它们的表现令人印象深刻。如果你看一下理论组的图像，数量惊人的模拟符合我们的图景——特别是如果我们用计算机重新对模型进行一对一的人工 VLBI 观测。这既是一种诅咒，也是一种祝福。正如预测的那样，这个阴影是黑洞的一个非常强大和非常明显的标志。但是我们无法真正判断，例如，我们的黑洞是否在旋转，如果是的话，旋转的程度如何。

毕竟，只要你能穿透闪闪发光的射电星云，你就能看到黑点，而且它的大小与它的质量完全正相关。这个环是光从四面八方绕着黑洞弯曲的。它在底部更亮，就像你所期望的那样，当气体以接近光速的速度围绕黑洞旋转并向我们移动时，根据相对论，这种光速运动在前进方向上集中并放大了其光束。因为喷流，也就是等离子体的旋转轴，在右上方指向我们，而气体的下部因此向我们移动，所以环状体必须顺时针旋转。

但是我们的主要发现是环的大小：用天文术语来说，它的直径是 42 微角秒。谁能想到，经过这么多年的工作，在超级计算机中处理了几十亿个数字，我们问题的答案竟然是 42[i]！所有东西都缩到这一个数字。

从地球上看，黑洞对我们来说确实很小，整个图像就像从奈梅亨看纽约的一粒穿孔的芥子，或者在 350 千米的距离上看一根头发。由于 M87 大约在 5500 万光年之外，这相当于 1000 亿千米的直径。通过与我们的模拟进行比较，我们可以确定这个野兽的超大质量——它实际上是 65 亿个太阳质量。应用于我们的太阳系，这样一个黑洞的事件视界将是海王星轨道大小的 4 倍左右。

然而，在那时，仍然不清楚哪一个图像应该并将成为主图像。我们最终得到了来自四个不同日子的图像，每个日子有三种不同的算法，所以有 12 张图像。它们看起来都令人困惑地相似，但它们并不完全相同。成像工作组中爆发了一场严肃的辩论。杰夫·鲍尔和我试图主持工作。最后，该小组选择了 2017 年 4 月的一个最佳测量日，并决定将三种不同的方法得到的图像简单地平均到一张图片上。其他日子的平均图像和单个图像也被显示出来，但没有那么显眼。做出这样的选择需要所罗门王的智慧。大团队中的每个人现在都可以理直气壮地宣称他们的工作也在这一张图片中得到了体现。

最后一个大问题是：我们何时公布结果？谢普·多尔曼正计划 2 月份的时候，在华盛顿的美国科学促进会（AAAS）的大型新闻发布会公布。这是世界上最大的科学会议。对我来说，这太残酷

---

i 小说《银河系漫游指南》中提到，"生命、宇宙及一切的答案是 42"。——译者注

了；丹·马罗内和我正在争论一个春季甚至夏季的最后期限。好的科学和好的出版物也需要时间，而一天中只有 24 小时。早期的日期很快就被证明是站不住脚的，我们把日期定在了 4 月——在计划的、后来取消的观测活动之后。多尔曼的感叹，即时间表是积极的，也是可以实现的，成为内部人士的口头禅，因为这个 4 月的时间也将是我们所有人的准绳。咄咄逼人是一种轻描淡写的说法。

艰难诞生

但是，在图像最终能够看到光明之前，还有一个阶段的紧张工作要做。对于我们的六项研究，《天体物理学报》已答应为我们出版一期特刊。每条都有一组协调员——通常是相应工作组的协调员——还有一些分协调员，负责监督各个部分。写作是在一个网络平台上与多个作者同时进行的。

多尔曼、提拉努斯和菲什协调关于仪器的文章。杰夫·鲍尔、迪米特里奥斯·普萨尔蒂斯、卢恰诺·雷佐拉和我协调并撰写评论文章。我们是唯一没有单独工作组的团队，因为我们必须总结一切——往往在其他成果完全完成之前。我们不断制作新的版本，并将其交给合作方进一步评论。每一个句子，每一个参考文献都被质疑，有时还被相互矛盾地讨论。所有的出版团队都要经历一个艰苦的、耗费精力的过程。一个出版委员会[i]负责监督这一过程，在将每篇文章送交期刊之前，首先由内

---

i EHT 出版委员会由墨西哥的 Laurent Loinard 和我的荷兰同事 Huib Jan van Langevelde，以及美国的拉梅什·纳拉扬和 John Wardle 领导。

部审查员把关。

在我们的文章中，我们不仅总结了所有其他文章，而且还讨论了我们的结果的弱点和优势。会不会这个环只是因为喷流偶然出现的——就像喷气式飞机在空气中留下的烟圈，很快就会被吹散？可能不会，因为在成千上万次对黑洞周围喷流的 VLBI 观测中，从来没有看到过这样的情况，而且我们的结构似乎很稳定。会不会是那里有一个几乎看起来像黑洞的东西，但实际上完全是别的东西？也许是一个巨大的、尚不为人知的基本粒子的集合体——一个玻色子星？理论物理学家已经提出了许多这样有创意但几乎没有证据的想法，我们也通过实例模拟了这种替代理论[i]。它不能被完全排除，因为在事件视界周围的黄昏地带可能隐藏着一个更加未知和复杂的物理学。然而，黑洞是目前最简单和最合理的解释，可以解释宇宙中的各种天体物理现象。

我们真正的突破是，我们第一次尽可能地接近了一个超大质量黑洞。据我们所知，我们现在可以说，星系中心那个黑暗的大质量怪物确实是黑洞。

类星体先驱们在近 50 年前所怀疑的东西，我们现在用自己的眼睛看到了——而且很快就会让整个世界都看到。一个新的阶段正在开始。经过几十年对黑洞的搜寻，我们现在开始对它们进行测量。现在的问题不再是它们是否存在，而是我们是否正确理解它们。已经很清楚了：如果黑洞与我们所想的不同，偏差也会相当小，否则我们得到的黑洞图像就会看起来不同。

事件视界不再像爱因斯坦和史瓦西时代那样是一个抽象的

---

i 参见论文：Yosuke Mizuno, et al., "The Current Ability to Test Theories of Gravity with Black Hole Shadows," *Nature Astronomy* 2 (2018): 585–90, https://ui.adsabs.harvard.edu/abs/2018NatAs···2..585M。

数学概念。它已经成为我们进行科学调查的具体场所。在此过程中，通过引力波、脉冲星和事件视界望远镜，我们现在已经收集了一套丰富的工具，可以在空间的极远处和各种尺度上仔细观察相对论。例如，广义相对论从根本上预测，事件视界及其阴影的大小与黑洞的质量成正比。2016 年探测到的引力波原则上也是来自这个阴影区，只不过来自小型恒星黑洞，其大小因此可以估计。

我们的黑洞比这些小个头的恒星级黑洞重一亿倍，但也比这些小黑洞大一亿倍——完全符合预期。爱因斯坦理论最基本的预测，即所谓的尺度不变性，因此被证实到小数点后近 8 位。

在我们写文章的时候，我也注意到我们对 M87 星系中的黑洞的命名问题。我们对这一引力奇迹根本没有术语。在此之前，天文学家们从未想过该如何称呼它。要么我们就得给它起个名字，要么就总是尴尬地谈论"M87 中心的黑洞"。M87 毕竟是整个星系的名字，而不是黑洞的名字。

因此，经过与合作方的广泛讨论，我们只是在名称上加了一个星号，就像人马座 A* 那样。对于天文学家来说，这是一个高效而合理的决定；这个原则可以很容易地扩展到其他星系。但后来的科学记者们对此一点也不满意。人类需要为他们有感情的东西起描述性的名字，而 M87* 不是一个可爱的宠物名字。作为一个玩笑，我们也曾考虑将黑洞称为卡尔或阿尔伯特——作为对史瓦西或爱因斯坦的小小致敬。但这真的会被大多数人接受吗？

在我们发表文章后不久，夏威夷大学发布了一份新闻稿，宣布一位语言学教授将黑洞命名为"Pōwehi"[i]。这是一个来自夏威

---

i 新闻稿见："UH Hilo Professor Names Black Hole Capturing World's Attention," press release, University of Hawai'i, April 10, 2019, https://www.hawaii.edu/news/2019/04/10/uh-hilo-professor-names-black-hole。

夷神话的词，大致意思是"黑暗的无尽创造之源"——夏威夷人有理由为这个美妙的名字感到自豪，使其成为他们文化的一部分。但是，这个图像是用全世界的望远镜创造的，属于所有民族和所有语言。也许每个国家都应该想出自己的名字——或者说是M87*的一个绰号。

当我们的研究完成后，论文由 9 页连续文本组成——但我们需要几乎同样多的页数来列出所有参与的同事、机构、大学、赞助商和射电望远镜。348 位作者按字母顺序排列。第一个人是秋山和德，最后一个人是来自亚利桑那州的教授露西·齐乌里斯（Lucy Ziurys），她曾建造和维护过 SMT。

2 月初，我们正式向《天体物理学报》提交论文。现在剩下的就是同行评审，也就是由独立专家评审我们的结果的过程。通常情况下，这可能需要几周或几个月的时间。但这次，审稿人即裁判员已经被选中，早就在等待了。这是最后一块主要的绊脚石。如果裁判员拒绝我们的文章或发现我们遗漏的错误，会发生什么？有些审稿人的回应是充满敌意的，会让你感觉如堕地狱。几天后，我们收到匿名评论的反馈。我兴奋地浏览了一下文本，然后如释重负地倒在椅子上。反应非常积极——所有的努力和我们的自我批评最终都得到了回报。我们只需要改变一些小东西。其他意见也是相对较轻的。

现在离我们 4 月初的新闻发布会只剩下几周时间了。在美国，谢普·多尔曼正紧紧握住缰绳。他想和国家科学基金会一起在华盛顿组织一次大型新闻活动。在欧洲，我们与所有主要合作伙伴定期举行视频会议，以安排我们自己在布鲁塞尔的新闻发布会。在东京、上海、台北和智利圣地亚哥举办更多活动的计划迅速浮现。在罗马、马德里、莫斯科、奈梅亨和其他许多城市，来自布鲁塞尔的新闻发布会将被直播，并由当地专家陪同。这将使每个国家都能听到由自己语言播报的结果。

这在欧洲是一件新鲜事，因为这样的新闻发布会通常是在主要的研究机构举行，如位于加兴的欧洲空间局或位于日内瓦的欧洲核子研究中心。科学还没有在欧洲的政治中心登过场。但这张黑洞照片也是欧洲合作和资助的成果。那时正是关于英国脱欧的激烈讨论的时节，通过这个图像，我们也可以发出一个信号，表明这个多样化的大陆上的公民的联系。人们通过提供资金和关注，为这一成功发挥了自己的作用。这对我来说很重要。

2019 年 3 月 20 日，最后一篇论文被接受。我们早就组织好了新闻发布会。现在最主要的是不要向公众泄露任何东西。对于这样一个有这么多同事的大型项目，这是很困难的。长期以来，一直有传言说 4 月 10 日将宣布一些大事。

当一位科学记者听说有六场新闻发布会在世界各地同时举行时，他的警钟开始响起。几天来，我收到无数的询问。《纽约时报》的一位著名记者给我的博士生萨拉·伊萨恩打电话，试图从她嘴里撬出几分消息，但她保持沉默。他的信息毕竟是从美国获得的。大多数记者坚定地期望，我们将呈现一张来自银河系中心的照片。新闻发布会后，有些人将不得不疯狂地改变他们已经写好的文章。

在新闻发布会的前一天，我与卢恰诺·雷佐拉、莫妮卡·莫希齐布兹卡罗兹卡、安东·岑苏斯和他的同事爱德华多·罗斯（Eduardo Ros）一起前往布鲁塞尔，展示图像。我们的杂牌军代表五个不同的国家，至少有六种语言。

在美国，谢普·多尔曼和 3 位美国同事正在赶来，包括我在阿姆斯特丹的同事塞拉·马尔科夫。东京、台北和圣地亚哥的准备工作也在开始。这又是一种全球远征——只是这一次我们将被密切关注。在许多大学里，同事和学生将观看我们的活动现场，就像宣布发现引力波时那样。对于天文学家来说，这有点像足球世界杯之于球迷，只是少了啤酒。

在前一天的下午，我们在一个媒体专家的帮助下准备新闻发布会——在同一间新闻编辑室里，我们曾经不得不在欧洲研究委员会的专家面前为我们的资金申请进行辩护。百叶窗紧紧遮着，我练习着开场白，并兴奋地第一次向欧盟工作人员展示屏幕上的图片。之后，我看着那双闪亮的眼睛，有几秒钟，甚至在那些坚韧不拔的专业人员中也出现了一种几乎令人敬畏的沉默。我对这幅画的情感力量有了初步的了解。

晚上，我回到酒店房间，再次思考我的话，并在镜子前练习。我想用四种语言说出"这是第一张黑洞的图像"这句话。萨拉·伊萨恩为我翻译成法语。在这之间，我儿子尼克也短暂地来看过我。尽管他年纪小，但作为电影作曲家和音乐家，他已经有了不错的开始。在欧南台的网站上，他为我们的黑洞放大视频配上了音乐[i]，他将把这一天的拍摄场景纳入他的第一个音乐视频中[ii]。

然后，在午夜时分，公共关系团队遇到了一些麻烦。一位科学记者[iii]也是我们的老朋友在一个不安全的网站上发现了带有图片的最高机密新闻稿。有了这个链接，他可能会成为一个网络红

---

i 黑洞的放大视频在：https://www.eso.org/public/germany/videos/eso1907c。

ii 尼克的音乐视频、他在新闻发布会拍的手机视频和黑洞图像可参见：[Nik], "Wahrscheinlich" (music video), https:/www.youtube.com/watch?v=oaUBCDpsFCw。

iii 这位警觉的天文博主是 Daniel Fischer，他的网站地址：https://skyweek.lima-city.de ——感谢！另外，《每日镜报》(*Der Tagesspiegel*) 的 Ralf Nestler 也通知了我们。

人，但幸运的是他通知了我们。一些同事正在度过一个不眠之夜，试图堵塞这个漏洞。还有谁发现了它？他是唯一的人吗？我们紧张地等待着第二天和新闻发布会的开始，但每个人都保持沉默，这一天成了科学的庆典。

当诺贝尔奖得主乔治·斯穆特（George Smoot）在 1992 年提出第一张射电图像，显示我们年轻的宇宙在大爆炸后仅 38 万年时的模样时，他庄重地说："我们在这里看到的是上帝的脸。"我想用一些东西来反驳。如果大爆炸是空间和时间的开始，那么黑洞就意味着类似它们的结束。所以我在演讲的最后说："感觉我们就像在看通往地狱的大门。"而整个世界都在和我们一起看着。

第四部分
超越极限

对未来的展望：物理学中尚未解决的大问题、人类在宇宙中的地位——以及上帝之问。

12

超越想象力的极限

全盘接受

对黑洞图像的反应是前所未有的[i]，它似乎让任何人都着迷。在世界各地，所有主要的日报和周刊都在报道这一科学和人类历史上千载难逢的事件。它成了电视新闻中的热门话题，它也点燃了社交媒体。它是美妙的，同时也是令人恐惧的。它为世界各地带来了共享欢乐的时刻，也引发了与1969年7月登月成功时相似的情绪。我的女儿那时已成为一名在学校实习的年轻牧师。她自豪地给我写信说："员工室里的每个人的手机上都有你的照片。"

令人惊叹的是，有多少人立即将这张照片化为已用。它被组合成无数的照片传阅，变成了猫的滑稽图和有趣的拼贴画。谷歌将其用于主页当日的谷歌涂鸦（Google Doodle）[ii]。在德国主要媒体的编辑部里，它被挂在公告栏里，与当天的政治轶事结

---

i 参见论文：L. L. Christensen, et al., "An Unprecedented Global Communications Campaign for the Event Horizon Telescope First Black Hole Image," *Communicating Astronomy with the Public Journal* 26 (2019): 11, https://ui.adsabs.harvard.edu/abs/2019CAPJ…26…11C。

ii 谷歌涂鸦：https://www.google.com/doodles/first-image-of-a-black-hole。

合。一张凯蒂·布曼第一次高兴地看着黑洞图像的照片，成为互联网上的热门话题，她在违背自己意愿的情况下成了社交媒体上的明星[i]。

可能从来没有一个单一的科学图像能如此迅速地抓住人们的想象力。然而，归根结底，我们的成功也是他们的成功——没有任何一个科学家，没有任何单个的团队能够独自实现这一目标。项目的成功还依赖于许多协助我们、确保我们完成工作的人们：为我们烘烤面包的面包师、保持我们房间清洁的房间清洁工、厨房团队和望远镜站的技术人员。所有公民，最终以他们缴纳的税金对我们的科学共同体表示了支持，为这个跨越世界的项目做出了贡献。

许多来自世界各地的同事后来详细地告诉我他们如何经历这个独特的日子。他们都不得不向朋友、邻居和媒体解释到底发生了什么。大型新闻发布会后的一周在肾上腺素的涌动中过去。我们被驱使着进行采访、演讲，还有中间无数的电子邮件和短信。我们都用最后的力量坚持到了照片的发布日期，而现在我正在燃烧我最后的储备。这是我有生以来第一次，我的心脏抽痛得很奇怪——几个星期以来，我一直觉得自己像一辆怠速调得太高的汽车，但仍然看不到休息的迹象。

五天内的七场讲座已列入议程。而这是在圣周期间，这对我来说特别重要，但我还没有感觉到任何复活节的气息。棕枝主日，我在拥挤的奈梅亨市博物馆做了一个讲座；濯足星期四，

---

i 参见文章：Tim Elfrink, "Trolls Hijacked a Scientist's Image to Attack Katie Bouman. They Picked the Wrong Astrophysicist," *The Washington Post*, April 12, 2019, https://www.washingtonpost.com/nation/2019/04/12/trolls-hijacked-scientists-image-attack-katie-bouman-they-picked-wrong-astrophysicist。

我在剑桥向天文学家们演讲。大厅再一次坐满了人。观众席上坐着马丁·里斯，这位英国皇家天文学家在 20 世纪 70 年代首先使黑洞的概念充满希望。现在他亲眼看到了第一幅黑洞的图像，并提出了关键的问题："我们在图像中实际看到的是什么？事件视界吗？"——"它的影子！"我回答道。在同一时刻，我觉得自己像个影子。我的喉咙发痒，我感到头晕，我觉得我的力量已经耗尽。累了，我拖着疲惫的身躯回家——但庆祝复活节按原计划进行。

第二天，受难日，我和妻子一起去参加科隆基督教青年会的礼拜，就像每年一样。这是我的信仰故事开始的地方。我们听到了耶稣基督的死亡和痛苦的故事：在棕枝主日在众人的欢呼声中被接过来，在濯足星期四与他的朋友们分开，同一天晚上被出卖，在受难日因阴谋而被无辜地嘲弄和钉死。我坐在后排，听着这个故事，想着前几天的欢腾，也想着这一路走来的艰辛。我哭了。我现在需要的是复活节带来的平安和力量。

我需要几天时间才能恢复正常。生命的精神正在回归，但我的心仍然需要几周时间才能真正安定下来。

复活节后，我主动在 SPRING，即绍尔兰（Sauerland）的一个大型基督教会议上做了第一个大型公开讲座。通常情况下，科学讲座是在狭小的研讨室里进行的，而这里的组织者在短时间内就订到了大型会议厅。

在座无虚席的大厅里，没有一丝对科学的敌意，而是一种热烈的期待。护士、技术工人、学生、退休人员、教师、雇员和企业家都一动不动地坐在椅子上——听得入神。我的音乐家朋友洛塔尔·科塞生动地说"一切皆有可能，一切皆不可能"，他在他的下一张专辑中暗暗提到了天空和黑洞的内容。黑洞似乎令所有人同样着迷。但这是为什么呢?

黑洞讲述的人类故事

引力怪兽、宇宙吞噬机、地狱之门:任何超级词汇都不足以描述黑洞。黑洞是天体物理学中的恐龙,像霸王龙一样受欢迎。尽管,或许都是因为可怕的名声。我们拍摄的黑洞出现在世界各地的杂志封面上,这已经足够令人兴奋了。但是,人们对它的反应如此情绪化,使得它更加令人感慨。

人们告诉我这个图像如何吸引了他们,在揭幕的前一天晚上,他们兴奋得睡不着觉,或者说当他们看到这个图像时,他们被深深地感动和触动。希格斯粒子和引力波都没有唤起这种情绪。那么,黑洞告诉我们关于人类的什么?

在我看来,它们代表了人类的基本恐惧,与其他科学现象不同。它们是浩瀚太空中的伟大奥秘之一。在天体物理学中,它们标志着最终的结束,是无情的毁灭机器的缩影。人类从直觉上感觉到这一点。在我们的想象中,黑洞象征着最为极致的虚无,事件视界是一条生命和理解力无法逾越的边界—— 一块通往地狱之口的视野。

黑洞讲述了一个与我们完全不同的世界。光在那里不是直行的,而是绕圈的。当我向前看时,我看到了我的背影。对一个人来说,时间似乎是静止的,而对另一个人来说,时间却在流逝。气体几乎以光速旋转,可以达到末日般的温度,所有物质都被分解成其组成部分。分子和原子核剩下的只是一团炽热发光的质子和电子云——等离子体。我可以掉进黑洞,原则上在那里生存,甚至进行科学测量——但我永远不能告诉别人我在那里看到了什么。没有信息会离开黑洞，甚至连光波也不会。黑洞使我们更接近另一个世界。

"来世"实际上是存在的——甚至在物理学中也是如此。在广义相对论中，来世并没有什么超自然的东西；事实上，这是理论的一个重要部分，它将世界分为两个领域。这个世界是我所连接的空间，我可以从中获得信息，并与我进行交流。然后是另外的世界，从根本上超越我的经验的空间。我对它一无所知，它对我来说是沉默的。这两个球体被我的视界分开。

黑洞顽固地、根本地抵制我们的好奇心和我们的感知能力。消失在事件视界之外的一切都会留在那里，直到永远——至少如果爱因斯坦的理论是终极真理的话。

这种超越黑洞的永恒是现代物理学的最大挑战之一。在理论上，事件视界之外的空间是明确定义的，然而它只存在于我们的想象中。它既是真实的，又是完全不真实的。有了我们的射电望远镜，我们现在可以以惊人的精度来观察太空深处哪里有通往另一个世界的通道。我们可以从物理上描述它，甚至可以看到光是如何作为一个黑点消失在其中并永远不会再出现。

"那里，就在那里，"我们可以说，"在那个地方存在着一个不属于这个世界的空间。"然后才无奈地举起手来，承认我们无法衡量它。黑洞是我们这个世界中间的彼岸世界。

对于物理学家来说，这就相当于宣布投降了。在一个存在于我们宇宙中间的空间里，在一个明确定义的地方，但它藐视所有的审查。描述这一空间的是什么样的物理学？这甚至还是科学吗？"是的，当然是物理学，"理论物理学家反驳我，"因为我们可以准确计算出在那个空间里发生的事情！"——"不，这不是物理学！"我反驳道。那是"来世"的物理学，或者只是形而上学。

大多数人在想到来世时，对物理规律漠不关心。但每个人对来世都有一些想法，对这些想法的认识是古老的。来世的想法刺激我们的想象力，挑战我们的想象力，同时又与死亡紧密相连。黑洞只是一长串新符号中的一个。

十多万年前，我们的祖先开始埋葬死者。可能他们已经有了关于死后生活的想法。这种来世的想法可能是什么样子的，没有人知道。但最早的敬拜死者的仪式和对死者的感情，至少证明了一种文化演变，这种演变产生了我们现在高度发达的来世概念。

然而，这些观点虽然跨越文化，但其中有许多是相似的：永生、神圣的审判、天堂和地狱。在古代，人们相信活人生活在地上的世界，死人属于地下的世界，这是我们从众多文化中都可以看到的一个概念。哈得斯是希腊人对这个死人界的王的称呼。在北欧神话中，亡灵女神赫尔（Hel）在她的赫尔王国中进行统治。后来，"地狱"（Hell）一词可能就是由此而来的。另一方面，死去的维京人可以生活在瓦尔哈拉（Valhalla），一个为战士提供的天堂般的地方。罗马人也想象出了一个黑暗、深邃的地方，它被称为俄耳枯斯（Orcus）。玛雅人称冥界为希巴尔巴（Xibalbá），意为恐惧的地方。

随着世界宗教的发展，来世的观念开始确立。基督教和伊斯兰教认为有一个天堂或天国和来世的生活。在犹太教中，有两种意见占主导地位：一个是假设灵魂不死，死后继续生存，回到上帝身边；另一方面，正统派的犹太人相信肉体复活，他们不火葬死者，对他们来说，死者的安息是神圣的。佛教徒和印度教徒相信有数百万次的轮回——甚至可能是作为一种动物或植物，只有在涅槃中结束灵魂的轮回，才能打破和结束这种循环。

黑洞为所有这些来世神话增添了一个新的神话，一个现代的神话。这是一个受科学启发的神话，其中深刻的人类问题与现代物理学的图像相混合。对我们来说，生物死亡意味着跨越一个界限：我们从此时此刻进入一个我们无法知道的世界——甚至不知道它是否存在。是有更多的东西要来，还是纯粹的虚无？任何见证过亲人死亡的人都能感受到临终者在最后几分钟是如何从自己的身体中抽离出来，只留下一个空空如也的容器。我们与这位亲人最后的经历、想法和梦想彻底地隔绝，他真的把它们带到了坟墓和来世。"她要去哪里？"母亲在我眼前死去时，我问着自己。几分钟前，我还握着她的手和她一起祈祷。

死亡震撼了我们的内心。在确定的结局前的颤抖属于我们的原始感受，我们想逃避，但它却几乎如同神迹地一次又一次吸引我们。到目前为止，黑洞一直是抽象的实体，是好莱坞电影中的幻想角色，但现在第一个黑洞已经有了具体的特征。它不能被感觉到，不能被理解，但它可以被看见。我们现在可以实实在在地看着巨怪的眼睛——以同样的方式看着我们最原始的恐惧。克服这种恐惧的第一步是什么？

"看这里，这就是它的样子，地狱的入口，"我听到我的潜意识低声说，"不必惊慌，在这里你在你的办公椅上很安全。"即使我不知道那里到底发生了什么，但至少我亲眼看到了——恐怖不再是弥漫的，而是可以描述和形象化的。

当太阳照进窗户，地球平静地在轴上旋转，我看着这个黑洞的图像，知道它非常遥远。没有哪个黑洞，即使是我们银河系中的许多小黑洞中的一个，可以把我们送入来世。我们所知道的最近的黑洞的质量是太阳的 4 倍，距离地球大约 1000 光年 [i]。从远处看，它的引力并不比普通恒星的引力大，而且它的事件视界只有康斯坦茨湖那么大 [ii]。这样一个小黑洞撞上我们的可能性微乎其微。在过去的 40 亿年里，它没有发生过，而且在不久的将来也不会发生在我们身上。

因此，我们可以继续放松，从远处观测黑洞，陶醉于它们的奇异物理学。但一张快照可以形成象征性的力量。在这方面，我们的照片不仅是科学，也是艺术和神话 [iii]。纽约的现代艺术博物馆和阿姆斯特丹的荷兰国家博物馆都把它作为印刷品纳入他们的收藏，一些人把它作为摄影作品挂在走廊里。

艺术家们成功地用文字和图像捕捉到了抽象的东西，并从中再次创造出了现实——而现实又进一步通过艺术改变和解释。在这个意义上，科学也是一门艺术。科学的图像从来不是现实本身，它们只是见证了现实，并通过它们的历史创造了一个新的、抽象的现实，激发了完全不同的思想、世界观和新问题。

一幅科学图像如果没有它的故事就没有价值，而我们的图像如果没有它背后的故事也只能是一个黑点。因此，图像的意义也与制作它的人的可信度和他们赋予它的故事息息相关。后者实际上适用于每个研究成果。我们科学家的成果不仅来自事实，而且也来自人们对我们的信任。

因此，该图像汇集的是整个天文学和物理学的发展，以及深

---

i　参见论文：Th. Rivinius, "A Naked-Eye Triple System with a Nonaccreting Black Hole in the Inner Binary," *Astronomy and Astrophysics* 637 (2020): L3, https://ui.adsabs.harvard.edu/abs/2020A&A…637L…3R。

ii　这颗黑洞的直径约为 24 千米。

iii　黑洞图像的艺术史是剑桥大学的 Emilie Skulberg 的博士论文的主题。

厚的情感、神话般的赞美和可理解的沉默、仰望星空、审视世界和宇宙、理解空间和时间、尖端技术、全球合作、人与人的矛盾、对迷失的恐惧以及对全新事物的希望。这张照片在各方面都将我们推向了极限——而且绝不是所有关于黑洞的问题都得到了答案。

EHT 继续开展工作。每个人都在急切地等待看到银河系中心的黑洞是什么样子。我们能不能成功地拍下照片？快速湍动的流体会破坏画面吗？人马座 A* 最终也会向我们展示它的阴影吗？未来几年，M87* 会是什么样子？我们能看到包裹着黑洞的磁场吗？我们甚至可能成功地制作一部电影而不只是静态的画面？我们想观测更多的东西，迫切需要更多的望远镜。希望在非洲的那台很快就能建好[i]——我还是很感谢任何支持的。只要我们拥有围绕地球运行的射电天线，就能收到最终的、令人印象深刻的清晰图像[ii]。仍然有很多东西要看！

---

i 参见论文：M. Backes, et al., "The Africa Millimetre Telescope," *Proceedings of the 4th Annual Conference on High Energy Astrophysics in Southern Africa* (HEASA 2016): 29, https://ui.adsabs.harvard.edu/abs/2016heas.confE..29B。

ii 参见论文：Freek Roelofs, et al., "Simulations of Imaging the Event Horizon of Sagittarius A* from Space," *Astronomy and Astrophysics* 625 (2019): A124, https://ui.adsabs.harvard.edu/abs/2019A&A . . . 625A.124R；以及：Daniel C. M. Palumbo, et al., "Metrics and Motivations for Earth-Space VLBI: Time-Resolving Sgr A* with the Event Horizon Telescope," *The Astrophysical Journal* 881 (2019): 62, https://ui.adsabs.harvard.edu/abs/2019ApJ···881···62P。

13

超越爱因斯坦?

虫洞

小时候，我和父母住在一栋大公寓里。在后院，有一个沙坑和几块草坪。后院被一堵不可逾越的墙所包围，我一直想知道墙后面是什么。所以在某个时候，我开始用钉子和棍子在接头处钻洞。这对我的小手来说很乏味，也很累人。几个月来，我趁大人们不注意的时候，偷偷摸摸地搞着。缝隙越来越大，但我从未挖通。这堵墙对我来说实在是太强大了。

当我大到可以上学时，我突然可以探索墙后的区域，那是学校操场。我所要做的不是穿墙，而是走出后院，绕过街区，然后穿过大门，去到之前的神秘场地。有时你必须耐心地成长和成熟，才能意识到直接的路线有时是错误的，正确的路线就在拐角处。

当涉及墙和边界时，我仍然有完全相同的好奇心的感觉。它们的背后是什么？我们最终会成功地克服我们的边界吗？我们能绕过黑洞的暗墙吗？难道在事件视界的某个地方没有一个缺口，我们可以通过它看进去，或者我们可以绕道而行？

早在 1935 年，阿尔伯特·爱因斯坦在与他的助手纳森·罗森（Nathan Rosen）讨论黑洞的内部时就提出了同样的问题。在数学上，这些方程也允许出现与黑洞相反的情况——一个白洞，只有东西能从里面出来，但没有东西能进入里面。更糟糕的是，原则上，这样的白洞和黑洞可以通过一座桥连接起来，让东西进入黑洞，并从另一端的白洞出来。

在物理学上，这个构造被称为"爱因斯坦－罗森桥"（Einstein-Rosen Bridge）。但普林斯顿大学教授约翰·阿奇博尔德·惠勒在 20 世纪 50 年代出于营销目的，巧妙地将其重新命名为"虫洞"，使几代科幻小说家都很高兴。因为毕竟可能不仅仅是可以逃离黑洞，虫洞也会连接宇宙的两个区域，而且在两个区域间旅行的速度会比光速快。即使是时间旅行和访问另一个宇宙也是可以想象的。

但是，在数学意义上可能存在的一切都是真实存在的吗？数学是科学的神话，它是一种抽象的描述，把真实的经验描绘得像奇妙的神话生物一样精彩。存在于数学中的东西可以存在于现实中——但它又不一定存在。区分这两者是物理学家的谋生手段。

我们在白洞和虫洞方面也面临同样的问题。从数学上看，两者似乎都是真实的，但它们是否具有物理意义？到目前为止，我们还没有发现任何证据表明太空中存在虫洞。事实上，当我们看到 M87* 的图像时，我们曾短暂地考虑过它是否可能是一个虫洞，但其大小与预测不符[i]。

更为尴尬的是，虫洞在数学上并不稳定。如果物质飞过它

---

i 参见论文：Event Horizon Telescope Collaboration, et al., "First M87 Event Horizon Telescope Results. I. The Shadow of the Supermassive Black Hole," *Astrophysical Journal Letters* 875 (2019): L1, https://ui.adsabs.harvard.edu/abs/2019ApJ…875L…1E。

们，它们就会坍塌——至少在理论上是这样。为了防止这种情况，人们必须发明一种新的物质形式，创造反引力。单纯的反物质将不适合于此，因为它和正常物质一样受引力法则的影响。如果你把反物质扔到空中，它应该落到地上[i]——除非它在与正常物质湮灭的刺眼闪光中首先自我湮灭。

另一个问题是，我们不知道一个可通过的虫洞是如何自然产生的。我想你必须自己建造它。对于一些创造性的理论家来说，这不是一个问题。"由于对先进文明的技术和材料一无所知，我们物理学家有无限的自由来设计这样的东西。"诺贝尔奖得主基普·索恩（Kip Thorne）在《纽约时报》上声称[ii]。即使虫洞可以存在，理论上还不能确定它们是否真的能使所有的奇迹承诺成真。但人们仍然可以梦想它。

霍金辐射

量子理论和爱因斯坦的相对论也许是科学中最具突破性的思想。它们从根本上定义了我们的世界，也同样的基本。但如果谁试图把它们联合起来，多半要碰壁了。黑洞比宇宙中任何其他物

---

[i] 欧洲核子研究中心目前正在进行实验，测试关于反物质与物质下落方式相同的假说。论文见：Michael Irving, "Does Antimatter Fall Upwards? New CERN Gravity Experiments Aim to Get to the Bottom of the Matter," *New Atlas*, November 5, 2018, https://newatlas.com/cern-antimatter-gravity-experiments/57090。

[ii] 文章见：Dennis Overbye, "How to Peer Through a Wormhole," *New York Times*, November 13, 2019, https://www.nytimes.com/2019/11/13/science/wormholes-physics-astronomy-cosmos.html。

体更清楚地揭示了这种无法解决的冲突。

广义相对论描述了时空的本质。在时空中发生的是我们生命的开始和结束，以及整个宇宙的奇观。时空是上演着宇宙发展大戏的剧院。万事万物都有自己在时空的位置。如同本书前文提到的可伸展的床单的例子，这个剧院的舞台不是静态的，而是一块灵活的地毯。地毯随着演员的表演做出反应，发生变化。黑洞是这个宇宙舞台上最激进的演员——一个真正将其撕裂并向我们提出深刻问题的演员。

一切都有它的位置和时间？真的是这样吗？不！因为有第二个同样基本的理论，即量子理论。相对论描述的是非常大的事物，而量子理论关注的是非常小的事物：物质、分子、原子和基本粒子的结构。然而，恰恰是光的组成部分，即光子，使时空可测量。这些光量子将时空从抽象的数学描述的黑暗带入有形的现实的亮光。这就是相对论和量子物理学的结合点。

但与爱因斯坦的理论不同，在量子物理学中，并不是所有的东西都有它的位置或时间。在极短暂的瞬间，流程可以向前和向后运行。粒子可以在无人注意的情况下同时出现在两个或多个地方。在其极端情况下，量子理论打开了一个微观世界，对我们来说就像黑洞边缘的宏观世界一样陌生。然而，这两种理论已经成为我们日常生活的一部分，例如，在我们的智能手机中和平地并肩工作。我们手机中的每个芯片、每块半导体都是量子物理学的应用。没有量子物理学，就没有互联网，就没有计算机的大脑。另一方面，在我们的手机地图上为我们指明方向的导航系统使用了广义相对论的结果。

但是在黑洞的边缘，这两种理论以一种根本的方式发生了碰撞。这里一定有一种全新的物理学在起作用，多年来，我们星球上数以万计的最聪明的研究人员一直在绞尽脑汁，以弄清这种物理学可能是什么样子的——迄今为止，没有明显的成功。

到目前为止，这个问题只存在于纯粹的理论层面。著名的天体物理学家斯蒂芬·霍金曾深入思考过量子粒子在事件视界上会发生什么。

量子物体是迄今为止物理学中最小的"流氓"。善良的上帝让它们逃脱了，做到了对我们来说是不可能的事情。例如，它们可以在短时间内借用一些能量，而不需要征求任何人的同意。它们的诀窍是迅速地将这种能量反馈回来，以至于不被人察觉。

原则上，人们想象空旷的空间是一个巨大的泡沫海，水滴和水花自发地从这里一次又一次地飞溅到空中，然后再次消失在其中。海洋和空气之间的界限变得模糊不清。靠近海面的时候，你已经湿透了，即使你还没有在水里游泳。

以同样的方式，最小的粒子自发地出现在空旷的空间，然后又消失。这样一来，空的空间就不完全是空的，而是充满了粒子喷射。但要从无中创造出一个粒子，当然需要能量。从哪里拿，不偷不抢？在海上，是风用其能量创造了这些水滴，但风并不存在于空旷的空间。因此，大自然使用了一个简单的平衡技巧：它以虚拟光量子的形式短时间内借用了一些能量。由此，它创造了一个粒子对。它由一对完全相反的双胞胎组成：一个粒子和其反粒子——可以说是迷你天使和迷你魔鬼。一个是带正电的，另一个是带负电的。如果一个向左转，另一个就向右转。如果一个是物质，另一个就是反物质。与大海相比，粒子就像空气中的一个小水滴，反粒子就像大海中的一个气泡。

如果两者再次走到一起，那么它们的所有属性就会相互抵消，而物质和反物质就会相互湮灭。然后什么都没有留下——除了一个短暂的虚能量闪光，消失在时空之海中。这就偿还了能量债务，而且没有人有什么可说的。

但这就像金融危机一样：只要没有人注意到，所有的债务都尽职尽责地支付，拆东墙补西墙的把戏就会奏效，当有风暴的时候，事情就会出错。然后，水滴被赶过海面，在港口码头溅起水花。大海似乎失去了水，而你在陆地上会被打湿。不过，大海是吹不空的，更别提还有河流和雨水总是在重新填满它。

正是这样一个过程——根据霍金的说法——也发生在黑洞的边缘。事件视界是时空之海中的海岸。风暴是黑洞，这里没有风的能量，但有引力的能量。

霍金在他的公开演讲中这样描述这一过程：一对粒子和反粒子的孪生子在黑洞的边缘产生，并从其强大的引力场中借用能量。在他们重聚之前，其中一个人消失在事件视界中。幸存的双胞胎不能再与它的反双胞胎结合，并逃到无限大的空间中。短暂的粒子对因此突然变成了一个永久的单粒子。

但是用这种粒子支付的能量债务已经无法偿还，这是一笔失败的交易。黑洞借用了两个粒子，但只拿回了一个。因此，它失去了能量和质量。这就仿佛有一阵稳定的微风将颗粒状的水花吹走，并让你在岸上感受到一阵微风吹来的水花。看起来黑洞正在辐射。这就是这个已故的英国人在 1975 年首次描述的霍金辐射。

这只是非常简略地介绍了霍金对粒子和反粒子的描述，从概念上描述了量子理论中的计算方法。实际上，霍金辐射最终发射出来的不是物质粒子，而主要是光子，也就是光，而且波长比黑洞本身长。辐射也不是直接在事件视界上产生的，而是来自黑洞周围的广阔区域。这更像是引力场的辐射。

从形式上讲，这种黑洞辐射也可以被描述为热辐射。一杯热咖啡在一段时间后会冷却下来，即使你盖上盖子，没有水蒸发。杯子产生热辐射是因为杯子表面的原子由于热量而轻微振动，并辐射出量子光粒子。德国物理学家马克斯·普朗克在 1900 年发现了这种辐射的特性，为量子理论奠定了基础，并将其与热力学——热的理论——联系起来。任何不透明的黑色物体在热的时候都会辐射——不管它是由什么构成的，也不管它的形状如何。

因此，热咖啡杯中也有量子物理学在发挥作用，主要产生的是近红外辐射。这导致它失去能量并慢慢冷却下来。热像仪可以看到这种光，而我们的眼睛却看不到。但我们的手在接触杯子之前就已经感受到了这种辐射。几乎可以说，人通过不可见的光感受到杯子里的量子震荡。

热辐射的数学形式看起来总是一样的，只取决于温度：温度越高，光的频率就越高。这就是为什么加热的铁首先在近红外范围内发出肉眼不可见的光，然后是明显的红色，然后是淡黄色，然后是白色——因为越来越多的高频率颜色被加入。恒星甚至可以发出蓝色的光芒，因为它们比烧红的钢铁还要热。

至少在理论上，霍金辐射的黑洞可以发出完全相同的辐射。所以你可以给黑洞分配一个温度，而这个温度只取决于它们的质量。它们越小，就显得越热。根据霍金的说法，一个质量约为月球 0.5% 的黑洞将与新煮的黑咖啡一样热，并会以同样的方式辐射。当然，二者的味道是有些不一样的。

霍金辐射导致黑洞失去能量，从而失去质量——毕竟，质量等于能量，正如爱因斯坦最著名的公式所说。然而，与咖啡杯不同的是，如果不加理会，咖啡杯会因热辐射而降温，而黑洞却会因其辐射而变得越来越热。它变得越小，温度就越高，黑洞的辐射效率就越高。最终，它以几乎无限的热量爆燃了。这可以解释为什么小黑洞似乎不会在自然界出现。一个质量相当于两辆160吨柴油机车总和的黑洞会在短短一秒钟内爆炸。

天体物理学的黑洞则不同。即使是质量约为 1 亿吨的小行星伊卡洛斯变成的黑洞，其寿命也与宇宙的寿命差不多，然后才会消亡。一个质量相当于太阳的黑洞需要 10^{67} 年才能做到这一点，而 M87* 需要 10^{97} 年的时间，令人难以想象。

我曾经试图将其形象化，但就是行不通。如果你把整个已知宇宙的质量——即所有存在于太空某处的恒星、行星和气体云——聚集在一起，形成一个巨大的物质海洋，每 10 亿年从这个物质海洋中捞出一个微小的质子，那么由于霍金辐射，宇宙仍然会比 M87* 快一亿倍地消失。

此外，在黑洞消失之前，宇宙必须完全灭亡，变为空虚和黑暗。这是因为宇宙中的每一个气体粒子、每一个光波都会导致黑洞继续增长。因此，在比我们所能想象的要长得多的时间尺度内，像 M87* 这样的超大质量黑洞只会不断变大。来自 M87* 的霍金辐射是如此微弱，以至于没有任何探测器能够在我们的宇宙寿命内开始探测它，就算我们让探测器飞过去也一样。

即便如此，黑洞理论上也可以蒸发，释放出曾经被困在里面的一切。没有什么会是永恒的——甚至黑洞也不会。

在霍金辐射的计算中，事件视界的存在是至关重要的，但如果霍金辐射真的是引力场的衰变，我甚至可以想象，最后中子星甚至普通物质也会在一个类似的过程中衰变，从而使所有的引力场重新消解为光。但在这一点上，这纯粹是猜测。

起初有光，最后宇宙中也许又只剩下光了——如果在那之前没有任何令人兴奋的新情况发生的话。

在我们关于这幅图像的新闻发布会结束时，欧盟专员卡洛斯·莫埃达斯引用了斯蒂芬·霍金的句子："黑洞并不像它们被描绘的那样黑。它们不是曾经被认为的监狱。物质可以从黑洞中出来，既可以向外，也可能进入另一个宇宙。因此，如果你觉得你在一个黑洞中，不要放弃！你可以在这里找到你想要的。有一条出路。"

这是一场令人印象深刻的新闻发布会的一个令人鼓舞的结束。那么，黑洞是否允许我们在经历了地狱之后，继续用这个比喻，在霍金那里获得复活？黑洞是否只是通向真正启蒙之路上的暂时炼狱？

让我们不要被这种虚幻的希望所误导。在我死后，哪怕是假设忽然有阵无名狂风，在我的身体在火葬场燃烧的时候聚集我的骨灰和烟雾，把我散落到世界各地的遗体重新组合成人，也比我再次逃离黑洞的可能性大得多。

然而，理论物理学家并不满足于这种实际操作意义上的不可能性。仅仅是有丝毫可能性的前景就使他们陷入最大的混乱之中。

信息损失

每个时代都有其伟大的主题。它们影响着我们的世界观，也影响着科学。一位同事曾得意地说，他对第一颗原子弹引爆后不久才创造出大爆炸的"大爆炸"一词并不感到惊讶。今天，我们生活在信息时代，物理学正越来越多地以信息论的语言被改写。最现代的变种甚至声称引力可以用比特来描述，自然法则类似于计算机语言，甚至整个宇宙实际上就是一个计算机模拟[i]。虽然我并不真正相信这些疯狂的猜测，但显然信息已经成为自然科学的一个重要概念。

一切都是信息：物质和能量，也许甚至是黑洞。这里的一个关键概念是信息的反面，即非信息，无序——或者，更贴切地说，熵。事实上，光和时间、知识和无知、随机性和预先决定等概念是密切相关的。

早在 19 世纪末，奥地利人路德维希·玻尔兹曼（Ludwig Boltzmann）就研究了热力学及其特性——例如热、压力、能量和功——是如何与极小的颗粒相关的。当时，蒸汽机的热量和压力产生了能量和功。在蒸汽机中，是许多微小的水蒸气颗粒在移动并产生压力，为机车做功和提供动力。

锅炉中的粒子就像充气城堡上的孩子：他们越是疯狂地跳来跳去，充气城堡就越是剧烈地摇晃。孩子们跑动得越多，跳得越肆无忌惮，对墙壁的压力就越大。孩子的能量和速度的平均值与蒸汽锅炉中的温度相对应。在孩子们的生日聚会结束时，孩子们已筋疲力尽，他们的能量消退了。跃动的城堡停了下来——蒸汽

---

i　一些基于信息的引力理论的例子可参见：Martijn Van Calmthout, "Tug of War Around Gravity," Phys.org, August 12, 2019, https://phys.org/news/2019-08-war-gravity. html；及：Stephen Wolfram, "Finally We May Have a Path to the Fundamental Theory of Physics... and It's Beautiful," stephenwolfram.com (blog), https://writings. stephenwolfram.com/2020/04/finally-we-may-have-a-path-to-the-fundamental-theory-of-physics-and-its-beautiful；以及：Tom Campbell, et al., "On Testing the Simulation Theory," *International Journal of Quantum Foundations* 3 (2017): 78–99, https://www.ijqf.org/archives/4105；以及：M. Keulemans, "Leven we eigenlijk in een hologram? Het zou zomaar kunnen," de Volkskrant, March 10, 2017, https:// www.volkskran.nl/wetenschap/leven-we-eigenlijk-in-een-hologram-het-zou-zomaar-kunnen~bb4boda3/。

锅炉冷却了下来。

在弹跳之前，我把孩子们分成两组。穿着蓝色 T 恤的文静的孩子一开始只是坐在蹦蹦床里。穿着红色 T 恤的运动型野孩子们直到发令枪响后才冲进去，发生了几起暴力冲突，但大多没有流血。随着野蛮人的到来，每个人几乎同时以差不多的方式弹向后墙，城堡摇晃得很厉害。但这时仍是一种高秩序和低熵的状态。然而，由于城堡里的孩子太多，平和的孩子也必须跟着跳，否则就会被撞倒，而野孩子必须跳得慢一点，否则就会一直撞到其他人。这两个群体相互交融，喧嚣变得更大、更混乱。一个物理学家会这样描述说，蹦蹦跳跳的城堡达到了热平衡，熵增加了——所有东西很快就混在一起，红色和蓝色的 T 恤到处都是。如果孩子们脱掉上衣，没有人会知道他们原本属于哪个小组。

类似的事情也发生在蒸汽机中。如果我把热空气的锅炉连接到冷锅炉，空气将从热锅炉流向冷锅炉，我可以通过它驱动涡轮机。如果我停止加热，两个锅炉中的温度就会平衡，两个锅炉中的气体粒子以相同的速度移动，空气停止向任何方向流动，涡轮机也停止。系统处于热平衡状态，所有粒子都完全混合。原先冷热分离的有序系统已经变成了无序的系统，熵增加了。不能做更多的功了。物理学家说的该系统已达热平衡，意思是完全混合。现在只有一个大的同化量，其唯一特征是所有粒子的共同温度。

我们也可以说：混乱只会不断增加。这不仅是年轻父母最重要的经验之一，也是物理学的经验。因为它描述了热力学的一个基本定律，适用于每一个孤立系统和每一个孩子的房间：你永远不会看到两个温度相同的水壶自发地分成一个热水壶和一个冷水壶，或者孩子房间里的积木按照颜色分类。你总是要先消耗能量来减少熵。整理是乏味的——而且要花费精力。

然而，即使是一个由彩色积木组成的不整齐的盒子，也还没有达到可能的最大熵值。只有当所有的构件都被磨碎、瓦解并最终辐射成热光噪声时，它才会发生。所以事情可能比不整洁的儿童房还要糟糕。

因此我们很幸运，我们的宇宙只有一百多亿年的历史。如果我们生活在一个无限古老的宇宙中，即使我们做出种种努力，它还是会混乱到极点，而且完全随机。将不再有星系，不再有恒星，不再有粒子，也不再有黑洞。光线将被无限地拉长，似乎要熄灭了一样。宇宙会像吹灭的蜡烛在沙漠的风中的烟雾一样乏味。在这方面，宇宙的有限性最终是我们存在的前提。

然而，有趣的是，熵的概念也出现在信息理论中，美国数学家克劳德·艾尔伍德·香农（Claude Elwood Shannon）早在 1948 年就表明了这一点——只要把孩子房间里的玩具或蒸汽锅炉里的气体粒子换成字母即可。让我们来看看这本书的书页。如果我玩窃窃私语的游戏，悄悄地把这些句子读给我的邻居听，而我的邻居又悄悄地把它们从记忆中传给她的邻居，她又传给她的邻居，这个链条越长，错误就会越多。原本就信息量不大的文本最终会变成无法理解的胡言乱语，不再包含任何信息。如果我只传递信息而不加以纠正，信息的损失和无序将不断增加。在可预见的未来，一碗热腾腾的字母汤永远不会成为一本可理解的书[i]。要做到这一点，它需要有目的地应用能量——例如，以储存在巧克力中

---

[i] 实际上，如果你在一大碗"字母汤"里搅拌无限长的时间，最终是有可能随机产生一本书的。但是，我们无从得知书将在何时产生，而且，这本书会立即消失——你必须正好在它产生的那一刻停止搅拌。写一本书比等待一本书突然出现要有效率得多。

的太阳能的形式，为作者的大脑提供需要的能量，来写出有意义的文段。

熵的概念可以扩展到黑洞。事实上，黑洞是最终的平衡者和信息破坏者。根据爱因斯坦定律，如果一个人掉进黑洞，他身上所有的信息，他的全部历史、思想、外表和记忆都会被还原成一个数字，即他离开这个宇宙时有多重。因此，五袋沙子在黑洞中的印象会比美国总统更深刻。

黑洞的整个系统完全由其质量和角动量定义。在这方面，黑洞尽管是个怪物，但却是宇宙中最简单和最朴素的物体。蚯蚓的每个细胞和黑洞比都复杂得无法估量。

如果黑洞真的有霍金温度，那么可以证明其事件视界的面积是对其熵的测量。由于在爱因斯坦的理论中，黑洞只能变大，其熵也只能增加，而宇宙中的总信息、总复杂性必须减少。每失去一个人，甚至一条蚯蚓，宇宙总会失去一小段历史。在地球上，至少还有凡人的遗体，但随着黑洞的消失，损失将是完全的。

如果霍金是对的，那么黑洞最终会爆炸，这样它们的质量、大小和熵就会再次变小。那么宇宙中的总熵就不会减少，因为发射的辐射本身就带着它。对于一个在地狱黑洞中消失并被还原成一个点的人来说，这意味着他最终会被分解成最小的个体部分并辐射到宇宙的各个方向。他所有的想法都会以某种方式再次传出，但它们会被不可恢复地旋转，并不可听地混入宇宙的量子噪声中。随着空间不可阻挡地扩张，它们最终会在虚无中消失。

因此，一个被辐照过的黑洞会像一个被倾倒的五颜六色的积木盒——完全错乱了。但由于总熵不应该因湮灭而改变，这意味着黑洞也会事先被完全搞乱。事实上，如今宇宙中几乎所有的熵都在黑洞中[i]。

然而，许多理论物理学家不愿意接受这种信息的损失——他们谈到了黑洞的信息悖论，因为在量子物理学中，所有信息的保存是神圣的。这是确保量子系统以守法和可预测方式发展的唯一途径。因此，一个未受干扰的、未被测量的、未被看见的量子粒子在当下的状态正是由它之前的状态决定的[ii]。量子物理学的方程是可逆的：人们可以向前和向后运行它们，并且总是到达相同的状态。然而，在量子物理学中，粒子的状态始终只是一种概率，其中一个属性被相对精确地测量——但另一个属性则仍然未被确定。根据海森堡的不确定性原理，一个粒子的所有属性都不可能被精确测量，而对一个粒子的每一次测量又会改变该粒子的状态。

把它想成是射箭。如果一个好的弓箭手紧紧抓住目标，你可以肯定她会击中目标。但你无法准确预测箭会卡在哪个环里——你只能以一定的概率做到这一点。只有当箭射入靶上，人们才知道这一次射击的确切分数。

---

i 参见文章：Ethan Siegel, "Ask Ethan: What Was the Entropy of the Universe at the Big Bang?" *Forbes*, April 15, 2017, https://www.forbes.com/sites/startswithabang/2017/04/15/ask-ethan-what-was-the-entropy-of-the-universe-at-the-big-bang。

ii 在量子物理学中，人们用"幺正性"（unitarity）一词来描述量子系统的信息保存程度，即其波函数的发展，而将测量一个粒子的过程描述为波函数的坍缩（collapse of the wave function）。在量子层面，粒子或其波函数的"状况"只决定了测量其某种属性时得到某一数值的概率。在每次测量量子粒子之前，人们只能精确地预测最可能的值，即多次测量的平均值。一旦测量到了某一个值，它就会保持不变，直到测到了其他的什么东西。因此，多次测量会改变粒子的属性。

量子粒子就像在空中飞行的箭。如果对它们进行测量，就像箭对目标的影响一样。如果你回头看，你也可以知道是哪个弓箭手射的箭。这个问题是可逆的——箭和弓箭手是相通的。因此，物理学能够——在一定的不确定性范围内——做出令人印象深刻的准确预测，并将原因和结果联系起来。

但如果黑洞破坏了量子信息，它们也切断了穿越时间的明确路径。箭的飞行将被有效打断。我们不知道它从哪里来，也不知道它要去哪里。它可以在任何时候击中任何地方——也许甚至是射手身后的观众。信息守恒教条中的一个裂缝使人对量子物理学的全能性和一般物理学的预测能力产生怀疑——那么，这不是一个不可忽视的问题。

一些理论家认为，也许所有的量子信息都储存在黑洞的中心，靠近奇点。但是，任何曾经消失在事件视界中的信息都必须留在那里，直到黑洞最终蒸发。但这没有什么意义，因为存储信息也需要空间和能量。最后，黑洞是如此之小，以至于它根本没有足够的空间来储存数十亿个太阳的信息。

其他物理学家建议，信息会被卡在事件视界或以下。也许，会不会当有东西通过事件视界时，事件视界像膜一样振动，储存了信息？或许黑洞就是储存在自己表面的信息？爱因斯坦会在坟墓中为这类猜想难受得翻身，因为根据他的等价原理，一个自由落体的粒子落入黑暗的坟墓，甚至不应该注意到它穿过了事件视界。只有当它遇到奇点时，才会意识到出了问题。在相对论中，事件视界上没有任何信息空间。

然而，大多数物理学家认为，黑洞以某种方式存储信息，并在爆炸时释放信息——它们的辐射甚至包含一个秘密代码，至少在理论上，可以从中读取它们的过去。霍金本人在最初的怀疑和打赌失败后也加入了这个学派[i]。另一方面，著名数学家和黑洞先驱罗杰·彭罗斯坚持认为，信息在黑洞中是真正地、明确地丢失了。毕竟，我们还不知道引力场对量子粒子到底有什么作用。

我对彭罗斯的立场持谨慎的支持态度。黑洞是宏观物体，它们并不局限于奇点——相反，黑洞所弯曲的时空内都属于黑洞。奇点内和奇点前的所有量子粒子共同构成了它。没有一个量子粒子是孤立的，不受其他粒子干扰的。信息是集体共有的[ii]。这样的话，还能谈论个体关系和个体粒子中的信息吗？如果空间不是量子化的，那么用量子物理学的原理来研究它还有意义吗？量子理论是可逆的，但真正的宏观宇宙却不。为什么黑洞要是可逆的？也许它们是宇宙中最大的随机生成者呢？

物理学正处于信息危机中，人们连篇累牍地讨论着它。谁是错的：相对论还是量子物理学？有许多强烈的意见，但我们不知道哪个方向是正确的。物理学中的危机总是产生新理论的机会。物理学家们已经寻找了四十多年，但到目前为止是徒劳的：我们仍然无法调和引力和量子物理学。发展量子引力理论是令人难以置信地复杂。大多数理论甚至难以让一个苹果掉到地上。

缺少的不是创造性的想法，而是灵光一闪，告诉我们这些想法中哪一个可能是正确的。该领域的领军人物之一，波茨坦量子

---

i 参见文章："Schwarze Löcher erinnern sich an ihre Opfer," Spiegel Online, March 9, 2004, https://www.speigel.de/wissenschaft/weltall/hawking-verliert-wette-schwarze-loecher-erinnern-sich-an-ihre-opfer-a-289599.html。

ii 即使在没有引力的孤立的量子系统中，信息也可能因热化而丢失，如果下述文章描述的计算结果是正确的：Maximilian Kiefer-Emmanouilidis, et al., "Evidence for Unbounded Growth of the Number Entropy in Many-Body Localized Phases," *Physical Review Letters* 124 (2020): 243601, https://journals.aps.org/prl/abstract/10.1103/PhysRevLett.124.243601。

引力研究者赫尔曼·尼古拉（Hermann Nicolai）曾告诉我："我认为仅靠思考是无法取得进展的——我们需要实验。"我们需要一次爱丁顿式的量子引力远征！

　　因此，到目前为止，物理学的这场危机主要是理论上的。通过我们对黑洞的描绘，我们还不能确认或排除许多新的理论。相对论是我们目前了解它所需要的全部。如果一个新的理论使黑洞阴影的大小和形状有百分之几的差异，我们最终可能会真正看到它的效果。如果偏差只发生在量子物体的尺寸范围内，那么它们可能将永远隐藏在我们的眼睛之外。

　　通过黑洞的形象，两种理论不相容的问题现在变得比以前更真实和具体了。因为如果我们看向黑暗的阴影，我们就会看到事件视界的边缘，相对论和量子物理学在这里交锋。统一两个伟大理论的问题绝不是抽象的，而是相当现实的。我们现在已经给了它们一个战场。因此，黑洞图像的真正奥秘不在于其发光的火环，而在于其阴影。

14

无所不知与有所不知

万物皆可测量?

哈勃空间望远镜最令人惊叹的图像之一是在 1995 年的圣诞节期间拍摄的。在 10 天的时间里,该望远镜对准北斗七星前缘上方的一块不起眼的、几乎是随机选择的天空,拍摄了 342 张单独的图像。这些照片合并成一张图片后产生了哈勃深场。与浩瀚的太空相比,这个部分是非常小的。这大致相当于伸出手臂对着天空,透过针眼看世界。画面中充斥着大大小小的光点,散落在黑暗的空间中。如果你看得更仔细,你会发现这些小光点中的每一个都是一个星系,在整个画面中有 3000 个。要对整个天空进行成像,你将需要近 2600 万张这样的针孔大小的图像,并得出几千亿个星系。考虑到每个星系都有数以千亿计的恒星,我们的宇宙至少包含 10^{22} 颗恒星,且可能更多。

两千五百多年前,当先知耶利米想表达不可估量的大小时,他写道:"天上的万象不能数算,海边的尘沙也不能斗量。"[i] 虽然他用肉眼只看到几千颗星星,但他已经对空间的不可理解的深度

---

i 《圣经·耶利米书》33:22。

有了一些印象。天上的星星确实和这个世界的海滩上的沙粒一样多——尽管精确测定后者的数量可能更为困难。

我们生活在一个特殊的时代。过去先知们几乎不怀疑的事情，我们现在用肉眼就能感知到。望远镜和卫星让我们看到了我们之前任何一代人都不曾见过的未知世界。就像天父上帝本人一样，我们从上面俯视地球，看到它像一颗蓝色的珍珠漂浮在太空的黑色天鹅绒上。我们看到火星上的云和沙尘暴。我们看到巨大的发光尘埃云，新的恒星就是从这里形成的。我们看到遥远的银河系有数以千亿计的各种颜色的恒星，天空中的针眼充满了成千上万的星系，这些星系只反映了宇宙中丰富事物的一小部分。来自外太空的丰富图像超过了一个人所能接受和理解的东西，而我们的知识还在继续增长。

这就是科学和技术的明显成功。这就是我们的时代——自然科学的时代。一切都是可以测量的——甚至是人类。过去，直觉、希望和信仰帮助我们做出决定，今天我们发现、研究、测量、建立模型、建立数据库。每个决定都必须有理由，并有数据和模型的支持。今天，即使是人文学者和神学家也在使用从自然科学借来的基于计算机的方法和统计方法。技术完全控制了我们的生活，也提供了娱乐和灵感。玩耍不在花园里，而是在电脑上。神是驯服的，人是可计算的。有一天，我们是否能够理性地、科学地做出每一个决定并证明其合理性——也许在一个 APP 的帮助下？

物理学处于这一发展的最前沿。物理学和天体物理学不仅给我们带来了宇宙之美，而且还引导我们了解生命中的大问题。用我们的望远镜，我们回顾了空间和时间的开始，并探索了大爆炸。而现在我们也在关注黑洞的深渊。以前谁会想到这可能呢？时间的开始和结束已经进入视野——这难道不是物理学的最大胜利吗？这难道不是走向完全探索和渗透世界的漫长演变的顶点吗？各大洲的研究人员正在共同努力，以解开人类最后的巨大谜团。现在谁或什么能阻止我们？现在整个世界都在一起工作，还有什么神秘的东西能逃过我们的眼睛？

靠着一整个大陆的努力才发现希格斯粒子，它给了我们所有人一些质量[i]。两大洲的研究站和研究人员用引力波探测器探测到时空的颤动。而整个世界才最终使黑洞变得可见。

世界正在着手进行最后的抵抗，以揭示物理学和生命的大问题。解开自然界最后的谜团是否只是一个时间问题，我们很快可以撕开上帝本人脸上遮蔽的面纱？

毕竟，科学史表明，我们的视野越来越开阔，知识和见识也成倍增长。一个国家成为一个大陆，一个大陆成为整个世界。地球变成了一个太阳系，一个太阳系变成了整个星系，一个星系变成了整个宇宙。现在物理学家已经在谈论众多的宇宙，即多重宇宙（multiverse）。

德国物理学家菲利普·冯乔利（Philipp von Jolly）说，在物理学中几乎所有的东西都已经被发现了，这句话被载入了史册。由于这个原因，他建议年轻的马克斯·普朗克在 19 世纪末不要进行物理研究。"在这个或那个角落可能还有一粒灰尘或一个气泡需要检查和分类，但整个系统是相当安全的。"普朗克回忆说。作为一个高中毕业生，普朗克并没有因此而感到气馁。他为爱因斯坦的相对论打开了大门，并为量子物理学开了先河。

所以这种趋势将继续下去，不是吗？真的是这样吗？我想知

---

i 希格斯机制并不是质子具有质量的原因，QCD 机制才是。人体中来自于希格斯机制的质量只有很少一部分。——译者注

道——我不是唯一的一个[i]。也许伟大的发现是，我们无法发现一切。对极限的发现也是对谦卑的发现。

毕竟，新物理学实际上是基于知识的局限性，而这种局限性已经成为物理学本身的一个基本组成部分。相对论中光速的有限性意味着我们无法知道一切，无法计算宇宙中的每一颗恒星，无法精确测量一切，也无法完美预测任何事情。量子理论，通过海森堡的不确定性关系，导致了没有任何存在的东西是确切存在的说法。热力学和混沌理论导致人们认识到，未来最终和实际上是不可预测的。

迄今为止，我们已经用最现代的方法计算了我们银河系中所有恒星中的 10 亿颗。与太空中所有星系中存在的实际恒星数量相比，这根本不算什么。我们永远不会成功地计算或甚至访问所有的恒星。它们只是来自过去的回声。许多天体甚至已经不存在了——我们只看到它们在很久以前向我们发出的光。由于宇宙的逐渐膨胀，即使我们能以光速旅行，我们今天看到的百分之九十四的星系也永远无法到达[ii]。

就我们所知，按照今天的标准，大爆炸和黑洞是科学的现实，但随之而来的是它们所带来的限制也成为现实。除此以外，任何东西都是留给想象力和数学的领域。我们既不能看到黑洞里面，也不能听到大爆炸之前。

当然，我们将继续突破限制，寻找进入迄今未探索的世界的

---

i 参见：John Horgan, *The End of Science* (New York: Little, Brown, 1997)。

ii 参见文章：Ethan Siegel, "No Galaxy Will Ever Truly Disappear, Even in a Universe with Dark Energy," *Forbes*, March 4, 2020, https://www.forbes.com/sites/startswithabang/2020/03/04/no-galaxy-will-ever-truly-disappear-even-in-a-universe-with-dark-energy。

大门，但完全不能保证这些大门的存在。要从根本上拓宽视野，就需要对物理学的一切理解进行彻底的革命。物理学能让这样的事情发生吗？无论用什么样的大词来描述科学史，回过头来看，科学的发展是一个漫长的演变，而不是许多革命。爱因斯坦并没有使牛顿过时；从某种意义上说，他只是指出了牛顿理论的局限性，并将其嵌入一个新的、更全面的理论中。

揭开物理学的伟大终极奥秘，需要全世界的共同努力。这预示着未来将有更多令人兴奋的几十年。但如果需要的不仅仅是这些呢？巨大的干涉仪，在太空中有几十个巨大的望远镜？行星尺寸的加速器？我们能负担得起吗？这是否可行？即使它是可行的——这能回答我们所有的问题吗？

也许，我猜，自然科学最伟大的胜利也是它们最大的失败？也许正是在全面征服和完全理解世界的最后一战中，我们才会意识到，在我们的狂妄中，我们一直在追逐海市蜃楼，并不会仅仅通过自然科学就能向回答生命的伟大问题迈进一步。

是不是"从哪里来，到哪里去"这些真正的大问题永远无法靠着技术的帮助回答，而我们已经屈服于对可行性的狂热？这并不意味着我们应该停止提问，而是应该更加谦卑地面对上帝、自然和我们的生存问题。

在即将到来的科学的伟大努力中，我们仍会有很多喜悦，但它们本身并不是救赎的目标。科学不是对世界的绝对解释者，而是对人类创造力和好奇心的赞美。最终，我们物理学家可能会在回答重大问题的最后一战中失败——尽管如此，为黑暗中带来光明的斗争是值得的。

时间的迷雾

自然科学似乎有预言的能力——它们能做出惊人的预言！这种预言能力就是自然科学对自己的关键要求，也产生了许多令人印象深刻的成就。子弹的飞行、材料的表现、光线在太阳附近的偏转或黑洞的外观都可以被极好地预测。即使是天气预报现在也相当有用，人们甚至在平心静气地工作并预测大流行病的进程。一切都会在某个时候被预测，未来的一切都已经被决定了吗？我们的直觉抵制这种想法——幸运的是，这是正确的。

当我还是个少年时，我想过什么是时间。我把时间想象成笼罩在浓雾中的森林，我不得不在其中穿行而不能停下来。只有上帝能从上面看到这个迷雾森林中所有可能的路径，同时看到过去和未来。然而，我自己却只看到身前和身后的一部分道路。在我面前，未来逐渐从不确定的阴霾中浮现；在我身后，过去逐渐消失在我记忆的迷雾中。有时我匆匆穿过森林，有时我慢慢走，只是我不能停下来。在每个十字路口，我都会做出新的决定。因此，我的道路发生了变化，通向一个新的不确定的未来。其他人在云雾森林中走自己的路，有时我遇到他们，有时我们一起走，有时我们又失去了对方的踪影。

但为什么穿过云雾森林的道路只通向一个方向？为什么现实生活中的时间总是往前跑？为什么时间之箭只指向一个方向？为什么我们对未来的看法是有限的？

在空间中，我们可以向前和向后，向左和向右，向上和向下移动。在太空中，我们也总是可以返回到同一个地方。但在时间上，我们无法做到。物理学中的许多方程都包含时间作为参数，你可以像电影一样在那里来回运行。在现实生活中，这是不可能的，即使有时你很想回到过去。

为了理解这些问题，你必须把物理学的所有领域放在一起看：最小的理论——量子物理学，最大的理论——相对论，以及众多粒子的理论——热力学。

有一件事是清楚的：没有时间就没有发展。时间既是一种诅咒，也是一种祝福。我们的出生和经历与我们的衰退和死亡一样，都归功于它。谁有时间，谁就有开始和结束。在一个静态的宇宙中，将没有什么可以遭受和失去，但也没有什么可以体验和发现。

一般来说，物理学中时间的出现被解释为熵的后果——不可阻挡的衰败。与许多其他物理学定律不同，热力学关于熵的主要定律只有一个方向：它必须增加。就像时间一样。因此，过程变得不可逆——它们在时间上只向一个方向运行。一旦你烧了一本书，用它来加热蒸汽机，同样的书就不会再从书的灰烬中自发产生。无论在哪里做工作，无论在哪里消耗能量，都会有一点能量流失，并以日益紊乱的形式消逝。当我们生活、呼吸和运动时，我们消耗能量，增加熵。所以任何活着的人在时间上只能朝一个方向移动。

引力也是一个奇怪的单行道。电荷可以是正的或负的，相互吸引或排斥，磁场有南北两极，只有引力没有对应的。质量只会相互吸引。一块石头在地球的引力场中总是往下掉，而黑洞总是由于质量而变大。

然而，恰恰是这种单向的交通，首先使发展成为可能。如果宇宙大爆炸后没有引力，气体和物质就会在虚无的空间中消失。恒星和行星就不会形成，人类也不会进化。没有引力，太阳就不会燃烧，植物就不会生存，人类就不会吃饭。我们的存在归功于引力。

熵总是在增加这一令人沮丧的命题也有一个积极的变体：通过有选择地使用能量，我可以在某些地方减少熵。只要有一点能量，我就能把孩子们的房间整理好；只要有一点能量，我就能写一本书——以宇宙的总能量为代价。只有时间和引力的箭头允许空间中的创造性岛屿。最大的问题只是：所有这些起源能量来自哪里？这仍然是我们宇宙的伟大奥秘之一。

　　然而，赋予我们生命的东西也为我们对全知全能的渴望设置了限制。熵越大，我对单个粒子的过去或未来就越不了解。我知道，最终一本书会溃散成灰烬。但无法预测灰烬将如何分配。因此，世界的进程本来就是非决定性的，不是固定的。

　　从一些谈话中，我得到的印象是，还有许多具有科学意识的人，心中保持着对世界的严格决定论观点，虽然这并不明智。如果人们只知道世界在某一时间点的确切状态，那么所有事物的进程将是完全固定和可预测的，甚至是可预先计算的。世界确实会成为一个大的电脑游戏。这也将使人类的自由意志只是一种幻觉——在我们从环境中吸收的信息的影响下，我们脑细胞中的量子系统最终预定的发展结果。但那样的话，每一个决定都会在做出之前就已经做出了——甚至在任何人出生之前很久。是大爆炸决定了我此刻举起手指发出警告吗？

　　世界是不可预测的，从根本上说也是如此！物理学家理所当然地对他们所能计算的东西感到非常自豪，但有时却忽略了他们自己的局限性。决定论是物理学家的粉色独角兽：在他们的梦中很迷人，但在现实中不存在。决定论大约只存在于短时期和小范围内。如果我把多米诺骨牌堆放在合适的距离上，并推倒了第一块多米诺骨牌，那么就可以确定最后一块多米诺骨牌也会倒下。但从根本上说，未来和过去都无法计算。随机的迷雾阻挡了我们进入永恒的清晰视野。在现实生活中，多米诺骨牌并不总是像我们想象的那样倒下，例如当薛定谔的猫碰巧走进房间的时候。

我的同事、来自莱顿的西蒙·波特吉斯·茨瓦特（Simon Portegies Zwart）形象而深刻地证明了这一点。他用计算机模拟了三个不旋转的黑洞的运动，只使用了牛顿的经典引力定律，并以任意的精度进行数值计算。这是关于可以想象的最简单的物理系统。当然，人们期望能够计算出这三个引力系统在任何时间长度上的前后演变，并具有任何程度的准确性。事实上，情况并非如此，因为在宇宙年龄段内，除非黑洞之间的距离以普朗克长度的精度为人所知，否则该系统会发生不可预测的变化。普朗克长度约为 10^{-35} 米，它是我们完全可以知道的最小的距离——远远低于任何量子粒子的大小。这么小的距离原则上是无法测量的，因为在这个维度上，所有已知的自然规律都失效了。但这也意味着，即使是由三个简单的点状质量组成的系统，其演变也变得不可逆和不可预测。反之，这种系统也不能被追溯。我们没有办法知道这三个黑洞是从哪里开始的。

如果西蒙·茨瓦特周围的同事计算的是一个可变形行星系统，而不是黑洞，或者如果他们使用爱因斯坦相对论用到的那种更复杂的方程，而不是牛顿的简单引力定律，这个系统的发展会更加混乱。如果你再把更多的恒星和黑洞拿出来，一切就像完全的混乱。我们必须接受，宇宙从根本上说是不可预测的，是混沌的！

需要我补充的是，一个人与三个黑洞的系统相比是否更加复杂得难以想象？可能不会！即使在很短的时间范围内，没有人是可以预测的，所有小孩子的父母都知道。因此，任何梦想在某个时候将人转移到计算机中并在那里工作的人，最好是梦想着粉红色的独角兽——至少它们在物理上不是不可能的。人类受制于自然法则，但他们自己，在内心深处，从根本上说是自由的！

甚至在我们的大脑中，一个决定的起源也会非常迅速地消失在微观层面的不确定性的迷雾中。然而，雾状的量子泡沫并没有为我做出决定。与一些物理学家的说法相反，我确实仍有自由意志，因此不能免除我的行为的责任[i]。我不能把这种责任委托给我大脑中的量子粒子，它们与我无关，也无法为我做出任意的决定，因为"我们"不是那么混沌。我不仅是我可以被分解成的各个部分，而且是它们在时间中的互动和发展。从此，新的和独立的东西总是会产生的——我的"我"[ii]。

然而，"我"是什么，在哲学中仍然像物理学中的时间性质一样模糊不清。我的部分信念是，"我"不仅包括我在此时此地的量子泡沫，而且始终包括我的过去和未来——在我的视野所及之处。在"我"中聚集了我的思想、我的记忆、我的现在、我的希望和我的信仰。所有这些都是"我"。所以"我"可以随着时间的推移而改变，因为我的视野会随着我的每一步而转移和移动。在这样做的过程中，我也一直在改变自己，而不曾成为完全不同的人。

但是，这种时间的迷雾，这种双向的不确定性，在物理上是

---

i 例如，Sam Harris, *Free Will* (New York: Free Press, 2012), 5 (Kindle version)："自由意志不过是一种幻觉。我们的意志根本不是我们自己创造的。我们的思想和意图产生于我们自己不知道的背景原因，我们既不能感知到它们，也对其没有任何控制。我们没有我们认为的那种自由。自由意志实际上不仅仅是一种幻觉（或还不如），因为甚至连关于它的概念也无法具有连贯性。我们的意志要么是由先前的原因决定的，因此我们对它们不负责任；要么是偶然的产物，因此我们还是对它们不负责任。"

ii 在这种语境下，科学家们也开始讨论"出现"这一概念的定义。

怎么来的？我们无法准确地向前看或向后计算，正是因为我们无法绝对准确地了解这个世界上的任何东西。

例如，为了无限精确地了解某件事情，我们必须测量无限长的时间——但这在一个只有有限年龄和有限大小的宇宙中是不可能的。在一个有时间的宇宙中，原则上没有什么是准确的。如果某样东西是无限小或无限短，你就必须花费无限的能量来无限准确地测量它。这甚至可以从数学上显示出来[i]，并导致了著名的海森堡不确定性原理。它说，你永远不可能确切地知道一个量子粒子的所有属性——而你在原则上不能确切知道的东西，在物理上也不确切存在！

在这方面，我们在学校课程中学到的数学方程式欺骗了我们。它们描述了一些具有不存在的精确度的性质。因此，瑞士物理学家尼古拉·吉森（Nicolas Gisin）建议使用一种新的、直观的数学[ii]，考虑到数字的不精确性。数字只会随着时间而变得更加精确。夸张地说："二加二等于四"只有在无限长的时间后才是完全正确的。例如，要知道一个面包是否正好有两公斤重，我将不得不测量无限长的时间，但那时它已经过期了——或者

---

i 为精通数学的读者举个例子：我借助于傅里叶变换来确定平坦空间中的光波的频率。但是，只有在我把波从 - ∞ 到 + ∞ 进行积分时，我才能得到无限精确的值；此时，譬如说，正弦函数的傅里叶变换与德尔塔（δ）函数（delta function）完全相等。如果我的积分时间少于永恒，那么即使是一个完美正弦函数的频率也总是不精确的。出于同样的原因，只有当我拥有无限多的频率或波长时，我才能无限精确地测量一个事件的时间点或位置。但是，由于每个事件和每个粒子在空间和时间上总是有限的，所以事实上它们也总是不精确的。

ii 参见文章：Natalie Wolchover, "Does Time Really Flow?: New Clues Come from a Century-Old Approach to Math," *Quanta Magazine*, April 7, 2020, https://www.quantamagazine.org/does-time-really-flow-new-clues-come-from-a-century-old-approach-to-math-20200407。

被吃掉了。

如果光速是无限的，任何来自太空的信息都会立即到达我这里，即使是在无限的距离上。经验宇宙将没有边界，并将是无限大的。一切都会同时与其他事物相连。但由于光速是有限的，在空间和时间上没有经验上的无限性，所以永远没有绝对的准确性。因此，光速的有限性为我们开启了一种特殊的自由，永远只有此时此刻才是最重要的。每个地方都有自己的现在、过去和未来。明天会对我产生什么影响，我现在无法知道，事实上我甚至无法看到它，只能期待它。未来直到明天才会真正进入画面。

也正是这种有限性使我们的生活成为可能。根据热力学定律，一个无限延伸和无限古老的宇宙将是无尽的任意和永恒的无聊。如果在几乎无限长的时间之后，所有的恒星都烧毁了，所有的物质都衰变了，每一个黑洞都被湮没了，那么宇宙将是一个空旷的、没有结构的、由无限弱的光波组成的射线的海洋。

因此，正是具有起初的状态使我们的宇宙如此宜居和可爱——而每一个起初，正如我们所知，都有内在的魔力。但我们也不应该太害怕结束。在宇宙的演化过程中，已经有许多令人惊讶的曲折和许多创造性，我们可以期待更多。创造性的力量创造了一个开端，为什么不能持久？

在随机性和可预测性之间取得精细平衡的是我们宇宙中的生命。我们既不能摆脱自然规律的约束，也不是它们的奴隶。如果你看一个单一的粒子，未来是完全任意的。如果你在一段时期内观察许多粒子，一切都以一定的概率和规律性发生。如果你在一个特别长的时间段内观察到极大量的粒子，那么对于每个单独的粒子来说，几乎任何事情都有可能再次发生。人类的生活发生在中间地带：一半是可预测的，有混乱和阳光的机会，但也有一次又一次的自由决定。在我看来，云雾森林是一个很好的比喻，说明了人类生活的这种状态。

起初与彼岸世界

当我还是孩子的时候，经常在深夜躺在床上思考。"天空的背后到底是什么？"我问自己。"如果天空背后有什么东西，那背后的背后是什么？背后的背后的背后又是什么呢？那里有上帝，还是空虚的无限呢？"

一些物理学家声称，这样的问题是幼稚的[i]。我喜欢保持幼稚的好奇心，从不停止询问——即使我想，我也停不下来。

我成为科学家是为了能看得更远，但我的科学目光永远不会达到无限大。无限实际上不能被想到，也不能被实际测量，这就是科学无法接触到无限的原因。无限是一种数学抽象，是一种形而上学的猜测。

在今天既定的世界模式中，我们对无限的看法在大爆炸时就结束了。我们的时间和历史由此开始，一切都在它的安排下成为现实。宇宙大爆炸是大量集中的能量[ii]。我们今天看到的一切，每

---

i 参见: Lawrence Krauss, *A Universe from Nothing: Why There Is Something Rather than Nothing* (New York: Atria Books, 2014): Pos. 104/3284 (Kindle version).

ii 因此，在宇宙之初的熵实际上比现在要低，因为现在能量和质量广泛分布在整个空间。每个单独的恒星、行星或人可能看起来比大爆炸时更"有序"，但从整个宇宙的角度来看，它们无关大局。这就像游戏室里装满玩具积木的盒子：在大爆炸的那一刻，一切都在小盒子中；而现在的一切却散布在一间巨大的游戏室里。即使你拿了一些积木，在这边或那边建几个漂亮的小房子，整体的局面也依然是巨大的无序。

一种形式的物质或能量[i]最终都要回到这个原始的能量，我们自己也是如此。

一个几乎无限小的空间在短短的 10^{-35} 秒内突然膨胀并呈指数增长[ii]。那是一个纯粹的能量和光的原始闪光，从中产生了基本粒子的量子糖浆。质子和电子被创造出来，构成了我们物质的组成部分。38 万年后，质子和电子找到了彼此，形成了氢原子，充斥着宇宙。物质和光突然分离，各奔东西。暗物质在其自身引力的影响下集中起来：暗星系从大爆炸的残余物中升起，将氢原子聚集在它们周围。这就产生了由闪耀的恒星组成的星系。恒星形成新的元素，并在巨大的爆炸中把它们扔回太空。

从第一批恒星的灰烬中，新的恒星、行星、卫星和彗星再次诞生。恒星生命的循环开始了，最后形成了我们的地球。水落到地上，聚集起来，与星尘一起成为真菌、细胞和植物。这种新生命改变了世界，大气层形成，云层破裂，动物进化。最后出现的是人类，在日月星辰的照耀下，人类在地球上居住和征服，建造城市，了解世界、时间和空间，并为它们写书——所有这些都是在大爆炸的喧嚣中产生的。

我们的宇宙在所有情况下都在运作，这简直令人惊讶。产生一个宇宙是物理学的走钢丝行为。如果引力更强，恒星就会坍缩成黑洞。如果它更弱，一切都会因暗能量而飞散。如果电磁力更强，恒星就无法辐射[iii]。宇宙之轮交错运转，使我们的生命成为可能，这仍然是时间的最大奇迹。任何在宇宙大爆炸刚刚发生后预

---

i 唯一的例外可能只有暗能量，因为它可以是空的空间的能量。

ii 这一图景依赖于随着选择的宇宙学模型的不同，具有不同的版本。——译者注

iii 参见：Martin Rees, *Just Six Numbers: The Deep Forces That Shape the Universe* (New York: Basic Books, 2001)。

言他自己有一天会从这个混沌中出现的人都会被宣布为疯子。物质一下子就能思考，形成自己的观点、创造力和个性，这在物理学教科书中根本没有设想过——但我们却在这里。

解释这一谜团的一个流行答案是，实际上不只有一个宇宙，而是有许多个宇宙，它们像草地上的花朵一样绽放和消逝——每个宇宙都有一点不同。因此，我们恰好生活在那个也使生命成为可能的宇宙中，因为那是我们唯一能看到的。

那么，我们是否需要考虑得更大一些？我们会不会在我们的宇宙中发现古代宇宙的痕迹，比如两个宇宙的碰撞所产生的大规模结构？就个人而言，我甚至怀疑超大质量黑洞是古老宇宙的最佳化石——毕竟，它们是像我们这样的宇宙最后应该留下的东西。迄今为止，这些都没有被发现。也就还没有证据表明平行宇宙真的存在，更别提测量它们。

但是，仅仅从一个非常不可能存在的宇宙的存在，并不能得出结论说一定有许多个宇宙。如果我的邻居买彩票中了头奖，这并不意味着他已经玩了100万次[i]。我们最多只能说，我们碰巧住在一个绝对幸运的人的隔壁。如果这是我们所见过的唯一一次抽奖，而且我们不知道抽奖的确切规则，我们就不能从中推断出有多少抽奖者或有多少个宇宙。

在没有具体的证据希望的情况下，问题在于多重宇宙仍然是物理学还是已经是形而上学。我们无法看透开始时的奇点，也无法看透我们自己宇宙的边缘。即使有人认为多重宇宙是真实的物理学，而不是一厢情愿的想法，问题仍然存在：多重宇宙从何而

---

i 参见论文：K. Landsman, "The Fine-Tuning Argument," arXiv eprints (May 2015): 1505.05359, https://ui.adsabs.harvard.edu/abs/2015arXiv150505359L。

来？我们只是把我们的无知转移到了物理学的某个地方！

霍金声称，问大爆炸之前是什么，就像问北极以北是什么一样没有意义。他提出的世界模型中，时间坐标永远不会从零开始[i]。我认为这是在耍花招，因为北极只在特定的世界模型和特定的坐标系中是一个问题。事实上，任何只想到一个局限于球面的世界的人都无法回答这个问题。然而，他可以不受干扰地去北极以外的所有方向，想知道北极以上或以下有什么。

还有人说，宇宙是从无中自发产生的，但这取决于如何定义无。每一个关于世界起源的理论都至少以一套自然法则、一套数学方程开始——而如今通常是以一片弥漫的量子泡沫的海洋开始，一个新的宇宙可以从中自发地出现。在任何模型中，宇宙实际上都不是从无中产生的——对多重宇宙来说也是如此。

"太初有道……"是《约翰福音》的开篇，也是《圣经》中最著名的引文之一[ii]。每一门自然科学的开端都是世界运行的规则，从中产生了一种语言。但这个起初的"道"从何而来？规则从何而来？物质又是如何凭借着规则产生的？

"……道就是神"是本节的第二部分，是决定性的部分。几千年来，人们一直在问自己第一原因的问题，在基督教－犹太教文化领域，这个原始问题的答案是"上帝"。"上帝"起初只是一个旁白，每个人都必须自己填写。然后出现的决定性问题是：谁或什么是上帝？这个问题的表述已经清楚地表明，这里触及了

---

i 我本想与他本人讨论这一问题，不过至少，我们还可以从这篇文章中读到他的观点：Stephen Hawking, *Brief Answers to the Big Questions* (London: John Murray, 2018)。

ii 《圣经·约翰福音》1:1。这一段经文的全文是："太初有道，道与神同在，道就是神。"

一个远远超过物理学及其极限的层面。

然而，人可以自己决定关于上帝的讨论是否属于物理学的范畴。就个人而言，不可知论的态度当然可以理解，因为处理什么是生命的起源和意义的问题仍然是一个非常个人的决定。人们不一定要问这个问题，但可以问。

在现代天体物理学发展的背景下，不可知论的态度也可以是相当合理的。占星学和天文学只是在从古代到现代的漫长过程中相互分离。今天，一个从事占星术的天文学家不会被他的同事当作科学家认真对待。他们会指责他是一个假的科学家。

科学越来越独立的过程在现代导致了宗教、哲学和神学问题完全被排除在自然科学之外。这是科学从教会和哲学家的指令中解放出来的过程的一部分。然而，这并不意味着这类问题应该在原则上被排除。对非宗教问题的自我限制是自然科学的一种方法，不是一般的答案。

在这方面，不能从科学中推断出没有上帝——只是因为在物理学中还没有"上帝是否存在"这样的问题。无神论是一种合法的信仰，但它不能在科学上得到证明。在我看来，用科学来否定上帝和用科学来证明上帝一样，都是无稽之谈。

向我们展示"限制"是世界的一部分的不仅仅是黑洞。任何敢于超越物理学极限的人都无法超越神。正是因为自然界为我们的知识设置了基本的限制，我们才会反复撞到它们，用我们的问题撼动通往天堂的大门。限制也有一些令人欣慰的地方，因为它们防止了人类的傲慢，使我们能够相信和希望。我认为，如果真的问到人类认知的极限，然后超越这个极限，完全无神的物理学是不可能的：我们人类的内心深处总想问些大问题。询问从何而来、向何方去、为何而来，就像是我们人类灵魂的一种原始本能，使我们一生都在忙碌和探索。宗教、哲学和科学在这一探索中发挥着各自的作用。当一门学科声称解释整个世界是自己的特权时，事情就难办了。

因此，科学最好接受其局限性，成为建设性对话的伙伴，而不是把自己提升为最终的全能解释者。否则，科学本身就很容易被它无法实现的救赎的期望和承诺所累。在我看来，仅仅借助科学和技术来满足我们的精神需求是危险的——对科学本身的可信度也是如此。

但是，上帝今天还值得谈论吗？由于科学的进步，上帝不是已经缩减为一种权宜之计，被我们的知识降到了一个越来越小的遥远角落？那些声称上帝是多余的，因为现代物理学已经回答了所有问题的人，就像斯蒂芬·霍金所做的那样，是把事情变得太简单了。相反，我说：上帝在今天比以往任何时候都更有必要。最后，尽管我们发现了生命和宇宙发展的许多方面，但自然科学并没有向"我们从哪里来"这个伟大的哲学问题迈进一步。就像一个人无法达到无限一样，一个人也不可能接近原点。今天我们知道的东西比以前多得多，但我们也知道更多我们无法知道的东西。上帝应该填补的无知的缺口已经变得比以前更大、更根本。它包括整个宇宙的起源，可能是许多个宇宙，以及整个亚原子量子世界。它们是从什么地方产生的，又会导致什么？我们对空间游戏的规则有了更好的理解，但游戏和规则从何而来，我们并没有回答。任何站在令人印象深刻地耸入天空的知识塔上，声称科学取得了全面的胜利，宣布上帝死亡的人，都不会先让上帝从远处露出温和的微笑 [i]。

---

i 《圣经·创世纪》11:1—9，巴别塔的建造。在这个著名的故事里，上帝必须先降临世间，才能勘察塔的状况。

因此，信仰和科学之间的辩论让我觉得是兔子和刺猬之间的竞赛。被称为科学的兔子取笑对手的歪腿，勤奋地来回跑动，却发现上帝就像狡猾的刺猬一样始终坐在那里一动不动。

但这样说来，上帝是否只是一个抽象的概念和人类的投射？当然就是这样，因为任何关于上帝的概念都是人类的和抽象的。我们的头脑试图理解一些难以理解的东西，为此我们也使用抽象的概念。但这并不意味着出现在它们背后的东西不存在。复数是数学方程中的一个抽象概念，然而它却导致了对真正存在的非常真实的正电子的预测。

事实上，自然法则也是抽象的人类构造，却描述了明显真实的过程。严格来说，自然规律只存在于我们的头脑中。没有一个苹果知道牛顿的万有引力定律或爱因斯坦的相对论，然而每个苹果每次都会掉下来，不管是从什么高度掉下来。万有引力定律是真实的，因为苹果会掉下来；同样，作为第一因的"上帝"也是真实的，因为世界产生了。

自然规律是用数学语言对现实的抽象描述。但自然规律并不能全面地描述现实的全部。它们对简单系统的描述惊人地准确。自然界越是复杂，就越难用简单的数学来表达它。每一个数学公式，每一个计算机程序都只是对现实的一种近似。只有现实本身才是对现实的完美描述，只有宇宙才是对宇宙的完美描述，只有人才是对自己的完美描述。但我们没有这些完美的描述，所以只有许多不充分的方法，可以供现实和宇宙，还有作为人类的我们使用。

同样，只有上帝本身才是对祂自己的完整描述。任何关于上帝的谈话都只能是支离破碎的。任何认为自己确切知道上帝是谁或上帝不是谁的人，显然没有理解他或她。因此，在《圣经》中有不要形成上帝的具体形象的戒律，这是一个深刻的洞察力的标志。上帝是无法用任何形象来把握的。*Deus semper maior*——上帝总是比我们想象的要大。这对信徒和无神论者都是如此。有时我很失望，上帝被扭曲成一个漫画，人们或是将 用来给自己贴金，或是取笑祂。上帝既不是一个意大利面条怪物，也不是一个胡子刮得光溜溜的美国白人老头。

但是，思考上帝到底有没有用呢？如果上帝超越了我们的经验，那么谈论上帝的意义何在？即使宇宙的起源最终是不可知的，我们也可以研究它的影响。事实上，物理学家还计算了黑洞的内部，尽管它们的内部根本无法测量。

18 世纪初，戈特弗里德·威廉·莱布尼茨（Gottfried Wilhelm Leibniz）提出了一个非常简化的上帝版本，即上帝作为钟表大师的形象：上帝是第一因；祂让世界运转起来，从那时起，上帝精心建造的完美轮回就一直持续不断地运行。上帝的工作如此完美，以至于祂不再需要为这个宇宙担心。因为祂的世界是所有可能的世界中最好的世界。莱布尼茨的上帝是启蒙运动的上帝，祂至今仍萦绕在一些人的头脑中——无名无姓，不为人知——尽管他们深知世界并不完美。

事实上，即使是这个钟表匠的上帝也并非无关紧要，因为在科学思想中，因果律是核心。如果上帝对我来说只是所有自然法则和世界起源时的初始条件的非个人总和，那么是的，仍然是这些自然法则和初始条件在支配着我们的宇宙，我也在衡量着它们。它们反映了宇宙之始。因此，神的工作和性质在今天仍会存在并可测量。那么，在某种意义上，天体物理学就是在现在的光线下寻找这位钟表大师过去的痕迹。

同样，几千年来，神学家们一直在为上帝是谁或什么而绞尽脑汁，在当下寻找上帝的踪迹。对我个人来说，上帝不仅仅是一个钟表匠。在我的宗教中，有一部书是见证了上帝的名字、遭遇、故事和与人的关系的丰富宝藏。其他宗教也有相应的神性叙述。这些关于上帝的描述是在许多代人与这个世界打交道的过程中，从人们的快乐和悲伤的经历、问题、渴望和希望中产生的。所有这些都描述了有经验的现实，但不是用数学语言写的，而是用经验、诗歌、梦想、预见和智慧的语言。

我是否被爱或我的价值的问题并没有导向数学的语言——也许除了我自己是个数学家，以及我能领略数学之美外。在我看来，仅仅因为今天的我比一百年前的人更了解物理学，就认为我可以而且应该把所有这些人类的经验放在一边，这似乎是大胆的，几乎是傲慢的。

因此，这种对上帝的寻找仍然是贴切和重要的。因为对起初时刻的思考方式也决定了人们如何看待今天和明天。从钟表匠上帝那里，我期待着规律性和可靠性，但对我或任何其他人却没有兴趣。但是，如果"上帝"对我来说不仅是某种东西，而且是一个人，也就是说，像一神论宗教中的某个人，那么我期望他与我互动，我可以从他那里期望今天和明天的新东西。上帝作为一个对应方，使相遇成为可能。在基督教信仰中，上帝的个性既表现在人子耶稣基督的赐予上，也表现在信徒的群体和创造的伟大上。

把上帝描述成一个人的想法很可能会让不可知论者或无神论物理学家怀疑我，但这个想法没有人们想象的那么疏远。质子显然出现了人格化的能力，因为它们可以形成一个人。显然，物理学成功地从大爆炸、一些物质和一些自然法则中产生了具有意识、抽象思维、感情、幽默以及目的和责任感的人类。因此，生命、个性和人格产生的可能性一定在大爆炸的规律中内蕴。当然，不一定是预定的。但很明显，产生人格的可能性并没有被排除，因为我们在这里！松散地基于笛卡尔的基本见解"我思故我在"，人们也可以说"我在，故可能"。如果物质有思想和感觉，为什么创造者上帝，即第一因，不可以同样地有精神、感觉和思想的个性呢？对于能够思考充满生命、可能性和多元世界的宇宙的物理学家来说，具有人格的上帝在我看来并不是一个不合理的想法——至少比像有些同行那样把世界想象成一个程序化的计算机模拟要合理得多。几千年来，许多人都相信有一位个人的上帝，但这并不意味着这种信仰落伍或荒谬。

然而，上帝的人格是超越物理探测器的。如果宇宙的科学向我们展示了我们是多么的渺小，那么上帝就在告诉我们，我们是多么的宝贵。自尊心不是一个物理上可测量的数量，它必须来自外部，并能在内部感受到。爱的宣言无法用粒子加速器或望远镜来理解——除非是认为整个奇妙的宇宙，即使有其悲伤的一面，也是对我们人类的一个爱的宣言。爱的宣言是极其个人化的：对一个人来说，它们是充实的；对另一个人来说，它们让他感到寒冷。收到同一封信的两个人，往往会在信中读出完全不同的意思。询问上帝的人格是一种深刻的人类经验，每个人都必须自己经历，物理学不能为我们做到这一点。然而，这些经验是可以分享的；经验之间也可以是相似的。因此，它们也不完全是任意的和反复无常的。

在这方面，当人们问我如何调和科学与信仰时，我总是感到惊讶。我的信仰与许多奠定了现代科学基础的科学家并没什么两样。这些人中有尼古拉·哥白尼、约翰内斯·开普勒、马克斯·普朗克、阿瑟·爱丁顿，他们和科学史上的许多其他杰出人物都是具有深刻信仰的人。即使在今天，我也可以在荷兰科学院的大厅里闲逛时，与一个人讨论量子物理学的惊喜，与另一个人讨论深奥的神学问题。

对我来说，自然法则和我一样都是创造的一部分。如果一个苹果按照自然规律掉下来，那么对我来说，这是伟大的物理学，但也是一个可靠的创造者的表达，他在昨天、今天和永远都是一样的。而对其他人来说，这只是一颗苹果落地。

此外，对我来说，上帝不是什么无情的抽象，而是一个人。我在自己、在之前存在以及在与我同时的人的经历中，亲自体验到上帝的这一面。我在祈祷中独自认识祂，在庆典中感受祂，在仰望耶稣中观想祂，在宇宙的宏大和美丽中体验祂。当我抬头看向天空时，我不仅看到了自然、无穷和生命，还看到了彼岸的世界。物理学给我带来了新的奇迹，但它并没有夺走我的信仰，而是扩大和加深了它。当我看到耶稣基督时，我发现了造物的人性和万物的创造者。因此，我为自己找到了一位包容起点和终点的上帝。我不需要再向　证明什么，也无法证明什么，而我始终和祂同在。

但是，正如怀疑主义在科学进步中起着重要作用一样，怀疑也是我信仰的一个重要因素。信仰的实验领域是生活，因此我的生活和信仰必须始终面对批评。也许今天有那么多的人对教会感到绝望，是因为有些教会对自己的怀疑太少了！因为世界的本质和上帝的本质总是比我们有限的头脑所能掌握的东西更复杂。没有自我批评的科学是江湖骗术，没有怀疑的宗教是亵渎，没有不确定性的政治是欺诈。我们不可能知道一切。

我们的自然限制和无知也造就了我们独有的魔力，因为正是这些限制使我们成为寻找者。恰恰是这个世界上的不确定因素让我们能够做出决定并提出新的问题。一个没有任何新事物可供发现的科学会有多大的魅力？没有问题的人生会是怎样的？一个一切都预先计算好的生活有什么趣味？一个因为你已经知道了关于他的一切，因而不需要再相信的神算个什么？有所不知、有所不能是有益处的。这也是自由的一种形式，也许甚至是其基础。

当然，我不能禁止上帝在这个世界上的某个时刻被证明，从而剥夺我的信仰自由——当然，这样子我将深感失望！

也许，毕竟，人在这个世界和远方的真正使命是不断地询问、寻找和发现。这就是我们与宇宙中其他存在的区别所在。因此，知识的局限性既是一种祝福，也是一种挑战。视野的本质是你永远无法超越它，但你总是可以扩大它。通过思考、询问、怀疑、希望、爱、相信，我们扩大了自己的视野。

在这本书的开头，你我一起进入太空旅行，经过月球，经过我们太阳系的行星，进入银河系，拜访燃烧殆尽的恒星和黑洞。这场进入宇宙的旅程是一场接力赛，一代又一代的天文学家将知识的接力棒传下去，开辟新的世界。对我来说，这个旅程不是对知识的征服，而是更类似于朝圣，在这个过程中我们的思想得到了拓展。最后，这个旅程会回到我们自己和我们未解决的问题。因此，现在是我们从狂妄的世界征服者变回谦卑的寻找者的时候了。

那些寻找的人内心总是带着希望，希望在他们的寻找中找到什么。每个寻找者往往同时也是希望的承载者。当我的同事哈拉尔德·莱施（Harald Lesch）在德国天文学会成立一百周年之际举行仪式性演讲后，他被问及人与信仰的意义。在这样做的时候，他提到了使徒保罗，他写道："如今常存的有信、有望、有

爱这三样，其中最大的是爱。"[i]

我们人类不过是广袤空间中的一粒尘埃上的一粒尘埃。我们不能使恒星爆炸，没有让星系轮转，苍穹也不是唯独在我们的头上铺展。但我们可以欣赏和质疑宇宙。我们可以在这个世界上相信、希望、爱——这使我们成为非常特别的星尘。

如果今天地球在太阳系中消失了，如果今天太阳系从我们的银河系中消失了，如果今天整个银河系从宇宙中消失了，这对宇宙来说并不重要。尽管如此，宇宙将错过一些非常宝贵的东西，即我们的信念、我们的希望、我们的爱——以及我们提出的问题，这些问题使光明一次又一次地照亮黑暗。

---

i 《圣经·哥林多前书》13:13，保罗赞美爱的诗歌。

附　录

鸣谢

在 2019 年 4 月的黑洞图片发布后，我在与新闻杂志《明镜周刊》（*Der Spiegel*）的科学编辑约尔格·罗梅尔（Jörg Römer）交谈时，萌生了写下这本书的想法。罗梅尔曾采访过我，后来他还陪同我参加了一些演讲活动。在某些时候，我们坐在汉堡的一家越南餐馆里，讨论黑洞、上帝和宇宙。他是长于思辨的记者，我是虔诚的研究者，但我们因对科学的好奇心和迷恋而结合在一起。

这本书是我们共同努力的结果，读起来可能像我们两个人的对话一样。我们想把我的个人小故事和人类探索太空的大故事联系起来，用浅显易懂的文字呈现给大家。正因如此，本书故事是从我的角度讲述的。在书中，我描述了自己经历过的事情和学到的东西。我自己从好奇的孩子慢慢长大，到成为科研工作者和成熟的教授，这一路上的生活中的一些轶事。以及非常偶然地，我也提到了《圣经》中一两句触动我的简短经文。

这本书所讲述的也是我个人生命的一部分。如果没有家人的爱、支持和宽容，我的生命就不可能如此。我出色的妻子不仅是可以想象到的最好的校长和伙伴，她还校对了这本书。所有仍在书中的错误都将出现在之后新加入的内容里。

我的同事弗兰克·费尔邦特（Frank Verbunt）教授（乌特勒支／奈梅亨）、格哈德·伯尔纳（Gerhard Börner）教授（慕尼黑）和马库斯·珀塞尔（Markus Pössel）博士（海德堡）作为审稿人提供了宝贵的帮助，指正了约尔格·罗梅尔和我的问题。萨拉·伊萨恩检查了本书的英文译本。

我们的经纪人安妮特·布吕格曼（Annette Brüggemann）对本书的问世起到了关键性的作用，并且给予了不断的帮助。"莱茵之金"研究所（Rheingold-Institut）的斯蒂芬·格里华德（Stephan Grünewald）允许我们自由地做计划。出版总监汤姆·克劳斯哈尔（Tom Kraushaar）和我们的编辑约翰内斯·查亚（Johannes Czaja），以及克莱特－柯塔出版社（Klett-Cotta）的所有工作人员，以极大的奉献精神为我们提供了专业的支持。

最后，我要感谢我所有现在和曾经的同事的投入和合作，尽管这里没有提到所有人的名字。许多名字不得不被归入注释，而注释里能出现的也必须有所取舍，并不完整。我们关于黑洞的第一批论文的所有合著者都可以在这个致谢之后找到，但我想提到的名字要多得多。

约尔格还感谢他的妻子和两个女儿。在新型冠状病毒封锁期间，她们常常不得不与他分别。他还要感谢他的雇主《明镜周刊》，是它使他能够实现这个项目。最后同样重要的是，感谢亲密的朋友和同事以言语和行动提供帮助。

我将捐出本书的大部分稿酬。

2020 年 9 月在科隆附近的弗雷兴

海诺·法尔克

EHT 作者列表

Kazunori Akiyama, Antxon Alberdi, Walter Alef, Keiichi Asada, Rebecca Azulay, Anne-Kathrin Baczko, David Ball, Mislav Baloković, John Barrett, Ilse van Bemmel, Dan Bintley, Lindy Blackburn, Wilfred Boland, Katherine L. Bouman, Geoffrey C. Bower, Michael Bremer, Christiaan D. Brinkerink, Roger Brissenden, Silke Britzen, Avery Broderick, Dominique Broguiere, Thomas Bronzwaer, Do-Young Byun, John E. Carlstrom, Andrew Chael, Chi-kwan Chan, Koushik Chatterjee, Shami Chatterjee, Ming-Tang Chen, Yongjun Chen (陈永军), Ilje Cho, Pierre Christian, John E. Conway, James M. Cordes, Geoffrey B. Crew, Yuzhu Cui, Jordy Davelaar, Roger Deane, Jessica Dempsey, Gregory Desvignes, Jason Dexter, Shep Doeleman, Ralph P. Eatough, Heino Falcke, Vincent L. Fish, Ed Fomalont, Raquel Fraga-Encinas, Bill Freeman, Per Friberg, Christian M. Fromm, Peter Galison, Charles F. Gammie, Roberto García, Olivier Gentaz, Boris Georgiev, Ciriaco Goddi, Roman Gold, José L. Gómez, Minfeng Gu (顾敏峰), Mark Gurwell, Michael H. Hecht, Ronald Hesper, Luis C. Ho (何子山), Paul Ho, Mareki Honma, Chih-Wei L. Huang, Lei Huang (黄磊), David Hughes, Shiro Ikeda,

309

Makoto Inoue, David James, Buell T. Jannuzi, Michael Janßen, Britton Jeter, Wu Jiang（江悟）, Michael D. Johnson, Svetlana Jorstad, Taehyun Jung, Mansour Karami, Ramesh Karuppusamy, Tomohisa Kawashima, Mark Kettenis, Jae-Young Kim, Jongsoo Kim, Junhan Kim, Motoki Kino, Jun Yi Koay, Patrick M. Koch, Shoko Koyama, Carsten Kramer, Michael Kramer, Thomas P. Krichbaum, Cheng-Yu Kuo, Huib Jan van Langevelde, Tod R. Lauer, Yan-Rong Li（李 彦 荣）, Zhiyuan Li（李志远）, Michael Lindqvist, Kuo Liu, Elisabetta Liuzzo, Wen-Ping Lo, Andrei P. Lobanov, Laurent Loinard, Colin Lonsdale, Ru-Sen Lu（路如森）, Nicholas R. MacDonald, Jirong Mao（毛基荣）, Sera Markoff, Daniel P. Marrone, Alan P. Marscher, Iván Martí-Vidal, Satoki Matsushita, Lynn D. Matthews, Lia Medeiros, Karl M. Menten, Izumi Mizuno, Yosuke Mizuno, James M. Moran, Kotaro Moriyama, Monika Mościbrodzka, Cornelia Müller, Hiroshi Nagai, Masanori Nakamura, Ramesh Narayan, Gopal Narayanan, Iniyan Natarajan, Roberto Neri, Chunchong Ni, Aristeidis Noutsos, Hiroki Okino, Héctor Olivares, Tomoaki Oyama, Feryal Özel, Daniel Palumbo, Harriet Parsons, Nimesh Patel, Ue-Li Pen, Dominic W. Pesce, Vincent Piétu, Richard Plambeck, Aleksandar Popstefanija, Oliver Porth, Ben Prather, Jorge A. Preciado-López, Dimitrios Psaltis, Hung-Yi Pu, Ramprasad Rao, Mark G. Rawlings, Alexander W. Raymond, Luciano Rezzolla, Bart Ripperda, Freek Roelofs, Alan Rogers, Eduardo Ros, Mel Rose, Arash Roshanineshat, Daniel R. van Rossum, Helge Rottmann, Alan L. Roy, Chet Ruszczyk, Benjamin R. Ryan, Kazi L. J. Rygl, Salvador Sánchez, David Sánchez-Arguelles, Mahito Sasada, Tuomas Savolainen, F. Peter Schloerb, Karl-Friedrich

Schuster, Lijing Shao, Zhiqiang Shen (沈 志 强), Des Small, Bong Won Sohn, Jason SooHoo, Fumie Tazaki, Paul Tiede, Michael Titus, Kenji Toma, Pablo Torne, Tyler Trent, Sascha Trippe, Shuichiro Tsuda, Jan Wagner, John Wardle, Jonathan Weintroub, Norbert Wex, Robert Wharton, Maciek Wielgus, George N. Wong, Qingwen Wu (吴 庆 文), André Young, Ken Young, Ziri Younsi, Feng Yuan (袁 峰), Ye-Fei Yuan (袁业飞), J. Anton Zensus, Guangyao Zhao, Shan-Shan Zhao, Ziyan Zhu.

Juan-Carlos Algaba, Alexander Allardi, Rodrigo Amestica, Jadyn Anczarski, Uwe Bach, Frederick K. Baganoff, Christopher Beaudoin, Bradford A. Benson, Ryan Berthold, Ray Blundell, Sandra Bustamente, Roger Cappallo, Edgar Castillo-Domínguez, Richard Chamberlin, Chih-Cheng Chang, Shu-Hao Chang, Song-Chu Chang, Chung-Chen Chen, Ryan Chilson, Tim Chuter, Rodrigo Córdova Rosado, Iain M. Coulson, Thomas M. Crawford, Joseph Crowley, John David, Mark Derome, Matthew Dexter, Sven Dornbusch, Kevin A. Dudevoir (deceased), Sergio A. Dzib, Andreas Eckart, Chris Eckert, Neal R. Erickson, Aaron Faber, Joseph R. Farah, Vernon Fath, Thomas W. Folkers, David C. Forbes, Robert Freund, David M. Gale, Feng Gao, Gertie Geertsema, Arturo I. Gómez-Ruiz, David A. Graham, Christopher H. Greer, Ronald Grosslein, Frédéric Gueth, Daryl Haggard, Nils W. Halverson, Chih-Chiang Han, Kuo-Chang Han, Jinchi Hao, Yutaka Hasegawa, Jason W. Henning, Antonio Hernández-Gómez, Rubén Herrero-Illana, Stefan Heyminck, Akihiko Hirota, Jim Hoge, Yau-De Huang, C. M. Violette Impellizzeri, Homin Jiang, Atish Kamble, Ryan Keisler, Kimihiro Kimura, Derek Kubo,

John Kuroda, Richard Lacasse, Robert A. Laing, Erik M. Leitch, Chao-Te Li, Lupin C.-C. Lin, Ching-Tang Liu, Kuan-Yu Liu, Li-Ming Lu, Ralph G. Marson, Pierre L. Martin-Cocher, Kyle D. Massingill, Callie Matulonis, Martin P. McColl, Stephen R. McWhirter, Hugo Messias, Zheng Meyer-Zhao, Daniel Michalik, Alfredo Montaña, William Montgomerie, Matias Mora-Klein, Dirk Muders, Andrew Nadolski, Santiago Navarro, Chi H. Nguyen, Hiroaki Nishioka, Timothy Norton, Michael A. Nowak, George Nystrom, Hideo Ogawa, Peter Oshiro, Scott N. Paine, Harriet Parsons, Juan Peñalver, Neil M. Phillips, Michael Poirier, Nicolas Pradel, Rurik A. Primiani, Philippe A. Raffin, Alexandra S. Rahlin, George Reiland, Christopher Risacher, Ignacio Ruiz, Alejandro F. Sáez-Madaín, Remi Sassella, Pim Schellart, Paul Shaw, Kevin M. Silva, Hotaka Shiokawa, David R. Smith, William Snow, Kamal Souccar, Don Sousa, Ranjani Srinivasan, William Stahm, Anthony A. Stark, Kyle Story, Sjoerd T. Timmer, Laura Vertatschitsch, Craig Walther, Ta-Shun Wei, Nathan Whitehorn, Alan R. Whitney, David P. Woody, Jan G. A. Wouterloot, Melvyn Wright, Paul Yamaguchi, Chen-Yu Yu, Milagros Zeballos, Lucy Ziurys.

词汇表

AAS（美国天文学会）：发行两本重要的天文学期刊的专业组织。

吸积盘：围绕着大质量物体的旋转气体盘。它像漩涡一样将磁场和物质（等离子体、气体或尘埃）输送到中心。

AGN（活动星系核）：发出大量辐射的星系中心区。该现象现由超大质量黑洞的存在解释。

ALMA（阿塔卡马大型毫米/亚毫米波阵）：最大的工作在毫米和亚毫米波段的望远镜。它是智利阿塔卡马沙漠中的一个由66台射电天线组成的网络，海拔约5000米。

APEX（阿塔卡马探路者实验望远镜）：位于智利的12米射电望远镜，在ALMA望远镜附近。

角秒：角度单位。一个圆可以分为1296000角秒。一个圆有360度，每度有60角分，每角分有60角秒。在天文学中用来表示天空中的横向距离或尺度。

天文单位（AU）：即地球到太阳的平均距离，是天文学中使用的标准度量。1AU=149597870700米。

原子：元素的物质构件。原子包括重粒子构成的原子核和轻粒子构成的电子壳层。原子核是由带正电的质子和中性的中子组成的，电子壳有一或多层，由带负电的电子组成。

大爆炸：我们宇宙的起点。在那个时候，物质和能量从一个微小的点中迸发出来。根据宇宙学家目前使用的模型，这发生在大约 138 亿年前。此后，宇宙一直在膨胀。

双星：由两颗相互环绕的恒星组成的系统。在银河系中，每两颗恒星中就有一颗位于一个双星或多星系统内。如果一颗恒星坍缩并成为黑洞，它可以慢慢吞噬另一颗，并产生 X 射线辐射（这种双星被称为 X 射线双星）。

黑体辐射（普朗克辐射）：每一个不透明的物体都会发出的辐射，它只取决于物体的温度和大小。恒星和宇宙微波背景发出这种类型的辐射。

黑洞：质量集中到一个很小的点的天体。它周围的区域引力非常强大，甚至连光都无法逃脱。黑洞是由非常大质量的恒星在超新星爆发后坍缩形成的；它们也在星系的中心形成，星系中心的黑洞可以是太阳的数十亿倍重，被称作"超大质量黑洞"。

造父变星：脉动的恒星，其周期在一到一百天之间。这一类恒星中，越是明亮的脉动就越慢。一颗恒星越远，它的光对我们来说就越弱。通过测量造父变星的脉动周期，就有可能计算出它们的真实亮度水平（或光度），并通过将其与测量所得的亮度相比较，计算出它们的距离。

CNSA（中国国家航天局）：中国的航天机构，负责卫星和空间探测器，以及载人航天。

宇宙微波背景（CMB；3K 辐射）：来自宇宙在其早期阶段变为透明时的黑体辐射。可以在整个空间的射电频率和微波范围内检测到。是在宇宙大爆炸后约 38 万年发出的。

暗能量：目前知之甚少的一种力，被认为是宇宙加速膨胀的原因。今天，暗能量约占宇宙总能量的 70%。

暗物质：不明形式的物质，其存在只能从其在宇宙中的引力影响推断出来。据估计，它占宇宙中物质总质量的 85% 左右。

多普勒效应：描述了由于两个物体的相对运动而导致的光的颜色 / 频率的转变。在天文学中，沿视线方向的运动可以用这种效应来测量。

EHT（事件视界望远镜）：全球性的毫米波射电望远镜甚长基线干涉测量（VLBI）网，它捕捉到了黑洞的第一幅图像。

电磁波：没有质量的辐射，在真空中以光速移动。这种辐射的例子包括光、红外或热辐射、微波和射电波，以及 X 射线和伽马射线。

熵：一个系统中的无序性的度量。如果没有能量输入，一个系统中的熵只能增加。

ERC（欧洲研究委员会）：资助优秀科学家的基础研究的欧盟机构。

ESA（欧洲空间局、欧空局）：建造空间望远镜和运营卫星的欧盟空间机构。

ESO（欧洲南方天文台、欧南台）：该机构在智利运营光学望远镜，如甚大望远镜（VLT）和拉西亚天文台，也是 ALMA 和 APEX 的合作伙伴。

事件视界：围绕黑洞的无形边界，超过这个边界，物质、辐射和所有信息都不可逆转地落入黑洞。

系外行星：围绕太阳以外的恒星运行的行星。

傅里叶变换：将波转换为其频率的数学运算或其逆运算。在射电干涉测量中，因其测量"图像频率"，被用于产生图像。

盖亚：欧空局发射的航天器和望远镜，用于绘制我们银河系中的恒星。

银心：银河系的中心，距离地球 26000 光年。

星系：由数千亿颗恒星、行星和气体星云组成的系统，它们在引力作用下相互联系并围绕一个中心旋转。我们的母星系是银河系。

广义相对论：由爱因斯坦撰写的理论，描述了空间、时间和引力之间的关系。质量使空间扭曲或弯曲，而弯曲的空间决定了质量的运动和时间的流逝。

球状星团：球形的恒星群，大多相当古老。其内的恒星在引力作用下相互联系，数量可多达 10 万颗。它们围绕着星系运行。

GLT（格陵兰望远镜）：位于格陵兰岛的 12 米望远镜，也是事件视界望远镜（EHT）以及全球毫米 VLBI 阵列的一部分。

GPS（全球定位系统）：用来确定地球上位置的卫星网络。

引力透镜：根据广义相对论，只要光在一个质量非常大的物体的影响下发生偏转，就可以看到引力透镜效应。如果光波在前往地球的途中经过一个大质量物体（例如星系、恒星或黑洞），那么光波就不会以直线通过，而是被偏转和弯曲。当这种情况发生时，可以看到类似于由玻璃制成的光学透镜引起的效果，并有可能得知这块"引力透镜"本身的形式和质量。

引力：质量体施加的相互吸引的力。在广义相对论中被描述为时空的弯曲。

GRAVITY：由欧空局运行的干涉仪，连接了 VLT 的 4 台望远镜，并输出高分辨率的近红外图像（例如银河系中心的恒星）。

GRMHD（相对论磁流体动力学）：模拟黑洞周围磁场中气体运动的方法。

霍金辐射：最先由物理学家斯蒂芬·霍金提出的模型，指出黑洞可以由于量子效应而逐渐蒸发。目前还没有得到实验证实。

海斯塔克天文台：麻省理工学院在马萨诸塞州韦斯特福德的射电观测站。

哈勃－勒梅特定律：该定律指出由于宇宙膨胀，星系离我们越远，离开我们的速度就越快。可与红移测量和光谱学结合使用，以测量空间的距离。

哈勃空间望远镜：由美国航天局和欧空局管理运营的强大的航天器，在电磁波谱的红外到可见光再到紫外波段观测外层空间。

干涉测量：基于波的叠加的技术。在射电天文学中，可以把不同望远镜接收到的射电波结合起来，并利用干涉图样生成高分辨率的图像（见词条"VLBI"和"射电干涉仪"）。

IRAM（毫米波射电天文所）：德国、法国和西班牙资助的研究协会。它运营着法国的 NOEMA 望远镜（海拔 2600 米）和西班牙韦莱塔峰的 30 米望远镜（海拔 2920 米）。这 2 台望远镜都是 EHT 的一部分。

ISS（国际空间站）：太空中持续载人的空间站；在地球上空 400 千米的轨道上运行。

JCMT（麦克斯韦望远镜）：夏威夷的射电望远镜，在亚毫米波范围内工作；JCMT 是 EHT 的一部分。

喷流：由某些天体的磁场射出的集中且炽热的等离子体流。超大质量黑洞的喷流几乎以光速射出，并延伸至数百万光年外。

光速：299792.458 千米 / 秒。它始终是恒定不变的。无论是信息还是物质的传输速度都不可能超过光速。

光年：在真空中运动的光在一年内所走过的距离。

LMT（大型毫米波望远镜）：墨西哥的 50 米射电望远镜，

位于休眠的内格拉火山上，海拔 4593 米；LMT 是 EHT 的一部分。

LOFAR（低频阵）：欧洲射电干涉测量网络，由 30000 个低频射电天线组成，目标为搜索来自宇宙早期阶段的信号。LOFAR 的运营中心位于荷兰。

马克斯·普朗克学会：德国的一个大型精英研究机构，在多个科学领域有附属机构。

梅西叶 87(M87)：距地球 5500 万光年远的巨大的椭圆星系，其中心的超大质量黑洞是 EHT 天文学家能够捕捉到图像的第一个对象。该星系由夏尔·梅西叶首次编目。

银河系：我们自己的具有螺旋结构的盘状星系，包含 2000 至 4000 亿颗恒星。太阳每两亿年绕着银河系的中心转一圈。

毫米波：频率范围大约在 43 到 300 千兆赫之间、波长在 1 到 10 毫米之间的无线电波。

MIT（麻省理工学院）：位于美国马萨诸塞州剑桥市的知名理工科大学。

NASA（美国国家航空航天局、美国航天局）：美国的空间机构。

中子星：坍缩的、极为致密的恒星，其质量与太阳差不多，但直径只有约 20 至 25 千米，由中子组成（见词条"原子"）。它是许多大质量恒星发展的最终阶段。

NRAO（美国国家射电天文台）：美国的研究组织，管理（或参与联合管理）各种射电望远镜，其中包括 ALMA、VLA 和 VLBA。

NSF（美国国家科学基金会）：美国负责资助研究项目的机构。

核聚变：原子核融合在一起的过程，恒星通过此机制产生能量。对恒星而言，主要是氢原子聚变形成氦的过程。

视差：从两个不同地点观察同一个天体时出现的视位置移动。利用这种效应和天文单位的长度，可以测量恒星与地球的距离。

秒差距：天文学中的长度单位，相当于约 3.26 光年或 206000 天文单位。这个术语来自使用恒星视差来测量距离的历史。

光子：通过电磁辐射发现的"粒子"。所有波长的光都可以同时是波和粒子。

行星：由气体或岩石组成的球形物体，几乎不受阻碍地绕着恒星运行。行星不通过核聚变产生辐射，只反射恒星光。太阳系有八颗行星（水星、金星、地球、火星、木星、土星、天王星、海王星）。围绕其他恒星运行的行星被称为系外行星。

等离子体：由质子和电子组成的极热气体，其中的原子被分离成带电离子和电子。

原恒星：处于发展阶段的年轻恒星。

脉冲星：快速旋转的中子星，像灯塔一样发出射电波，并以固定时间间隔闪烁。

量子物理学：描述了其中某些条件只能采取特定（离散／量子化）值的物理系统。主要适用于最小的基本粒子。

类星体（类星射电源）：非常遥远的星系的活动核（见词条"黑洞"），发出大量的辐射，以其高光度而闻名。

拉德堡德大学：位于荷兰东部城市奈梅亨的大学，1925 年成立时是一所天主教大学。

射电干涉仪：同步观测同一天体以达到更高分辨率的射电望

远镜网络，就其能到的分辨率而言，等效口径相当于网络中相隔最远的 2 台望远镜之间的距离。

埃菲尔斯伯格（射电）望远镜：位于埃菲尔山脉的口径为 100 米的射电望远镜，由位于波恩的马克斯·普朗克射电天文研究所负责运营。

红巨星：步入老年、体积增大的恒星；核聚变只发生在其核心周围的一层。这类恒星膨胀并发出红光。

红移：由于宇宙的膨胀和星系远离我们的快速运动，光波移为波长更长的颜色，或"更红"的颜色（见词条"多普勒效应"）。由于时空的严重弯曲，来自黑洞边缘的光也会发生红移。

人马座 A*（Sgr A*）：银河系中心的紧凑型射电源，可能是我们银河系中心的超大质量黑洞。其质量达 400 万个太阳质量，与地球的距离为 26000 光年。

SAO（史密松天体物理台）：位于美国马萨诸塞州剑桥市的天文研究机构。

SETI（地外文明探索）：20 世纪 60 年代起出现的一系列寻求发现外太空生命的计划的统称。

奇点：黑洞事件视界里面的地方，在那里时空的曲率无穷大，且质量极为集中。宇宙形成的最早阶段被称为大爆炸奇点或初始奇点。

SMA（亚毫米波射电望远镜阵）：由 8 台射电望远镜组成的干涉仪，是 EHT 网络的一部分。它位于夏威夷莫纳克亚火山上海拔 4115 米的地方。

太阳质量：天文学中的标准质量单位；2×10^{30} 千克。

狭义相对论：爱因斯坦的相对论理论中的一部分，描述了由于相对运动而导致的时间和距离的变化。与广义相对论不同，它不考虑引力。狭义相对论在讨论接近光速的运动时很重要。

光谱学：测量光的方法。在这种方法中，光被分解成组成它的单色（其光谱）。基于特定量子物理过程，不同元素的原子在给定的狭窄颜色范围内吸收或发射光，因而可以根据这些颜色来识别相应的原子。也可以通过光谱中的红移或多普勒效应来测量径向速度。

SPT（南极点望远镜）：位于南极洲阿蒙森－斯科特站的口径 10 米的射电望远镜，是 EHT 网络的一部分，其海拔为 2817 米。

恒星：通过核聚变产生能量的炽热的气体球。太阳也是一颗恒星。一颗恒星越大、越重，它的温度就越高，寿命就越短。

超新星：大质量恒星在其生命末期发生的非常明亮的爆炸。

同步辐射：几乎以光速运动的电子在磁场中偏转时产生的电磁辐射。黑洞发射的射电波主要来自这种机制。

VATT（梵蒂冈高新技术望远镜）：梵蒂冈天文台运营的光学望远镜，位于格雷厄姆山。

金星凌日：金星从太阳圆面之前经过的现象。通过测量这一现象，有可能计算出地球和太阳之间的距离（天文单位）。

VLA［甚大（天线）阵］：由美国新墨西哥州的 27 台口径 25 米的射电望远镜组成的射电干涉仪，分布在长达 36 千米的距离上。

VLBA［甚长基线（射电望远镜）阵］：美国的 VLBI 网络，由 10 台口径 25 米的天线组成，网络中的天线之间的距离可达 8600 千米。欧洲的对应设施是欧洲甚长基线干涉网，其缩写为 EVN。

VLBI（甚长基线干涉测量）：一种干涉测量的方法，它使彼此之间距离很远的射电望远镜相联结，并同时观测一个射电源。

实际图像随后在计算机上生成。

VLT（甚大望远镜）：4 个独立的 8 米望远镜组成的天文台，在智利海拔 2850 米的帕拉纳尔山（Cerro Paranal）上，由欧洲南方天文台运行。

白矮星：在核聚变熄火后，大多数老年恒星最终成为致密的、大约地球大小的晶体球，质量约为 1 个太阳质量。白矮星起初非常热，燃烧出蓝白色的光，但在很长一段时间后会冷却下来。

白洞：假设的时空区域，代表黑洞的反面，释放质量而不是吸引质量。

虫洞（爱因斯坦 - 罗森桥）：两个遥远的时空区域之间的潜在联系。这种"隧道"在理论上是广义相对论所允许的，但可能不存在。

更多信息和天文术语可参见：https://www.einstein-online.info（在目录 Useful/Dictionary 中）。

黑洞之旅

作者 _[德] 海诺·法尔克　[德] 约尔格·罗梅尔　译者 _ 闫文驰

产品经理 _ 陈悦桐　　装帧设计 _ 小雨　　产品总监 _ 李佳婕

技术编辑 _ 白咏明　　责任印制 _ 梁拥军　　出品人 _ 许文婷

营销团队 _ 王维思　　物料设计 _ 朱君君

果麦
www.guomai.cc

以 微 小 的 力 量 推 动 文 明

图书在版编目（CIP）数据

黑洞之旅 / (德) 海诺·法尔克, (德) 约尔格·罗梅尔著；闫文驰译. -- 上海：上海科学技术文献出版社, 2022
ISBN 978-7-5439-8636-7

Ⅰ. ①黑… Ⅱ. ①海… ②约… ③闫… Ⅲ. ①天文学－普及读物 Ⅳ. ①P1-49

中国版本图书馆CIP数据核字（2022）第145430号

责任编辑：苏密娅

黑洞之旅
HEIDONG ZHI LÜ
［德］海诺·法尔克　［德］约尔格·罗梅尔　著　　闫文驰　译
出版发行：上海科学技术文献出版社
地　　址：上海市长乐路 746 号
邮政编码：200040
经　　销：全国新华书店
印　　刷：河北鹏润印刷有限公司
开　　本：880mm×1230mm　1/32
印　　张：10.25
字　　数：234 千字
版　　次：2022 年 9 月第 1 版　　2022 年 9 月第 1 次印刷
书　　号：ISBN 978-7-5439-8636-7
定　　价：59.80 元
http://www.sstlp.com